中国建筑文化

王蔚 恩隶 编著

时事出版社

前 言

西方人常说“建筑是石头的书”，而中国建筑不是石头，它以木结构为主，是一部记载中国文化的厚重的书。那么，中国建筑文化的精髓在哪里呢？其中又有哪些是值得借鉴和发扬的呢？

第一，中国建筑是技术、艺术与文化的综合，它真实地反映了中国人过去的生活方式、审美观与价值观。它随着中国文化的演进而演进，忠实地记载了中国文化的变迁。例如，通过私家园林，我们可以了解古代知识分子是怎样在世俗中寻求心灵的宁静的；通过宫殿建筑，我们可以知道封建帝王是怎样展示其强大权力的；通过深宅大院，我们可以窥见巨贾富商是如何追求生活的安乐的；通过祠庙建筑，我们可以看到中国传统的家国文化与家族文化；看到了胡同、四合院，我们自然会联想起无数老北京的故事；看到了江南的小桥流水人家，难免会回忆起“江南好，风景旧曾谙”；看到了塞外雄关，一种“将军百战穿金甲，不破楼兰终不还”的豪情将会油然而生……

中国建筑是中国文化中最具独特魅力的部分，是中国文化的标志和象征，凝聚着中国古代各阶层人民的智慧和才能，无论是个体建筑还是群体建筑，都是中华民族不同历史时期政治、经济、文化、科技诸条件的综合产物，是自然科学与人文科学的完美结合。它已远远超出了其作为建筑本身的价值和意义，将历史学、文化学、宗教学、哲学、美学、考古学、民族学乃至旅游学等不同学科的价值集于一身，充分展现了中华民族的文化和精神。

第二，中国建筑以人为主，这与西方建筑有着明显的不同。西方建筑在中世纪以前，如罗马教堂等建筑，往往使人感觉宗教之崇高及自身之渺小；至近代，如纽约的建筑，则给人以压迫之感。中国建筑则相反，是以人为主，物则为宾。

中国文化在这方面一直保有其原始的、淳朴的精神，把建筑看成一种工具、一种象征。林语堂在谈到中国建筑时曾说，儒家学说中人在自然界所处的地位可由以下概念说明："天、地、人为宇宙之三才。"人类知道自己在自然界万物中应处的地位，并以此为荣。它的精神，正像中国建筑的屋顶那样，被覆地面，而不像哥特式建筑的尖塔那样耸峙云端。这种精神的最大成功是为人们尘世生活的和谐与幸福提供了一种衡量标准。

第三，中国建筑还有一个很重要的特点，就是蕴涵着天人合一、万物和谐的精神。中国人尊重自然的传统文化非常超前，与当今西方主流文化的追求很相像。例如，许多中国古代都城的规划都很有文化性和地方性，注重环境的有效利用。而现在我们一般的城市规划和开发区大多只注意道路的宽阔，缺乏个性。

英国学者李约瑟曾指出，没有其他地域文化表现得如中国人那样热衷于"人不能离开自然"这一伟大的思想原则。作为这一东方民族群体的"人"，无论宫殿、寺庙，或是作为建筑群体的城市、村镇，或分散于乡野田园中的民居，也都常常体现出一种关于"宇宙图景"的感觉，以及作为方位、时令、风向和星宿的象征主义。

"天人合一"理念在中国园林建筑中表达得淋漓尽致。无论是讲究气派的皇家园林，还是追求"壶中天地"的私家园林，无不追求"虽由人作，宛自天开"的审美理想。这种重视人与自然共生的理念，在民居、园林、宫殿、寺观等建筑门类中都有体现。例如，民居建筑，无论是北方的四合院、南方的吊脚楼，还是西北的窑洞及江南的水乡，都强调人与自然和谐相处。

最后，中国建筑还具有绵延不绝的生命力。人们经常说，中国是一个有着5000多年历史的文明古国，中国文化博大精深。事实上，中国文化也是唯一一种从古至今一直连续发展、从未间断的文化，这种强大的生命力是世界上其他文化所不具备的。世界上有多种特色鲜明的文化，但它们都是断裂的。现在的希腊不是古代的希腊，现在的罗马不是古代的罗马，现在的埃及不是古代的埃及，但是现在的中国是中国古代的延续，所以中国文化博大精深。

在漫长的历史发展过程中，中国建筑不论在结构上，还是形式风格上，始终是承前启后、一脉相传、保持着一贯完整的建筑体系，具有独特的风格和鲜明的特征，在世界建筑体系中独树一帜。这与中国的传统文化及其价值取向、审美情趣有着直接的渊源关系。

1942年，北大教授罗庸先生说，中国建筑不亡，则中国文化亦必不亡，且进而将影响西方之价值。罗庸把中国建筑艺术与文化存亡的命运和中华民族的命运关联起来了，视中国建筑文化为民族文化延续之根，将中国建筑发展与民族发展的前途联系起来。

中国文化里的建筑文化，是非常值得我们去继承与珍爱的一个部分。继承和发展中国建筑文化传统，不是简单地复古、倒退，而是意在寻根，在广采博收的基础上将中国传统建筑文化发扬光大，从而启动当代中国建筑文化的核心竞争力，激发民族的自信。继承和发展不能指望一夜之间就花开遍地，文化的崛起需要付出长期的努力。

正是基于此，我们编写了此书。从秦砖汉瓦到隋唐寺塔，从两宋祠观到明清故宫，从皇家苑囿到苏州园林，从布达拉宫到蓬莱仙山，从万里长城到古代墓葬……本书从文化的角度，对这些伟大建筑一一解构，仿佛与你同游古建筑博物馆，而本书正是一位导游，为你娓娓道来。由于编者学识所限，难免会有疏漏之处，希望本书能抛砖引玉，请各位方家不吝批评指正。

编　者

2009年8月

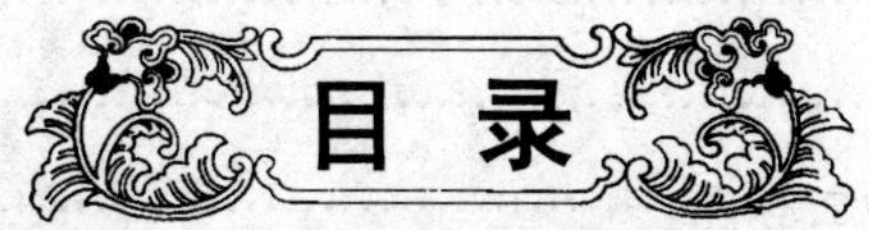

目录

上篇 中国建筑的历史沿革

中篇　中国建筑的类型

下篇　中国建筑的技法与工艺

上　篇

中国建筑的历史沿革

第一章

上古时期的原始建筑

在原始社会，中国建筑的发展是极为缓慢的。从营窟、巢居的旧石器时代，到以土木结构为主的新石器时代，其间经历了大约50万年。在漫长的岁月里，先民从利用自然洞窟开始，逐步地掌握了营建地面房屋的技术，并对后世建筑风格产生了深远的影响。

第一节 旧石器时代

旧石器时代是石器时代的早期，距今约50万年。当时生产力极端低下，人类使用比较粗糙的打制石器，过着采集和渔猎的生活。先民们或者像野兽一样居住在洞穴里，或者模仿鸟类构木为巢，建造简易的居所。

1. 穴居野处

在人类社会产生初期，极端低下的生产力让人类只能依靠集体劳动获得有限的生活资料。在衣食没有保证的情况下，当时的人类祖先对住所的需求极为原始和简单。《易·系辞下》中记载："上古穴居而野处。"说明原始人类在早期是以天然洞穴作为自己和家族最宜居的"家"的。他们在这里进行栖息和活动，避风雨、驱寒暑、保存火种和生活资料。从发现的一些典型的、原始堆积完好的旧石器时代人类居住洞穴遗址来看，远古先

民一般会选择洞穴海拔高度、洞穴内相对高度、离水源地的距离比较适宜的地方居住。

旧石器时代的穴居遗址，在我国的北京、辽宁、贵州、广东、湖北、江西、江苏、浙江等地都有发现。可见，当时把天然洞穴当作住所已经成为一种先民们普遍接受的居住方式，因此洞穴就成为我国最早的“建筑”。

2. 构木为巢

随着时间的推移，原始先民们逐渐掌握了更多的生存技巧和方式，他们的居住条件也随之改变。在南方湿热的地区多虫蛇野兽，人们除利用地势较高的天然溶洞或者挖掘洞穴居住外，也开始巢居，即在树上构筑巢所。相传，这种构巢技艺是一名叫有巢氏的人传授的。《庄子·盗跖》中载：“古者禽兽多而民少，于是民皆巢居以避之。昼拾橡栗、暮栖木上，故命之曰有巢氏之民。”

产生巢居的缘由到底是什么呢？《韩非子·五蠹》曰：“上之世，人民少而禽兽众，人民不胜禽兽虫蛇，有圣人作，构木为巢，以避群害。”《孟子·滕文公》曰：“下者为巢，上者为营窟。”从上述文献可以得知，旧石器时代的人们生活在遮天蔽日的森林里和猛兽逼人的原野上，在当时生产力低下的情况下，人们为了躲避猛兽的袭击，便在树上建巢，居住在里面，以适应狩猎、采集经济和原始农耕生活。

巢居可以说是干阑式建筑的源头。最早的巢居形式是在一棵树上构巢，即用树枝和藤条在高大的树干上建造房屋。房屋的四壁和屋顶都用树枝遮挡得严严实实，然后发展到在相邻的几棵树上架屋，后来又发展到由桩、柱构成架空的干阑式建筑。

第二节　新石器时代

大约在八九千年前，中国进入了新石器时代，此时已出现了农业和畜牧业，人类生活有了可靠的来源，开始了定居生活。农耕文明的出现，原始先民生活的日趋安定，使得他们逐渐可以运用自己的劳动来创造生活、把握命运，也必然导致人工营造屋室的出现。

由于各地气候、地理、建筑材料等条件的不同，新石器时代原始建筑的营建方式也多种多样，其中具有代表性的房屋主要有两种：一种是黄河流域由穴居发展而来的木骨泥墙房屋；另一种为长江流域多水地区由巢居发展而来的干阑式建筑。

晋代张华在《博物志》中有“南越巢居，北朔穴居”之说。由穴居而野处，发展到半地下式的木骨泥墙建筑和木制榫卯结构的干阑式建筑，中国的建筑就开始了木结构的历史。

1. 半穴居建筑

当先民们走出洞穴与丛林，来到空旷的原野之上时，他们已经找不到现成的居所，不得不开始动手营造简单的庇护所了。

这一时期开始出现了用木架和草泥建造的简单半穴居或地面建筑，成为后世房屋的雏形。这种木构架技术的出现意味着真正意义上的建筑诞生了，是中国建筑发展史上一个重要的里程碑。在仰韶、半坡、姜寨、河姆渡等考古发掘中均有新石器时代居住遗址的发现。

半穴居建筑主要分布在北方的黄土高原上，因为这里气候相对干燥，土壤呈垂直结构，壁直立而不易塌陷，适合挖洞居住。半穴居建筑在北方仰韶文化早期遗址中居多，但后期的建筑已进展到地面建筑，并已有了分隔成几个房间的房屋。

黄河流域是中华文明的摇篮，但是中国古代文化的发展并不仅仅局限在黄河流域。原始建筑文化不仅集中显现于华夏文明中心的中原大地，而且在北方古文化、南方古文化的许多地域同样留下了重要遗迹。

发现于内蒙古赤峰敖汉旗的兴隆洼遗址，距今 8000 年左右，在这里发掘出半穴居房址 170 余座，都是井然有序地成行分布，最大的房址面积达 140 平方米。它是目前国内唯一一处经过全面考古发掘、保存最完整、年代最早的原始村落。

2. 木骨泥墙建筑

黄河流域有广阔而丰厚的黄土层，土质均匀，含有石灰质，有壁立不易倒塌的特点，便于挖作洞穴。因此，在原始社会晚期，竖穴上覆盖草顶

的穴居方式成为这一区域氏族部落间广泛应用的一种建筑方式。

到了新石器时代，出现了以木或者竹作为墙筋，然后在上面、两边涂泥，再用火烧，使墙体变得坚硬的技术，即所谓“木骨泥墙”。用火烧的墙体，可以经受住风吹雨打，非常结实。这种木骨泥墙的建筑持续的时间非常长，直到20世纪长江三峡地区的农村还存在这种方式建造的房子。

位于安徽省蒙城的尉迟寺聚落遗址，属于新石器时代晚期大汶口文化。尉迟寺人是山东大汶口人的一个分支，属于古老的东夷民族。早在5000年前，大汶口人由山东南下，长途跋涉，当一部分人到达皖北时，由于当时优越的自然气候和生态环境，尉迟寺一带便住下了第一批东夷客人。自从大汶口人落户于尉迟寺一带后，他们建造了中国原始社会史上的一个奇迹——大型红烧土排房。尉迟寺红烧土排房的建造，大致经过了挖槽、立柱、抹泥、烧烤四道工序，以木为骨，以泥成墙，最后把房子烧制成一个坚硬的壳，达到冬暖夏凉的效果。可以说，红烧土排房是原始人烧制的最大、最硬的一件“陶制品”。

考古人员发现，红烧土排房的墙体被烧烤得非常坚硬，居住面加工得十分光滑，有的与现代的水泥面近似，有的墙体表面还涂有均匀的白灰面或红色涂料。学者通过放射光谱法对红色涂料进行定性分析，结果显示其主要成分为大量的硅和铁，并含有一定的钠，同时掺入了石灰——天然的红色土质涂料，说明5000年前的人们就已经知道对居住空间进行装饰。

当时的社会性质处于原始社会末期，属于一夫一妻制，所以住房也是以个体家庭为生活单位的居住形式。大家住在一个氏族部落中，同属氏族部落酋长领导，过着以农耕为主的定居生活。这在构建上有所体现：这些房子都是单间独立，无论是两间一组、四间一组，还是十间一组，都是经过统一规划和营建的。每组房子由一个家庭或若干个家庭使用，体现了以个体家庭为单位的生活方式。

在一排四间一组的建筑前面，有一处人工铺垫的大型广场，面积为1300多平方米，表面光滑、平整、坚硬，广场中央有一处直径为4米的火烧堆痕迹，这是原始人集会、祭祀和举行篝火晚会的地方。广场不仅反映出了该部落的等级，而且也说明了氏族成员在部落酋长的领导下具有很强的凝聚力。

3. 干阑式建筑

中国古代建筑与世界其他建筑形态最基本的区别是木结构，同时也是世界上唯一以木结构为主的建筑体系。中国建筑的另一特点是以木和土作为主要的构架和建筑材料。这从中国的汉字上可见一斑，如“梁”、“柱”、“栋”、“楹”等字从木，而“墙”、“垣”、“壁”、“堂”等字从土。

有了这样的技艺，华夏先民们从“穴居而野处”，到“上栋下宇”，用木头为自己构造了一个可避风雨、禽兽的住处，走过了一个由自然形态的“野处”向人工形态“建筑”的转变，从此，建筑的成长变化与中国的发展壮大密不可分。

干阑式建筑是中国长江以南地区新石器时代以来的重要建筑形式之一，目前以河姆渡发现的为最早。发现于浙江余姚河姆渡建筑遗址，据测定为距今约6000—7000年前所建。这些原始建筑遗址的发掘、出土为中国建筑文化填补了一些空白。

新石器时代的河姆渡地区，盛行一种栽桩架板高于地面的干阑式建筑。在河姆渡遗址各文化层，都发现了与这种建筑遗迹有关的圆桩、方桩、板桩、梁、柱、木板等木构件，共达数千件。该遗址已发掘出部分长约23米、进深约7米的木构架建筑痕迹，推测是一座长条形的、体量相当大的干阑式建筑。遗址第4层出土了一座干阑式长屋，其中桩木和紧靠的长圆木残存220余根，较规则地排列成4行，互相平行，西北—东南走向，现存最长一行桩木长23米。由西南到东北的第1、2、3行之间的距离大体相等，合计宽约7米，推知室内面积在160平方米以上。第3、4行的间距1.3米，这是设在面向东北一边的前廊过道。建筑遗迹范围内，出土了芦席残片、许多陶片以及人们食后丢弃的大量植物皮壳、动物碎骨等。这座大型干阑式建筑当属公共住宅，室内很可能隔成若干小房间。

除干阑式建筑外，这段时间里还出现过一种立柱式地面建筑，即在柱洞底部垫放木板作为基础，有的则是填塞红烧土块、黏土和碎陶片等，填实加固形成臼状柱础，中间立木柱。

4. 榫卯技术

榫卯是靠构件相互间的阴阳咬合来连接构件的方法，不同类型的榫卯被用于受力不同的构件上。

在新石器时期的河姆渡建筑遗址中发现的榫卯有燕尾榫和企口等多种形式，是中国已知的最早采用榫卯技术构筑木结构房屋的一个实例。不少构件上发现有多种类型的榫卯、榫头，如方榫、圆榫，甚至还有双层榫，卯眼也是有圆有方，加工精致。河姆渡遗址出土的建筑木构件上的这些凿卯带榫痕迹，尤其是发明使用了燕尾榫、带销钉孔的榫和企口板，标志着当时木作技术的突出成就。现场还出土了一些工具，有凿、锥、锯、匕和针等，大都用兽骨制成。这些古物可以说明，河姆渡文化时期，南方干阑式建筑技术已经相当成熟。

此后经过漫长的时间磨砺，我国古代一些技术高超的工匠可以不用外加铁钉等辅助连接方式，完全靠榫卯就能连接众多木构件，盖起体量巨大的建筑。榫卯技术充分体现了我国先民卓越的创造力，它不但是日后成熟的中国古代木构建筑体系的技术关键，也是这一体系区别于世界其他古代建筑体系的重要特点所在。

5. 仰韶、龙山文化建筑

1921 年，考古工作者在河南渑池县仰韶村发现了彩陶片与磨制的石器共存的现象，后来在其他各地也陆续发现了许多同性质的遗存，于是把它们定名为“仰韶文化”，并认为是属于新石器时代晚期的一种文化。

在仰韶时期，各个氏族已过着以农业为主的定居生活，当时的原始部落多选择以河流两岸的台地作为基址。这里地势较高，水土肥美，有利于耕牧与交通。仰韶文化属母系氏族社会，人们的生产、分配是平等的，没有私有财产，也就没有按户储存和分食的必要。因此，一幢建筑是一个大空间，就成为仰韶文化建筑遗址的主要特征。

1954 年，在西安东郊发现的半坡村，有一处新石器时代建筑遗址，属新石器时代晚期的仰韶文化。它是迄今为止发现最早的中国原始社会的聚落遗址之一。半坡遗址略呈椭圆形，分为居住、制陶、墓葬三个区。北面为氏族墓地，南面为居住区，东北面为陶器窑场。居住区是聚落的主体，建筑有一定的布局。居住区四周有宽深各 5 米的壕沟，用来防御野兽侵袭。这里的房屋有大有小，其中有一座很大的长方形房屋面积达 120 平方米，只有一间，可能是氏族（或部落）首领的住室或议事集会场所。在其四周分布着几十座圆形或方形的小房屋，是氏族成员的住处。在墓葬区，没有男女合葬现象，而是男子们葬在一起，女子们葬在一起，说明了这里当时实行的是族外婚。

继仰韶文化之后，黄河中游原始部落进入了龙山文化时期。龙山文化泛指中国黄河中、下游地区约为新石器时代晚期的一类文化遗存，是铜石并用时代文化，因发现于山东历城龙山镇而得名，距今约 4350—3950 年。进入龙山文化父系氏族社会以后，以父权为中心的家庭观念慢慢形成。龙山文化的住房遗址已有家庭私有的痕迹，出现了双室相连的套间式半穴居，平面成“吕”字型。套间式布置也反映了以家庭为单位的生活方式。

龙山文化时期在建筑技术方面也有所发展，开始广泛地在室内地面和墙面上涂抹光洁坚硬的白灰面层，使地面和墙面起到防潮、清洁和明亮的效果。在山西陶寺村龙山文化遗址中已发现了在白灰墙面上刻画的图案，这是我国已知的最古老的居室装饰。由此看来，建筑饰面的要求，在当时已经引起了人们的注意。

第二章

夏、商、周建筑

公元前21世纪，夏王朝的建立标志着中国历史从此进入了奴隶社会时期，此后到公元前5世纪，先后经历了夏、商、周和春秋战国几个朝代。奴隶社会大规模地利用奴隶劳动，使社会生产力比原始社会前进了一大步，社会文化也有了较大程度的发展，出现了城市。此时的建筑也随着生产力的提高进入了探索与前进的时期。

第一节 夏、商建筑

从原始社会末期到夏商时期，古代建筑艺术虽然已经得到了长足的发展，但仍没有走出“茅茨土阶”的阶段。这一时期的建筑开创了中国宫殿建筑的先河，并出现了“前堂后室”的划分，建造工艺中的夯土技术也趋于成熟。

1. 夏朝建筑

大约公元前2070年，禹的儿子启破坏了民主推选的禅让惯例，自袭王位，建立了中国历史上第一个奴隶制国家——夏朝。夏朝的奴隶主贵族为了维护他们的利益，镇压奴隶和平民的反抗，设军队、制刑法、修监狱、筑城墙，建立了国家机器。公元前16世纪，夏朝最后一个王桀，暴虐无道，奴隶们不断反抗他的统治。居住在黄河下游的商部落在首领汤的率领下乘机起兵攻夏，结束了400多年的夏朝历史。

夏朝人活动的范围大体在黄河中、下游，其中心在今河南西北部和山西西南部。夏时生产力水平不断发展，据历史文献记载，夏朝人已开始使用铜器，并有计划地使用土地，还掌握了初步的天文历法知识。人们不再听从自然摆布，初步懂得开挖沟渠可排泄洪水、保障生命安全，而进行灌溉可确保农业丰收。

已发现的夏朝建筑遗址，最为典型的是位于河南偃师西南的二里头遗址。对它的文化性质，学术界主要有两种意见：一种认为二里头遗址属于夏文化；另一种认为二里头遗址早期属夏文化，晚期属早商文化。经碳一14测定，其绝对年代为距今3600年左右，约为夏代末年。其他更多的夏代建筑遗址，有待考古工作者的进一步探索。

二里头遗址反映了中国早期庭院的面貌。遗址东西长约108米，南北长约100米。它的前部是平坦的庭院，院南沿正中有大门一座，在东北部折进的东廊中间又有门址一处，围绕殿堂和庭院四周的是廊庑建筑。该遗址中部是一座残高约80厘米的夯土台，夯土台上有八开间的殿堂一组，周围有回廊环绕，南面有门的遗迹。殿堂的建筑面积约350平方米，柱径达40厘米。从柱列整齐、前后左右相互对应、开间比较划一等方面来看，夏朝的木构技术已有较大的提高。殿堂檐柱前两侧有两个小柱洞，有的专家认为是擎柱的痕迹，也有人认为是支承木地板的永定柱遗迹。殿顶应是最为尊贵的重檐庑殿顶。

二里头宫殿开创了中国宫殿建筑的先河。它表明：华夏文明初始期的大型建筑采用的是土木结合的“茅茨土阶”构筑方式；单体殿屋内部已可能存在“前堂后室”的划分；建筑组群已呈现庭院式的格局；庭院构成已突出“门”与“堂”的主要组成部分，形成廊庑环绕的廊院式布局。中国木构架建筑体系的许多特点，都可以在这里找到渊源。

从夏朝早期的殿堂、庭院开始，到后来城垣的出现，中国建筑呈现出从单体到群体、从简单到复杂、从散乱到规整的演变脉络。

2. 商朝建筑

商朝“始于汤武，终于辛纣”，最后为周所灭，前后经历约500余年。

商本是族名（天命玄鸟，降而生商），因为后来迁都于殷，所以商朝也叫殷朝、殷商等。

商朝前中期国都不断搬迁。最早的国都在亳（亳音伯，今河南商丘），在以后300年中共迁都五次。直到公元前14世纪，商朝第二十位君王盘庚从奄（今山东曲阜）迁都至殷（位于今河南北部的安阳一带），才最终稳定下来。殷也被称为殷都。殷都被西周废弃之后，逐渐沦为废墟，故称殷墟。

《考工记》和《韩非子》中都记载先商宫殿是“茅茨土阶”式。商城的现存历史建筑，最早见证当属河南偃师尸沟乡遗址和郑州商城遗址了。1983年在河南偃师二里头遗址以东5、6公里处的尸沟乡发现了一座早商城址，由宫城、内城、外城组成，面积达200万平方米，城内有规模较大的宫殿基址，可能是汤都西亳。它的发现，为追溯夏文化提供了重要的实证和资料。1950年秋，郑州市小学教师韩维周在郑州二里岗一带发现并采集到一些商代陶片和石器，经文物专家鉴定属商代器物，郑州商代遗址就此发现。在郑州商代遗址中发现，郑州商城遗址始建年代与偃师商城基本相同。夯土城垣周长近7公里。城北东北部有夯土的大面积宫殿基址，夯层匀平，可见在商朝时期，夯土技术已达到成熟阶段。

在商朝，中国已经有了文字记载的历史。现已发现十多万片商朝时代的甲骨卜辞，是用象形文字记载史实的珍贵文物。中国著名建筑史学家李允鉌先生提出：在中国最早的甲骨文里，有3个代表建筑的字，这就是“室”、“宅”、“宫”。“室”字是一座建在台基之上的四坡屋顶的建筑：“宅”字是由木头支起屋架，是一座房屋的“剖面图”；而“宫”字，则是在一个方形的院子里布置了4座房屋。这一组古老的象形文字，实际上就是商代中国建筑的图样。

从一些和建筑有关的甲骨文字，如“高”、“门”、“囿”等来看，当时的房屋上边有完整的屋盖，下面有露出地面的台基，四周有围墙。这显示出商朝房屋的构造方式已比较成熟。

第二节　周朝建筑

公元前11世纪中期，周朝取代了商朝，定都镐京，建立周朝。周朝可分为西周和东周两个时期，东周又分为春秋和战国两个时期。在中国古代的历史上，西周在分封制、宗法制、井田制等政权统治上都有明显的发展和加强，对以后的封建社会有很大影响。公元前771年，犬戎杀幽王，灭西周。第二年（公元前770年），周平王迁都于洛邑（今河南洛阳），史称东周。

周朝创造了灿烂夺目的青铜文化，并完成了由青铜时代向早期铁器时代的转变。社会形态和经济生活的发展，鲜明地反映在当时的城市，特别是作为国家象征和社会政治、经济、文化中心的都城中。

1. 都城建筑

当社会发展到原始社会晚期的时候，作为保护性建筑的城垣已经开始出现，其作用主要是防避野兽侵害和其他部族的侵袭。进入奴隶社会后，城垣的性质发生了变化。“筑城以卫君，造郭以守民”，城起着保护国君、看守民众的职能。

周代都城建设和格局布置，除考虑地理位置外，还有讲求合理性、安全性和对称美。它所创立的都城格局直接影响了后世都城的分布格局，开创了两极都城发展格局。如周代初期的都城为镐京，在今西安西南丰水的东西两岸形成东西两城，是世界上最早的“双子城”。虽然城址的具体范围及有否城墙都不能肯定，但遗址发现了瓦片，说明当时的屋顶已经不是草顶了，比殷商时代有了很大的进步。西周初年，政治中心在丰、镐，对于黄河下游，特别是原来商代的中心地区不便统治，所以周武王时，曾让周公在洛阳附近新建王城及城周两个城市。

在东周时的王城曾是都城，其位置在今天河南省洛阳城西涧河的东岸。其中部分已经被涧水冲毁，部分在涧水的西岸，这也与记载的“涧洛斗，毁王城”相符合。遗址是一个并不十分规则的方形，长约3320米，宽约2890米，如果把它折合成周朝的尺度，与“方九里”的记载大致相近。中心部分的建筑遗址，分布在城中央偏南，也与“王城居中”的记载相符。由于城址均在洛阳市区的下面，均没有详细探查，城内的窖址和道路布局等也都没有查清楚。城址北芒山一带有大量周代墓葬群，城址中间曾发现汉代河南县城址，可见河南县城建城时尚利用一部分周代城市作基础。

战国建筑的结构做法现在只能从战国铜器镂刻的建筑图像中见到一些。这一方面的材料有铜区、铜监、“采桑猎钫”等。它们表现的建筑有四坡屋顶、栏杆、平坐和类似斗栱的结构构件。战国木工已很熟练地使用各种形式的榫卯，长沙战国木椁墓可以代表它的工艺水平。当时的木工还在木料构件的交接处刻有记号，便于备料和安装。

长沙战国墓出土的雕花板是有一定代表性的。它除了反映当时木工的一般水平外，也反映了楚国艺术特有的色彩。已发现的六块雕花木板，大致可分为两类：一种是图案以“绦、环”的结合为主，构图比较复杂，线条很柔和；另一种是图案用“三角回纹”，线条劲直，手法比较简练，它们都富有独创性，雕工很精巧，图案构图严密又比较活泼、流畅。

从周代都城到东周列国都城，可以看出中国城市的两种形态——“择中型”布局和“因势型”布局均已出现；以小城作宫城，以大城（郭城）划分里坊的封闭性都城格局已具雏形。

2. 王城建筑

西周时期，城市的布局已基本定型，城市建筑也形成严格的等级制度，分为王城、诸侯城、都城三级。城墙高度、道路宽度和重要建筑物都得按宗法制度的等级进行建造，否则就是“越礼”，要遭讨伐。

东周（春秋、战国）时期，中国开始有了建筑环境整体经营的观念。《周礼》中关于野、都、鄙、乡、闾、里、邑、丘、甸等的规划制度的记载，虽然未必全都会成为事实，但至少说明当时已经有了系统规划的大区域规划构思。《管子·乘马》主张：“凡立国都，非于大山之下，必于广川之上。”说明城市选址必须考虑环境因素。

到了春秋时期，各国兴建了大量城市和宫室。宫室都属台榭式建筑，以阶梯形夯土台为核心，倚台逐层建木构房屋，借助土台，以聚合在一起的单层房屋形成类似多层大型建筑的外观，以满足统治者的奢欲和防卫要求。此后的战国时期出现了更多的城邑、宫室。

战国时期，都城一般设有大小二城，大城又称郭，是居民区，其内为封闭的闾里和集中的市；小城是宫城，建有大量的台榭。此时，屋面已大量使用青瓦覆盖，晚期开始出现陶制的栏杆和排水管等。

3. “瓦屋”和四合院

制瓦技术是从陶器制作发展而来的。属于商代中期的郑州商城遗址中，已经出现了瓦，但是用量很少。在西周的遗址中，瓦的数量逐渐增多，不仅有板瓦、筒瓦，还有人字形的脊瓦。瓦的质量已有所提高，并且出现了半瓦当。

西周最有代表性的建筑遗址当属陕西岐山凤雏村的早周遗址。它是一座相当严整的四合院式建筑，由二进院落组成。中轴线上依次为影壁、大门、前堂、后室，前堂与后堂之间有廊联结，屋顶采用瓦。

这组建筑的规模并不大，却是我国已知最早、最严整的四合院实例，这表明四合院在中国有 3000 多年的历史。它是最早的两进式院落组群，显示出院与院串联的纵深布局的悠久传统；是第一个出现的完全对称的严谨组群，意味着建筑组群布局水平的重要进展；是第一次发现的完整的“前堂后室”的布局；是第一次出现用“屏”的建筑。

到了春秋时期，人们的社会生存状态已经由简单的聚落发展成手工业和商业都有所发展的市镇。由于铁器和耕牛的使用，社会生产力水平有很大提高，体现在建筑上的重要发展是瓦的普遍使用。从山西侯马晋故都、河南洛阳故城、陕西凤翔秦雍城、湖北江陵楚吨都等地的春秋时期建筑遗址中，都发现了大量板瓦、筒瓦以及一部分半瓦当和全瓦当。

4. 高台建筑

高台建筑起源很早，殷代有鹿台，周代有灵台，其详则尚不知。《国语·楚语》卷十七记有：“故先王之为台榭也，榭不过讲军实，台不过望氛祥。故榭度于大卒之居，台度于一临观之高。”这就是台的雏形。

夏、周、商三代的中心地区都在黄河中下游，属湿陷性黄土地带。承继原始穴居和干阑的营造经验，华夏大地出现了高台建筑，使中国的古建筑产生了大体量的形制。高台建筑流行于战国到秦汉时期，是当时重要宫殿台榭多采用的建筑形式。它是用夯土与木结构技术结合形成的一种土木混合结构建筑形式，也就是将若干较小木构件的建筑单位围绕集合或建筑在一个夯土台上，从而构筑成一个体积庞大的建筑群。

（1）溯源

春秋时期，诸侯出于政治、军事统治和生活享乐的需要，建造了大量的宫室，并掀起了一股“高台榭，美宫室”的建筑潮流。高台建筑的基本特点是以阶梯形土台为核心，逐层架立木构房屋。

出土于河南辉县的“燕乐射猎铜鉴”，为战国中期之物。鉴内刻三层建筑，底层中为土台，外接木构外廊；二层和三层为木构，均带回廊并挑出平台伸出屋檐。整个图像为我们显示了高台建筑的直观形象。

（2）文化内涵

建筑高台能使人感到庄严、尊贵，既可登高远望、眼界开阔，同时也利于建筑本身的防潮湿和通风。

战国时期，筑台之风盛极一时，各诸侯国统治者争相筑台，如魏的文台、韩的鸿台、楚的章华台都是历史上著名的台。“高台榭，美宫室，以鸣得意”，反映出台必定是当时高标准的建筑物，极为高大华丽，因此统治阶级才用以夸耀其权力和财富。

（3）建筑布局

高台建筑是出于当时在防卫和审美上的高大建筑需要，而木构技术水平难以达到，不得不通过阶梯形的夯土台来支撑联结而成的土木联合体。这种土台可以做得很大，高达数层，取得庞大的规模和显赫的形象。“夯”是只靠人利用工具将土一层层砸实的建筑方法。“夯筑”是中国古代建造房屋基础、墙、城和台基时的主要技术。

高台建筑以高大的夯土台为基础和核心，在夯土版筑的台上层层建屋，木构架紧密依附夯土台而形成土木混合的结构体系。通过将若干较小的单体建筑聚合组织在一个夯土台上，取得体量较大、形式多变的建筑式样。这种建筑外观宏伟、位置高敞，非常适合宫殿建筑的需求。

高台的做法分为两种：一种是利用天然高台，另一种是人工夯土高台。利用天然高台，有的是在山坡处利用山半腰中突出的台地，有的是利用山顶处建筑庙宇。人工夯土高台，多用于庙宇和宫殿的内部，或者用于城市建筑。建造独立的高台，台的四周多用砖墙砌到台顶，以便高台整齐。一组建筑中或者一个城市里的高台建筑大都是重要的建筑物，可使整个建筑群有高有低，此起彼伏，有一种错落有致、波澜壮阔的变化。当时由于建筑材料的限制，所以多用土来做高台。我国古代高台建筑数量很多，遍及全国，不过遗留至今的高台虽然很多，但台顶上的建筑大多数已经塌毁。

另外，据《史记·秦始皇本纪》记载："秦每破诸侯，写仿其宫室，作之咸阳北阪上，南临渭。自雍门以东至泾渭，殿屋复道周阁相属。"这里只说宫室殿屋，没有提到台，却新出现了阁。阁就是阁道——高架的道路，它间接表明许多宫室殿屋都是建造在高台上的，所以才需要用高架道路相联系，以免上下之烦。由此又可证明，到战国后期，各诸侯国的宫室大多建于高台上。其典型建筑实例包括秦咸阳宫 1 号殿址，西汉未央宫前殿遗址等。

夯土工作量极为繁重，夯土台体自身占去很大的结构面积，在空间使用和技术经济上都有很大限制。因此，随着木构技术的进步和大量奴隶劳动的终止，高台建筑渐成明日黄花，慢慢在人们的视线中消失。

第三章

秦汉建筑

秦朝是中国历史上第一个统一的封建王朝，从公元前221年秦王嬴政完成统一，到秦王朝覆灭，虽只经历了短短的15年，但它在中国建筑史上却留下了不可磨灭的痕迹。它完成了秦始皇陵、阿房宫、长城等几项浩大的工程，对后世建筑造成了重大的影响。

汉代是中国古代建筑的第一个高峰期。此时高台建筑减少，多层楼阁大量增加，庭院式的布局已基本定型，并和当时的政治、经济、宗法、礼制等制度密切结合，足以满足社会多方面的需要——中国建筑体系已大致形成。

第一节　秦汉建筑

秦汉400余年，对中华文化影响巨大，是中国古代建筑的重要时期，许多建筑定制都是在这一时期完成的。

从战国至秦汉，建筑工程技术和材料的发展达到了一定的高度。到了秦汉时期铁工具的使用不断扩大，促进了建筑工艺的进步。这时期城内的大建筑多修在巨大的夯土台上；夯工多用素土夯实；在边境地区，土坯、夯土和苇杆、柳条等的结合使用是成功的，形成了地区的传统建筑风格。例如：秦代的阿房宫遗址是一处规模巨大的土方工程，在一公里多宽的台面下，夯土层很均匀，工程量很大。

这一时期的建筑结构从河南洛阳发现的东汉居住遗址可以看出。早期的房屋是土墙、木柱和瓦顶结构，后期开始使用砖墙。古代传统的木构架结构系统，在汉代已有比较定型的做法，其形式仍然多种多样。屋顶在汉代常用的形式有悬山、庑殿、四角攒尖，还有类似反宇的做法。洛阳居住遗址中，房屋的四周还铺石子作散水。汉代城门有一定的体制，一直保持至宋代，它的构造是在夯土的门道两侧，密排几对柱础，立柱上梁，再在其上修建门楼。

秦汉的建筑方式从西安三桥镇附近西汉末年的土台结构中可以看出。一般来说，在台上修建木建筑的土工施工程序是：先打夯土台，其次按上部结构在柱子和墙壁地位挖底槽，再挖柱窝。整个土台的四周有坑，应是在施工时将坑土挖出，同时取土夯筑台身。

汉代木结构建筑和战国时期比较，在多层建筑上有突出的发展。各地出土的陶楼，高达三四层，每层多有平坐、栏杆、腰檐和斗拱，许多建筑部件和构件的做法发挥了木材的特性，显示了木结构有着广大的适应性。汉代多层楼阁的出现，为后代修建木塔之类更高、更复杂的建筑打下了技术、经验的基础。

在建筑用材的工艺制作上，一方面汉代砖工有一定的成就，砖墓中拱券都成半圆形，砖的砌法逐步成熟和统一，空心砖的生产和使用更加普遍。汉长安城的城垣和其他建筑遗址中，还比较完整地保存了当时用陶管修成的排水管道，在排水口的尽端有时还设有渗井。陶质的排水管主要是五角形的，在秦代前已有，至汉代更加扩大使用。另一方面，汉代石工技艺水平就汉阙来说，石材的加工已很精确，体型和细部的处理简练、完美。汉阙现在所剩不多，由于它们的地域不同，因此建筑风格特征也因地而异。这些阙虽然是石建筑，但造型上更接近于木结构，因而间接地把不同地区的木结构形式和局部处理手法表现得很完备。

从建筑的艺术特色来说，汉代的画像石表现了非常丰富的内容题材，而基本的雕刻手法则比较统一，其中以平浅的浮雕和较深的阴线刻相辅手法为最常用，这种手法和汉代前的钢器铭刻有一定的联系。在以后的发展中，浮雕刻法发生了变化，在较后的山东沂南石墓中石刻的建筑构件和浮雕都比汉阙所见的更为成熟。建筑装饰图案，虽然资料较少，仅从一种“蕨纹”瓦当来看，在构图组合上“四出蕨纹”就有多种的形式变化；图案缜密，手法也很成熟。汉代漆器都只用红黑为主要色调，而构成许多丰

富、和谐的图案。此时的建筑色彩，从汉阙及在同时期规模宏大的木建筑来看，一定较为丰富。色彩在建筑上的应用，正如古代文献的记载："中庭彤朱"。西安三桥汉代建筑遗址中，墙面上有红色粉刷加紫色的边缘，汉冥器如陶屋等上面常有鲜明的色彩。汉代壁画已发现的以辽阳汉墓壁画为最成熟，构图复杂，用色配合很丰富。

这时期创造的建筑物技术条件还包括建筑材料的制作生产，秦汉时期，材料的发展和进步是很突出的。由于砖、瓦大量用于建筑上，明显地提高了建筑的质量。汉代砖瓦是在战国制作技术的基础上结合不同用途加以改进的，并且更大量地生产。汉代流行的瓦当是全圆的，花纹图案要比战国的"半规"瓦当完整和丰富。

这里还要重点讲一下秦汉时期的都城建筑。

秦汉都城的规模空前庞大，其用意在于壮天子之威。由于皇权的至高，可以动辄倾举国之力营建都城。秦汉都城规模与设计思路，见证了中国封建社会走向兴盛的一段历史。

秦汉都城建筑艺术的风格体现了"大风起兮云飞扬"的豪迈气势和拙朴的时代风神，与隋唐的雄浑壮丽、明清的精细富缛互映，是中国建筑发展的一个重要时代。秦汉都城是从战国盛行的不规整布局向以西周洛邑王城为代表的规整布局回归的过渡时期。秦都咸阳、西汉都长安（今西安），规模都比春秋战国诸城大，反映了大一统帝国建筑活动的高涨。东汉国势衰落，都城洛阳较长安为小。由战国诸城而至洛阳，宫城由附郭而筑渐改为包在郭内，外郭由不甚规整到甚为方正，开启了此后近两千年都城形制的先声。东汉末，曹操被封魏王时营建的王都邺城，在城市史上具有划时代的意义，标志着完全规整均齐的城市规划方式的最终确立。

第二节　汉代建筑

公元前 206 年，楚霸王项羽率军攻入咸阳，焚毁秦宫室，从此咸阳衰落。公元前 202 年，刘邦击败项羽，建立西汉王朝，建都长安，从此建立了稳定的政权，历 200 余年。公元 9 年，王莽篡位，建立"新"，但不久就被刘秀夺回政权，恢复汉室，建都洛阳，是为东汉。东汉又经历 200 余年，于公元 220 年分裂为魏、蜀、吴，东汉解体。两汉 400 余年，对中华文明的发展影响甚大。

两汉时期可谓中国建筑的“青年”时期，建筑事业极为活跃，史籍中关于建筑之记载颇丰，建筑组合和结构处理上日臻完善，并直接影响了中国两千年来民族建筑的发展。它的突出表现就是木架建筑渐趋成熟，砖石建筑和拱券结构有了很大发展。木架建筑虽无遗物，但根据当时的画像砖、画像石、明器陶屋等间接资料来看，后世常见的台梁式和穿斗式两种主要木结构已经形成。

汉武帝时，董仲舒提出“罢黜百家，独尊儒术”，从此儒家思想开始成为统治阶级的工具。儒家经典成为读书人晋身官场的教科书，孔子提倡的教化礼仪在这一时期得到强化，并对后世建筑形制产生了深远的影响。

1. 汉代宅第

汉代十分重视用建筑来显示人的社会等级和尊卑地位，住宅已开始出现不同的等第名称：列侯公卿“出不由里，门当大道”者，称为“第”；“食邑不满万户，出入里门”者，只能称为“舍”。住宅的贫富差别极为悬殊，贵族豪富的大第，“高堂邃宇，广厦洞房”；而贫民所居多是上漏下湿的白屋、搏屋、狭庐、土圜之类。

富贵人家的门楼门户高大，门柱上一般施一斗三升拱，简洁有力，并有一守门者向来宾恭恭敬敬地行礼。宅第的二层有望楼两个，会留有仆人持剑四方瞭望。

2. 汉代石阙

汉代是建阙的盛期，有传说高 20 余丈的大阙，也有高不过数米的小阙。阙是我国古代在城门、宫殿、祠庙、陵墓前用以表记官爵、功绩的建筑物，用木或石雕砌而成。现存的西汉阙都为墓阙。一般是墓门两旁各有一个，称“双阙”；也有在一大阙旁再建一小阙的，称“子母阙”。古时“缺”字和“阙”字通用，两阙之间空缺作为道路。阙的用途表示大门，城阙还可以登临瞭望，因此也有把“阙”称为“观”的。现在遗存的东汉石阙较完整的有 25 座，都是小品型的墓阙和祠庙阙，其形制有单阙和帝附子阙的子母阙，每种又有单檐和重檐的区别。阙的形象可分为仿木构型和土石构型两种。

第三节 秦砖汉瓦工艺

中国在公元前 11 世纪的西周初期制造出瓦，而最早的砖出现在公元前 5 世纪至公元前 3 世纪战国时的墓室中。中国建筑陶器的烧造和使用是在商代早期开始的，最早的建筑陶器是陶水管。到西周初期又创新出了板瓦、筒瓦等建筑陶器。

秦始皇统一中国后，结束了诸侯混战的局面，各地区、各民族得到了广泛交流，中华民族的经济、文化迅速发展。到了汉代，社会生产力又有了长足的发展，手工业的进步突飞猛进。所以，秦汉时期制陶业的生产规模、烧造技术、数量和质量，都超过了以往任何时期。秦汉时期建筑用陶在制陶业中占有重要位置，其中最富有特色的为画像砖和各种纹饰的瓦当，素有“秦砖汉瓦”之称。

空心砖是战国时期中原地区劳动人民的一项创造，被用于宫殿、官署或陵园建筑。在秦都咸阳宫殿建筑遗址，以及陕西临潼、凤翔等地发现众多的秦代画像砖和铺地青砖，除铺地青砖为素面外，大多数砖面饰有太阳纹、米格纹、小方格纹、平行线纹等。用作踏步或砌于壁面的长方形空心砖的砖面或模印几何形花纹，或阴线刻画龙纹、凤纹，也有模射猎、宴客等场面的。最了不起的是秦代对万里长城的修筑工程，《史记·蒙恬传》载：“始皇二十六年，使蒙恬将三万众，北逐戎狄，收河南，筑长城，因地形，用险制塞，起临洮，至辽东。延袤万余里，于是渡河至阳山，逶迤而北。”在高山峻岭的顶端筑起雄伟豪迈、气壮山河的万里长城，其工程之宏大，用砖之多，举世罕见。

到西汉时期，空心砖的制作又有了新的发展，砖面上的纹饰图案，题材广泛、内容丰富、构图简练、形象生动、线条劲健。它不单是作为建筑材料，更多的是用来建造画像砖墓。这种空心画像砖，主要集中在中原地区，画像内容十分丰富，包括阙门建筑、各种人物、乐舞、车马、狩猎、驯兽、击刺、禽兽、神话故事等 40 多种。这些富有艺术价值的陶质工艺品，为我们研究汉代的社会面貌及绘画艺术提供了形象的实物资料。到东汉初期，画像空心砖的应用从中原地区扩展到四川一带，中原地区空心画像砖墓到东汉后期为小砖所替代，而四川则延续到蜀汉时期。这一时期的画像砖内容更为丰富。有反映各种生产活动的播种、收割、舂米、酿造、盐井、探矿、桑园等；有描写社会风俗的市集、宴乐、游戏、舞蹈、杂技、贵族家庭生活等；还有车骑出行、阙观及神话故事等。这些画像砖是当时社会生活、生产的现实写照，在历史研究、科学研究及艺术上有着重大价值。

建筑用瓦有板瓦和筒瓦两种，其制作方法是先用泥条盘筑成类似陶水管的圆筒形坯，再切割成两半，成为两个半圆形筒瓦；如果切割成三等分，即成为板瓦。瓦坯制成后，在筒瓦前端再按上圆形或半圆形瓦当。这种筒瓦和板瓦的烧制大约起源于西周时期，在陕西扶风、岐山一带的西周宫殿建筑遗址中大量出土，它反映了中国古代劳动人民在建筑用陶上的伟大创造，开创了瓦顶房屋建筑的先河。

瓦当即筒瓦之头，主要起保护屋檐，不被风雨侵蚀的作用。同时，又富有装饰效果，使建筑更加绚丽辉煌。瓦当有着强烈的不同时代的艺术风格。秦代瓦当，绝大多数为圆形带纹饰，纹样主要有动物纹、植物纹和云纹三种。动物纹中有奔鹿、立鸟、豹纹和昆虫等。植物纹中有叶纹、莲瓣纹和葵花纹。云纹瓦当图案结构，基本上是在边轮范围内，用弦纹把瓦当正反分为两圈，外圆间四等分内填以各种云纹，内圈则饰方格纹、网纹、点纹、四叶纹或树叶纹等。这种云纹瓦当汉代沿用，但汉代的纹样较秦代粗一些。秦瓦当，有文字的绝少。汉代瓦当纹饰更为精美，画面仪态生动。王莽时期的青龙、白虎、朱雀、玄武四神瓦当，形神兼备，姿态雄伟，是这一时期的代表作。汉代瓦当，除常见的云纹瓦当外，大量的则是文字瓦当，许多反映当时统治者的意识和愿望，如“千秋万岁”、“汉并天下”、“万寿无疆”、“长乐未央”、“大吉祥富贵宜侯王”等。这些文字瓦当，字体有小篆、鸟虫篆、隶书、真书等，布局疏密有致，章法茂美、质朴淳厚，表现出独特的中国文字之美。

第四章

魏晋、南北朝建筑

从东汉末年经三国、两晋到南北朝，是我国历史上政治不稳定、战争破坏严重、长期处于分裂状态的一个阶段。由于晋室南迁，中原人口大量涌入江南，带去了先进的生产技术与文化，加之江南战争较少，东晋以后南方经济文化迅速发展。北方地区则由于连续不断的战争，经济遭到严重破坏，人口大减，直到北魏统一北方，才取得较为稳定的政治局面，使社会经济开始恢复。

这一时期突出的特征是薄葬之风的复兴。因政治动荡，佛道盛行，厚葬之风渐衰，皇陵规模均小，南朝诸陵不起坟、不封土、不植树，亦无台阙，墓饰则精美富变化，砖石结构更行普遍。

第一节　都城建筑

公元220年，曹丕在许昌篡汉建魏，221年迁都洛阳。其时，洛阳城因东汉末年董卓作乱，被一把火烧尽，化为废墟。曹丕于黄初元年（公元220年）下诏在东汉洛阳城基础上修建洛阳，次年迁都于此。并经过后来几次移民来充实都城，逐步繁荣。

曹魏洛阳与东汉洛阳的不同，主要在于运用了邺城的规划原则。在建筑初期，曹魏洛阳沿旧制也有南、北二宫，至魏明帝时根据邺城的经验加以改造。城西北隅仿造邺城（今河北临漳西南17.5公里，河南安阳东北

18 公里处）三台建金庸城，为军事防御设施。城中也模仿邺城的设计，将宫城集中于城内中部以北，将官署、居民区置于城区南部。城南设立国学、明堂、灵台区域。

公元 263 年，曹魏灭蜀汉。265 年，司马炎取代曹魏，建立西晋，都城仍为洛阳。280 年，西晋灭吴，三国局面归于统一，并出现了短期的和平安定局面。公元 308 年，匈奴大单于刘渊称帝，国号为汉，史称前汉。311 年，刘渊之子刘聪派兵攻陷西晋都城洛阳，俘虏了晋怀帝，史称“永嘉之乱”。战乱中的洛阳城又一次成为废墟。

公元 313 年晋愍帝在长安即位，公元 316 年，匈奴兵围长安，晋愍帝出降，西晋至此灭亡。公元 317 年司马炎重建晋室，史称东晋，以孙吴旧都建康为都。东晋皇室本系西晋之后，又来自洛阳，建康城自然会直接承袭魏晋洛阳的规划原则，其宫殿的前朝后寝格局中最北为皇苑的布局，甚至许多殿堂名和地名，都与魏晋洛阳城相同。建康城市的改进主要体现在宫城和轴线大街上，其彻底摆脱了都城内分建南北二宫的做法：城内只有一座宫城，没有南宫；城内不但有纵轴，也有横轴，二轴在宫城前面相交，并在宫前纵轴大街两侧集中建造官署。公元 420 年，东晋为南朝刘宋所取代，仍定都建康，其后又经齐、梁、陈三朝也皆为都城。从三国吴起，历东晋和南朝宋、齐、梁、陈，建康因此而被称之为“六朝故都”。

相较于北方，南方虽亦有朝代更迭，但相对比较稳定，有诸多北方士族南迁，使江南得到迅速发展，建康人口不断增长，南朝时已过百万，城市规模实际已远不止都城范围，居民区主要向城南水运便利、商旅云集的秦淮河两岸发展。河北附近的朱雀门一线已经成为都城的南部外郭，所以整个建康城实际上已经形成了三环相套的格局。这一发展，虽然带有很大的自发性，但三城相套的格局对以后各代的都城建设都产生了很大影响。

公元 386 年，拓跋珪称王建国，国号魏，建都平城，史称北魏。公元 439 年，北魏统一北方。公元 493 年，北魏孝文帝自平城迁都洛阳，但仍在汉魏洛阳旧地。直至公元 495 年六宫及文武百官尽迁洛阳后，孝文帝锐意革新，推行汉化政策，一切规章制度乃至语言服饰皆实行汉化，都城规划更是计划中的重中之重。迁都洛阳之前，孝文帝曾“密令蒋少游观建康宫殿楷式，图画以归”，作为重建洛阳的借鉴。最后形成的洛阳城有纵横轴线；宫前纵轴大街两侧集中衙署和左祖左社，即宫殿的左边（东）是祖庙，右边（西）是社稷。祖庙建在东边，社稷坛建在西边，左右对称，同

时发展了中国的礼制思想；宫城、内城、郭城三城相套，以及在郭城与内城之间，于东、南、西三个居民区内分设三座集中的市场；居民区由323座方形里坊组成，每坊实际上就是一座小城，各面一里，所以称为“里坊”。街道呈现方格状，相当规整。

第二节　园林建筑

自公元220年东汉灭亡，到公元589年隋王朝建立，中国这三百多年的动乱分裂时期，使庄园经济得到发展，豪强和门阀士族的势力得到巩固。加之政治上大一统局面的瓦解，影响到意识形态上的儒学独尊，人们敢于突破儒家思想的桎梏，藐视正统儒学制定的礼教和行为规范，向非正统的和外来的种种思潮中探索人生的真谛。儒、道、佛、玄诸家争鸣，彼此阐发。思想的解放带来了人性的觉醒，促进了艺术领域的开拓，也给园林建筑以极大的影响。

这一时期的造园活动普及于民间，而且升华到艺术创作的境界。私家园林大为兴盛，寺观园林也开始出现，从早先的以皇家造园为主流，变成皇家、私家、寺观三大园林类型的并行发展。所以说，这个时期乃是中国古典园林发展史上的一个承前启后的转折期。

魏晋以前，除了帝王的宫殿和苑囿以外，极少出现私家园林。魏晋之后，造园运动开始普及，私家园林见于文献记载的已经很多了，其中有建在城市里面的城市型私园——宅园、游憩园，也有建在郊外、与庄园相结合的别墅园，由于园主人的身份、素养、趣味不同，官僚、贵戚的园林在内容和格调上与文人、名士的并不完全一样。而北方和南方的园林，也多少反映出自然条件和文化背景的差异。

北方的城市型私家园林，可举北魏首都洛阳诸园为代表。这些私家园林大都散布在洛阳的里坊之内。城东的“寿丘里”位于退酤以西、张方沟以东，南临洛水，北达邙山，这是王公贵戚私邸和园林集中的地区，民间称之为王子坊。园、宅均极华丽考究，北魏杨衒之《洛阳伽兰记》这样描写道：“当时四海晏清，八荒率职……于是帝族王侯、外戚公主，擅山海之富，居川林之饶。争修园宅，互相竞跨。崇门丰富，洞房连户。飞馆生风，重楼起雾。高台芳榭，家家而筑。花林曲池，园园而有。莫不桃李夏绿，竹柏冬青”。“入其后园，见沟渎蹇产，石磴礁峣，朱荷出池，绿萍浮水，飞梁跨阁，高树出云。”这时的园林不仅是游赏的场所，甚至作为丰富建筑艺术的手段。“入其后园”表明园与宅是分开而又毗邻着的。园林里面已有用石材堆叠的“礁峣”假山，建筑物为飞馆、重楼等的形象，“飞梁跨阁”可能类似后世的亭桥或廊桥的做法。

南方的城市型私家园林也像北方一样，多为贵戚、官僚所经营。为了满足侈奢的生活享受，也为了争奇斗富，很讲究山池楼阁的华丽格调，刻意追求一种近乎绮靡的园林景观。这在文献记载中屡见不鲜，例如《南史·茹法亮传》中载有：“（茹）法亮吴兴武康人也，刘武帝即位，为中书道士舍人……，势倾天下，广开宅宇，杉斋光丽与延昌殿相埒……宅后为鱼池、钓台、土山，楼馆长廊将一里，竹林花药之美，公家苑囿所不能及。”《宋书·徐堪之传》中有“广陵城旧有高楼，（徐）湛之更加修整。南望钟山，城北有陂泽，水物丰盛。湛之更起风亭、月观、吹台、琴室。果竹繁茂，花药成行，招集文士游玩之适，一时之盛也”的记录。南齐的文惠太子于建康开拓私园“元圃”。园址的地势较高，“因与台城北堑等（高度相等）。其中起土山、池、阁、楼、观、塔宇，穹巧极丽，费以千万计，多聚异石，妙极山水”（《太平御览》）。为了不被皇帝从宫中望见，乃别出心裁于“旁门列修竹，内施高鄣，造游墙数百间，施诸机巧”，把园子的华丽情形障蔽起来。

无论北方或南方，庄园经济都占着主导地位，门阀士族拥有大量庄园，许多官僚、名士、文人同时也是大庄园主。因此，城市以外的别墅园一般都与庄园相结合，或者毗邻于庄园而独立建置，或者成为园林化的庄园。它们在利用自然山水方面较之城市型私园有着更多的方便条件，园林的造景也相应地表现出与后者有所不同的某些特色。

第三节 佛教建筑

佛教在东汉初就由印度经西域传入中国内地，至南北朝时统治阶级予以大力提倡。汉朝佛寺众多，至北魏更是大兴庙宇。初期佛寺布局与印度相仿，而后佛寺进一步中国化，不仅把中国的庭院式木架建筑使用于佛寺，而且使私家园林也成为佛寺的一部分。北魏杨衒所撰的《洛阳伽蓝记》，是以记佛寺为纲的具有文化与文学价值的历史文献。其中记载了洛阳八十多所寺院，先后记录了立寺人、立寺时间、寺院方位，再记建筑结构、周围环境并其兴废沿革。市里、官署、道路、桥梁、时人第宅及名胜古迹等也多交待其地理位置，为研究古代建筑的宝贵文献。

因为此时时局的混乱，使得统治者们在佛教中求得寄托，同时也看到了佛教的传播对于安定社会起了很大的作用，因此这个时期兴建了大量的寺院、佛塔和石窟。这时高层佛塔已经出现，并带来了印度、中亚一带的雕刻、绘画艺术，这不仅使我国的石窟、佛像、壁画等有了巨大发展，而且也影响到建筑艺术，使汉代比较质朴的建筑风格变得更为成熟、圆淳。

此时的佛寺还有另一种形制，主要是王官达贵的宅第。从汉末到南北朝，舍宅为寺的风气大盛。因为高官、王府有钱，住宅建设得相当豪华，把自己的家宅送给佛寺，这种风尚叫做“舍宅为寺”。汉魏洛阳城里，西阳门内御道行之北有一个建中寺，这里是北魏尚书令乐平王尔朱荣的私宅。这座住宅建造极为奢华，纵横方向的梁栋已超过当时规定的标准，在500米之间廊庑接连，其中有大法堂、光华殿，大山门名为光临门，比一般的人家门与堂都显得宏伟。

愿会寺为中书舍人王翊的舍宅为寺，在洛阳青阳门外二里孝敬里，堂宇宏伟，豪华万端。其中有花园石雕，林木森森，有平台，有复道，在当时来说，建这样的大宅还是少有的，后由主人舍其作寺了。比较典型的舍宅为寺的建筑有：平等寺原为广平武穆王怀的舍宅为寺、高阳王寺原为高阳王雍之宅院为寺、光宅寺为天后之梳法堂之舍宅为寺、静域寺为太穆皇后的住宅为寺。当时佛寺之多，不胜枚举，仅仅北魏这一个时期，佛寺就达3万多座，可见当时佛寺之多，其中的大多数都是舍宅为寺的。

第五章

隋唐、五代建筑

隋唐五代时期是我国封建社会在政治、经济、军事、文化等各方面全面发展的时期。隋代结束了自西晋末年以来近300年的分裂局面，国家开始富足强盛；唐代的大繁荣更是把中国封建社会推向了极致；到了五代十国时期，中原残破，十国却保持相对安定局面。

隋和初唐的建筑风格基本上是两晋南北朝建筑风格的延续，隋代开挖的大运河，大大地促进了南方经济的发展，加强了南北交流合作。从盛唐开始，融合了外来文化因素，逐渐形成完整的建筑体系，创造出前所未有的绚丽多姿的建筑风貌。中国古代的宫殿、寺院、第宅等的布局和形式此时已基本定型。五代十国时的建筑仍有发展，并影响到北宋前期的建筑样式与风格。

第一节 隋朝建筑

隋朝完成了南北统一，使中国迎来了又一次复兴。它基本上确立了三省六部制度，一直沿用到清末；它建立了科举制，削弱了门阀大族世袭的特权，开创了任人唯贤的先例，并将其制度化。隋文帝后期与隋炀帝前期，国家富足强盛，社会空前繁荣。

隋朝时期是中国古建筑体系的成熟时期。隋朝建造了规划严整的大兴城，开凿了南北大运河，修建了世界上最早的敞肩型大石桥——安济桥。

隋朝时，为封建社会经济、文化的进一步发展创造了条件。但由于隋炀帝骄奢淫逸，穷兵黩武，隋朝很快就覆灭了。建筑上主要是兴建都城——大兴城和东都洛阳。其中大兴城又是我国古代建筑规模最大的城市。隋朝开挖的大运河南起杭州，北迄北平，跨长江、黄河，长约2500公里，自隋以来，路线虽有修改，但已成为中国南北交通大动脉，大大地促进了南方经济的发展，加强了南北交流。唐代的繁荣，在很大程度上有赖于这条隋代开挖的大运河。

隋朝时代的建筑，因历经兵燹破坏，实物所存已寥寥无几。但从史料记录来讲，隋炀帝所建的“迷楼”，出自“能构宫室”者项升之手。这座新式建筑，除了华丽以外，更是十分精巧别致，是自古以来所未有的。人们走进去后，往往会整天都找不到出去的路。另建的西苑有山有海，绕龙鳞渠建十六院，穷极华丽。所有这些，一方面能看出隋炀帝的穷奢极欲，另一方面则看出隋朝建筑技术发达的水平。

第二节 唐朝建筑

隋炀帝，暴虐无道，滥用国力，导致民怨沸腾，瓦岗英雄乘机起义。短短的几年，李渊就取而代之建立唐朝。唐朝是中国封建社会的繁荣期，政治稳定，经济繁荣，文化发达，国力大兴．威震世界。全国的统一和稳定为建筑技术和艺术提供了条件，并使之得以发展和提高。

1. 唐朝建筑

在建筑材料方面，砖的应用逐步增多，砖墓、砖塔的数量增加；琉璃的烧制比南北朝进步，使用范围也更为广泛。在建筑技术方面，也取得很大进展，木构架的做法已经正确地运用了材料性能，出现了以“材”为木构架设计的标准，从而使构件的比例形式逐步趋向定型化，并出现了专门掌握绳墨、绘制图样和施工的工匠。建筑与雕刻装饰进一步融合、提高，创造出了统一和谐的风格。

木结构在南北朝基础上，经隋及唐前期发展，已进入定型化和标准化的成熟时期。根据宋人撰于公元1103年的《营造法式》中记载的宋代木构架标准化、定型化的情况，木构架主要有殿堂、厅堂、余屋、斗尖亭榭四种，并且其长、宽、高和构件尺寸均以材高为模数。以此来检验现存唐代建筑，会发现这些技术不是宋代首创的，而是继承唐代的。

唐代木构建筑只存四座，其中山西五台山佛光寺大殿为殿堂型，由柱网、铺作层、屋架三个水平层叠加而成。山西五台山南禅寺大殿、平顺天台庵大殿和芮城五龙庙大殿为厅堂型，用若干道檩数相同的垂直屋架并列拼成。此外，在洛阳唐宫旧址内还发现有八角亭基址，外围用八柱，中心用四柱。参考日本建于8世纪下半叶的荣山寺八角堂，其构造应是在四内柱上架栏额形成方井，在其上放8个与檐柱相应的大斗，承担来自8根檐柱的角梁，再从此向中心架斜梁，攒聚于短柱上，形成八角攒尖屋顶，即斗尖亭榭。这就证明殿堂、厅堂、斗尖亭榭三种木构架唐代已有。

近年发掘出的唐建筑遗址中，殿堂多而厅堂少。殿堂基址柱网有“日”字形（大明宫玄武门内重门）、“目”字形（大明宫含元殿）、“回”字形（大明宫麟德殿、青龙寺大殿），说明《营造法式》中记载的各种殿堂柱网布置唐已有了。把建筑中常用构架类型归纳成四形，以便在设计中选择，表明构架在向定型化发展。

对现存唐代建筑的测量数据进行研究，发现自南北朝以来，以材高为模数的设计方法又有发展。这时都以材高的1/15为分模数，称为“份”。大至面阔、进深、柱高、脊高，小至柱、栏额、梁、斗拱的尺寸都可折成整数份数。佛光寺属最高等级的殿堂构架，构件较粗壮，故面阔和柱高都为250份，进深为照顾椽跨，为220份，椽跨为110份，斗拱间距为125份或110份。南禅寺大殿为低一级的厅堂构架，构件可稍细，故明间面阔增至300份，椽跨增至150份。这说明此时对不同类型构架规定的份值也有所不同，区分颇为细致。木构架设计中运用模数有几个优点：其一，造木构房屋要视其类型和大小选用不同的材等（宋式有八等，可知唐代也是分为若干等的），因此在构件的跨度、断面的份值不变，在相同的单位面积荷重下，不论大材、中材，产生的应力相等，不需另做验算，即以份值来表达适用于各个材等；其二，如把份值折成真实尺寸，必有很多零星小数，不太准确，直接用份值表达则无此弊端；其三，匠师按所用材等真实长度绘制以份值表示的丈杆交给工匠，因为工匠一般能背诵以口诀形式表达的各构件份值，即可直接据以进行预制，无须绘制图纸。以材份为模数的设计方法既简化设计，也便于施工，是古代中国独创的一种木构架设计

方法，它与把建筑物简化成四种基本构架类型相结合，标志着中国木构建筑发展到成熟阶段。

唐朝的住宅，根据主人不同的等级，其门厅的大小、间数、架数以及装饰、色彩等都有严格的规定，体现了中国封建社会严格的等级制度。这一时期遗存下来的殿堂、陵墓、石窟、塔、桥及城市宫殿的遗址，无论布局或造型都具有较高的艺术和技术水平，雕塑和壁画尤为精美，是中国封建社会前期建筑的高峰。

2. 典型建筑

唐朝建筑中的最大成就是其城市布局和建筑宏大、气魄、雄浑的风格。其长安城在隋大兴城的基础上继续经营，加以扩充后成为当时世界上最大的城市。长安城的规划是我国古代都城中最为严整的，它不仅影响了渤海国（是我国唐朝时期，以粟末靺鞨族为主体建立的地方民族政权。始建于公元698年，初称“震国”）东京城，而且还影响了日本平城京和后来的平安京等，这些城市的布局方式和唐长安城基本相同，只是规模较小，如平城京仅及长安城的四分之一。唐长安大明宫的规模也很大，若不计太液池以北的内苑地带，遗址范围即相当于明清故宫紫禁城总面积3倍多，大明宫中的麟德殿面积是故宫太和殿的3倍。其他府城、衙署等建筑的宏敞宽广，也为任何封建朝代所不及。

唐代不仅加强了城市总体规划，宫殿、陵墓等建筑也加强了突出主体建筑的空间组合，强调了纵轴方向的陪衬手法。以大明宫的布局来讲，从丹凤门经第二道门至龙尾道、含元殿，再经宣政殿、紫宸殿和太液池南岸的殿宇而达于蓬莱山，这条轴线长约1600余米，若不计内苑部分，从丹凤门到紫宸殿也约1200米，这个长度略大于从北京天安门到保和殿的距离。含元殿利用突起的高地作为殿基，加上两侧双阁的陪衬和轴线上空间的变化，造成朝廷所需的威严气氛。再如乾陵的布局，抛弃了秦汉堆土为陵的做法，而是利用地形，以梁山为坟，以墓前双峰为阙，再以两者之间依势而向上坡起的地段为神道，神道两侧列门阙及石柱、石兽、石人等，用以衬托主体建筑，花费少而收效大。这种善于利用地形和运用前导空间与建筑物来陪衬主体的手法，正是明清宫殿、陵墓布局的渊源所在。

3. 木结构建筑

在唐代，大体量的建筑已不再像汉代那样依赖夯土高台外包小空间木建筑的办法来解决。木结构的主要构件梁、柱和斗拱的细分构件等的种类和形式大致已稳定。从现存的唐代后期五台山南禅寺正殿和佛光寺大殿来看，当时木架结构——特别是斗拱部分，构件形式及用料都已规格化，说明当时可能已有了用材制度，即将木架部分的用料规格化，一律以木料的某一断面尺寸为基数计算，这是木构件分工生产和统一装配所必然要求的方法。用材制度的出现，反映了当时施工管理水平的进步，加速了施工速度，便于控制木材用料，掌握工程质量，对建筑设计也有促进作用。

从现存的木建筑遗物反映了唐代建筑艺术加工和结构的统一，在建筑物上没有纯粹为了装饰而加上去的构件，也没有歪曲建筑材料性能使之屈从于装饰要求的现象。这固然是我国古典建筑的传统特点，但在唐代建筑上表现得更为彻底。例如，斗拱的结构职能极其鲜明，华拱是挑出的悬臂梁，昂是挑出的斜梁，都负有承托屋檐的责任。

昂是一种重要建筑构件，在唐代的建筑中用途极为广泛。昂有上昂、下昂之分，下昂是悬跳承重的构件，但和一般的梁有着根本区别。上昂最早见于斜撑式的出跳结构，使用昂的优点是用一件斜撑代替若干层叠的水平构件，可以节省材料，但它的斜角不大，即外伸长度不大。昂的主要作用是调整檐的高度，古代木结构房屋中一般有较深的檐，用来保护木结构本身和夯筑的土墙，所以建筑的高度增加，出檐也便要随之增加。建筑的出檐加深，那么檐下的斗拱的出跳级数必然要增加。昂的出现是因为在这期间，如果要达到各方面的比例协调，在不改变建筑高度和出檐深度的情况下，自然只能改变斗拱的构件形式。

除此之外，在这一时期，发展比较明显的还有柱身的加工。自西汉开始，建筑用柱多为方柱，东汉时以矩形柱为主，南北朝时多用八棱柱或四方柱。圆柱、梭柱使用于高级殿宇，约始于南北朝。不过，直到隋唐时它们才成为主要殿宇柱子的常用形式。不论是圆柱还是四方柱都需要经过一定的加工，最容易加工的是四方柱，其次是多棱柱，圆柱和梭柱的加工难度则很大，因为它们的形体必须加工得圆滑丰满。

唐代的木结构技术，从尺度规模、柱列形式、材分制度等的表现来

看，其发展已趋于成熟。木结构的技术也更为丰富、更显进步性。如柱子的形象、梁的加工等都令人感到构件本身受力状态与形象之间内在的联系，达到了力与美的统一；而色调简洁明快，屋顶舒展平远，门窗朴实无华，给以人庄重、大方的印象，这是在宋元明清建筑上不易找到的特色。

4. 佛教建筑

唐代是佛教全盛时期，佛寺之多、僧侣之多以及占据庄园土地面积之大，已经导致了唐政权的财政危机，以至于出现了中唐时期的灭佛运动。

佛教的勃兴，促进了塔寺建筑，出现了不少新的建筑结构方法。然而，这些技巧直到北宋时期的《木经》和《营造法式》中才作出了总结，传世实物因兵燹及自然破坏已经所存无几。

中国佛教是由印度传来的，特别是佛经自印度传到中国之后，其基本理论还是来自印度。但是随着社会的发展变化，中国高僧、大师、圣者又不断有新的体会、新的启发和新的见解，因此佛教在中国得到了很大的发展。受此影响，此时的寺院建筑根据中国佛教的要求，并结合中国建筑的情况，依从建筑材料、礼制的具体要求而建，这种寺院式样与古印度之佛寺大不相同。

西安兴教寺是一处著名的佛教建筑群，其中的玄奘塔为玄奘分藏舍利之所（南京报恩寺塔也有玄奘舍利，传为西安移去），其形制略似大雁塔。在唐代，从日本到中国来的留学生都要住在兴教寺的僧寮中。位于陕西省咸阳市的昭仁寺，在当时也是一座大寺，是唐太宗为超度在线水原大战中阵亡将士而建的。里面有一块《昭仁寺碑》为朱子奢撰，其书法与名书法家虞世南极为相近，为后世书家所推崇，昭仁寺也因此特别闻名。目前，这座建筑虽只剩一处大殿，然而其大殿的梁栋结构，仍使人看出其建筑结构方法的独具特色。

山西现有的唐代建筑尚有五台山南禅寺的大殿、佛光寺的东殿、芮城广仁王建的正殿、平顺天台庵正殿。此外，北京南城的崇效寺和悯忠寺（现为法源寺）也是唐代的古寺。两寺经历代增修改建，现仅存了个规模格局，已非唐代之旧了。

唐代除了典型的佛教建筑外，还有借鉴佛教建筑形式，与中国式塔相似的楼阁建筑。如在江西南昌江滨的滕王阁，为唐永徽四年（653 年）太宗弟李元婴所造。据王勃《滕王阁序》说："飞阁流丹，下临无地。"又说："鹤汀凫渚，穷岛屿之萦回；桂殿兰宫，即岗峦之体势。"当时是极具壮丽气势的建筑之一，但已久圮，经艰难重修，基座方出江面。

5. 陵墓建筑

帝王陵墓的建造是历代建筑技术水平高度集中的体现，也是我国古代文化史的一个重要组成部分。我国的陵寝之制大体上初创于秦汉时期。骊山秦始皇陵"封土为陵"，规模宏大。经过历朝历代的演变完善，到了唐代，陵寝基本上已改为"因山为陵"，制度更加完备。

唐代 21 个皇帝有 20 个皇陵（唐高宗李治与武则天合葬乾陵），其中在陕西咸阳附近的有 18 个，史称"关中十八陵"。"关中十八陵"中最大的一座是唐太宗李世民的昭陵。昭陵位于陕西省礼泉县九峻山的主峰，凿山建陵，开创了唐朝依山为陵的制度。

昭陵的营建工程浩繁，布局精心，据说是由唐代著名画家阎立德、阎立本两兄弟参与设计的。陵园周长 60 公里，有 167 座功臣贵戚的陪葬墓。陵山有垣墙围绕，墙四隅建有角楼，正中各开一门，南曰朱雀，北曰玄武，东曰青龙，西曰白虎。陵园内主要的建筑是献殿和寝宫。驰名中外的"昭陵六骏"石刻浮雕原来就立在玄武门内东西两庑。六骏是唐太宗骑过的六匹战马，曰："特勒骠"、"青雅"、"什伐赤"、"飒露紫"、"拳毛（马呙）"、"白蹄乌"。"昭陵六骏"神情各异、栩栩如生，据说在雕刻之前由阎立本绘制图样。今存四骏存放于陕西省博物馆内，"飒露紫"和"拳毛（马呙）"二骏今存美国费城大学博物馆。

"关中十八陵"中迄今保存最完好的一座是唐高宗李治和武则天合葬的乾陵。乾陵位于陕西省乾县西北 6 公里的梁山上，亦因山为陵，气势雄伟，陵园周长约 40 公里。据《唐会要》卷二十《陵议》记载："乾陵元宫，其门以石闭塞，其石缝铸铁，以固其中。"由于陵墓坚固，似无盗掘的痕迹。今昭陵、乾陵均尚未揭开。但已发掘的作为乾陵陪葬墓的永泰公主墓、懿德太子墓和章怀太子墓，均是深入地下数十级，三桁多室，甬道均多壁画的地下宫殿。

第三节 五代建筑

唐亡以后的五代十国时期，中原政权中心由长安东移至洛阳，再移汴州（开封）。汴州原为唐宣武军治所，其子城扩建为宫城，后周时罗城之外再建外罗城，渐成规模。十国之中，以蜀和南唐境内较为安定富庶，故成都、金陵的营建也颇具规模。

在建筑上，五代时期主要是继承唐代传统，很少有新的突破，仅吴越、南唐石塔和砖木混合结构的塔比唐朝有所发展。石塔如南京栖霞山舍利塔、杭州闸口白塔与灵隐寺双石塔；砖木混合结构的塔如苏州虎丘云岩寺塔、杭州保俶塔等，都是在唐代砖石塔的基础上进一步仿楼阁式木塔。建都于广州的南汉，还铸造了铁塔。其中南京的南唐栖霞寺舍利塔和杭州灵隐寺吴越石塔，石刻精美，富于建筑形象。

五代十国时期，虽然政权更替频繁，战事不断，但各地仍在修建寺刹，如山西平顺的大云院和平遥的镇国寺。这两座寺院至今仍存有五代的遗构。大云院在龙耳山的山腰，建于后晋天福三年（公元938年），原名仙岩院，宋时改的今名。院内的大佛殿系初建时遗构，尚有当年的壁画。而镇国寺建于北汉天会七年（公元963年），系皇家敕建，布局严谨，其万佛殿的檐、柱、斗拱做法巧妙，殿内佛像面庞丰润，身躯壮实，具有五代风貌。

第四节 砖石结构

隋唐砖石结构主要是地上的佛塔、桥梁和地下的墓室，其中以佛塔中的砖石结构为典型。佛塔就材料而言，有石塔、砖塔；以形式而言，有单层多层之别。

隋唐石塔有石块砌成和石板拼叠而成两种。石块砌成者最著名的是济南神通寺四门塔，建于隋大业七年（公元611年），为用矩形块石、条石砌成的单层攒尖顶方塔。其面宽7.38米，高15.04米，外壁和塔心用块石砌成，中留宽7.7米的回廊。外檐用石块叠涩挑出，再用反叠涩上收形成攒尖顶。回廊上部用石板斜搭，下加三角形石梁构成双坡廊顶的形式。用石板拼叠成的塔多用石板平叠成塔下须弥座和塔檐、塔顶，中间用四块竖立石板拼成塔身，如房山云居寺石塔。另外，还有一类石塔，由多层块石叠合而成，表面雕成塔基、塔身、塔顶、塔刹，更近于石雕，如南京栖霞寺南唐所建的舍利塔。隋唐时期没有修建北朝时那种雕出柱梁斗拱的全仿木构石塔，其主要成就在于塔之造型比例和精美的装饰雕刻上。

隋唐的多层砖塔亦有两种：一种是砌出各层柱、额、门窗、斗拱、屋檐的楼阁形塔，如西安慈恩寺大雁塔和兴教寺玄奘塔；另一种是只有一层塔身，其上重叠多层塔檐的密檐塔，如西安荐福寺小雁塔和云南大理崇圣寺千寻塔。这两种都是方形、只有外壁的空腔型塔，内部架设木楼层，差别主要在外形。楼阁塔仿多层木塔的形式，体形端庄。密檐塔可能是对印度传来的形式经改造后形成的，呈梭形上收，曲线秀美流畅。到五代时，才在江南吴越国境内出现了一种八角楼阁形塔。与上述两种不同之处，此阁楼除平面八角形外，内部还砌有塔心柱，与外壁间形成回廊。它的外壁砌出逐层柱、栏额、斗拱、门窗、屋檐、平坐，内部在回廊两侧上部从塔壁和塔心柱相对砌出叠砌，相接之后，在上砌厚1米左右的砖形成上层楼面。各层塔心部分在四个正面相向开甬道，十字交叉处略为扩大，形成小的塔心室。始建于公元959年的苏州虎丘云岩寺塔是这类塔的代表作。

隋唐单层砖塔主要用为墓塔，有方、圆、八角等形式，一般下有较高基座，塔身或下面开一门通入塔心室，或无塔心室而只在下面开一龛。这类塔外观用预制型砖或磨砖砌出柱子、栏额、斗拱、门窗、塔檐、塔刹等，比例秀美，砖工精致，表现出较高的砖饰面技术，河南登封会善寺净藏禅师墓塔、山西运城报国寺泛舟禅师墓塔可为代表作。隋唐砖塔的成就主要在艺术方面，技术上创新不很突出。

第六章

宋、元建筑

公元960年，宋朝开国，不久结束了五代十国的分裂局面，实现了中原和南方地区的统一，社会经济得到恢复和发展，但国力和建筑规模远逊于唐代。它的北面有契丹族的辽国，疆域南至今河北、山西省的北部，同宋对峙。公元1115年，崛起于东北的女真族建立金国，公元1125年灭辽，次年攻入宋都汴梁。宋室南迁临安，史称南宋，形成南宋和金对峙局面。此外，西北地区还有党项族的西夏国（公元1038～1227年），占有今宁夏以及陕西、甘肃的部分地区。

宋、辽、金时期，中国南北建筑风格逐渐产生差异，但都趋向华美繁复、细腻精致，发展出多种建筑装饰手法，建筑结构和造型趋于定型化、制度化，砖石和木构高层建筑的发展，表明建筑技术的提高。

元代（公元1271～1368年）统一国家的建立，结束了长期南北对抗局面，使原先各自发展的两种文化、科学和技术，包括建筑在内，融合起来了。在元代，中亚、西亚等地各族人民大量进入中原，为建筑风格的进一步融合增加了新的营养。

第一节 宋朝建筑

经过了唐朝灭亡、五代短暂的纷争后，宋朝登上了中国的历史舞台。宋对内实行中央集权，重文轻武，对外采取“和亲纳币”的妥协政策。此外，宋朝理学盛行，封建文人大力鼓吹“扬理抑欲”。

受精神领域的影响，宋朝建筑的规模一般比唐朝小，但比唐朝建筑更为秀丽、绚烂而富于变化，出现了各种复杂形式的殿阁楼台。北宋木结构建筑总趋向是结构精巧，组合复杂，装饰多样，可以以山西太原晋祠圣母殿、河北正定隆兴寺摩尼殿为代表。小木作制品如藻井、帐龛、门窗、经橱、勾阑之类，日趋华美繁缛。室内高坐式家具由唐中期开始流行，至宋成为主流，品类完备，式样定型。

建筑装饰绚丽而多彩，流行仿木构建筑形式的砖石塔和墓葬，创造了很多华丽精美的建筑作品。

建筑色彩由于使用琉璃和彩绘而复杂华丽，不同于汉、唐明朗简朴的风格。彩画中碾玉装饰渐居优势，成为明代旋子彩画的先声。石雕刻、木雕刻用于建筑的部位日益增多，不同品类按复杂程度分级，已形成一门专业工艺。南宋木建筑有较强的地方特色，构架以厅堂型为主，风格雅洁。

宋代建筑构件、建筑方法和工料估算在唐代的基础上进一步标准化、规范化，并且出现了总结这些经验的书籍——《营造法式》和《木经》。

1. 都城建筑

北宋统一中国后，实行了有利于生产的政策，农业很快恢复并实现了城市封建商品经济的繁荣。唐代户数十万以上的城市只有10座，北宋时已增加到40多座。

北宋的都城汴梁，即今之开封市，其时又称东京。开封一地，在军事上不利，无险可据，但因考虑其政治、经济和文化等方面的原因，北宋统治者仍决定定都于此。定都开封之后，为加强其城防工事，筑有三层环套的城墙，因此在当时有“固若金汤”之说。最中心的为皇城，是帝王朝政、生活和中央机构之所在。正门叫丹凤门，门上建有宣德楼，高大华丽，反映出大国风度。

东京城是当时全国最大的城市，水陆交通发达，商业、手工业繁盛，人口逾百万。内城除各级衙署外，其余住宅、商店、酒楼、寺院、道观、庙宇等不计其数。据宋孟元老的《东京梦华录》记载，这里的许多金银珠宝店，绫罗绸锻店等，都是高楼广宇，而且买卖兴旺，“每一交易，动即千万”。这里的酒楼，光是大型的“正店”就达72家，小的更是不计其

数。酒楼门口，扎缚彩楼欢门，作为其行业的标志。最有名的酒楼是“樊楼”，是一组三层楼的建筑群，五座楼房各有飞桥相通，楼内设雅座，珠帘绣额，达官贵人多来此光顾。东京宫城范围有限，宫殿规模不大。宫城从宣德门至汴河州桥间两侧建有长廊的御街，以及“工”字形平面的宫殿组合，对金、元两朝有直接影响。北宋皇帝崇信道教，最大的宫观建筑是玉清昭应宫（真宗时）和根据道士奏议而造的上清宝宫、神霄万寿宫、艮岳（徽宗时）等。

北宋东京与前朝都城最大的区别是里坊制度的逐渐废弛，开始出现了开放的商业街和居民巷。东京城市的管理也有所加强，如疏浚河流、修桥铺路、防火设施和殡葬、救济、施药等，均有机构执掌，形成制度，在当时世界上居于先进地位。

公元1126年，金人占领中原，北宋告亡。公元1127年，南渡的宋室建立南宋，后来定都杭州，并更改杭州名为临安。临安城的布局比较特别：一是不规则、不对称，依山、湖、江而成；二是皇宫位置在城的最南端，皇宫之北为都城，似乎很别扭；三是皇宫、太庙及其他官署位置也十分杂乱，没有规章，这也许都处于“临时安屯”、暂时将就而造成的。皇宫官署在城南的凤凰山麓，东麓是皇宫，其北是三省六部、枢密院等，这里屋宇高大轩昂，也较有气派。云锦桥和三省六部的官府大院相对，故此桥称六部桥，如今现存的桥仍是当时之原物。北面清河坊是御史台。望仙桥一带是王公贵族、达官宦臣所在的地方。

临安城虽然是一座自然形成的都城，但城内布局还是有一定规律和气派的，街道、河巷也比较有秩序。在街路河道的网格之间，分设九厢八十余坊。“坊”是城的内部结构的一个单元，四周有高墙，与外界联系出入开有两到四个门，坊内有十字交叉的两条大路，然后是小路，称巷，又叫“曲”，宅舍入口就在巷内。

2. 陵墓建筑

北宋的陵制模仿唐代，但规模要逊色很多。北宋的陵墓区选址在嵩山北麓，即今河南巩县境内。因为受风水之说的支配，一反常规，陵墓选择了前高后低的地形。北宋九帝中，除当了金人俘虏的徽、钦二帝外，剩下的七帝皆葬在巩县，加上被追封为“宣祖”迁葬于此的始祖陵，共为八陵。八陵及其所附后陵集中在洛河东南岸，地势东南高、西北低，但神道仍正南向。

巩县的宋陵除在墓上起“方上”之外，其他形制与唐陵大致相同，正门南出神道两侧也有两组称为“鹊台”的双阙，以及众多石刻。石刻作风比较写实而繁缛，与唐的浑实壮健不同。附葬的后陵在帝陵外西北近处，制度同于帝陵而更小。皇陵的“下宫”多在后陵以北。

南宋的陵墓在会稽，本来是作为临时存放帝棺的地方，并没有大肆营造，因此显得与唐和北宋陵墓大为不同：下宫位列上宫之前，两者在同一纵轴线上，各绕围墙，墙外复绕竹篱。下宫的布置与普通宫院没有太大区别。上宫前有鹊台，其后为殿门和平面“凸”字形的献殿，后部凸出部分称龟头屋，棺椁就置于此处地下。南宋的这种陵墓在当时只是权宜之计，但这个特例却打破了千余年来的陵制传统，它抛弃了方形围墙的十字轴线构图，而强调层层殿宇的纵深构图，给明清提供了先例，是中国陵制的转折点。

3. 寺、塔建筑

宋代佛教日益中国化、世俗化，各地普遍修筑寺、塔。这一时期遗存至今的佛寺和祠庙总计五十余处，比唐代大大增多，其中约有十处大致保存了原来的总体平面布局。

这一时期的佛寺主要有以塔为中心和以佛殿为中心的两种形式，以后者为主。以塔为中心的佛寺布局除在敦煌当时的壁画中有所表现外，在山西应县佛宫寺、河北涿县普寿寺、内蒙古巴林左旗庞大州佛寺等建筑中也有展示。以佛殿为主的布局是这一时期的主流，典型建筑主要有河北正定隆兴寺，天津蓟县独乐寺，辽宁义县奉国寺，山西大同善化寺、华严寺等。这些寺院的主要佛殿经常偏于后部，而不一定在全寺前部。

宋代时期的塔，木制式的已经较少采用，绝大多数是砖石塔。其中最高的是河北定县开元寺瞭敌塔，高达 84 米。河南开封佑国寺塔，则是在砖砌塔身外面加砌了一层铁色琉璃面砖作外皮，是我国现存最早的琉璃塔。福建泉州开元寺东、西两座石塔，用石料仿木建筑形式，高度均为 40 余米，是我国规模最大的石塔。宋代砖石塔的特点是发展八角形平面的可供登临远眺的楼阁式塔，塔身多作筒体结构，墙面及檐部多仿木建筑

形式或采用木构屋檐。四川地区则多方形密檐塔。

第二节 元朝建筑

元朝是蒙古族建立的幅员广阔的多民族国家。元代建筑上承宋、辽、金，下启明、清，是中国古建筑体系的又一重要发展时期。

1. 都城建筑

蒙古族人在长期的草原生活中先后建造过和林与开平两座都城。元朝建立后，建首都大都城于金中都的东北郊，为今天北京城的前身。元朝统治者接受汉族的儒学传统文化，大都按照汉族传统都城的布局建造，鲜明地体现了儒学的审美观点，但宫苑中不免保持着某些草原民族的生活习俗。

大都城的规划明显比附《考工记》中的王城制度，在体制上是按街巷制建造的。大都城水源充沛，利用城内河道和预建的下水道网，排水便利，街道和居住区布置得宜，反映了当时城市规划的先进水平。

元大都的修建，开始于公元 1264 年，这时金中都已大部破坏了。新城是以金中都东北部离宫琼华岛一带作为核心规划修建的。元大都的建造按照一个整体规划思想，仿汉制“左祖右社，前朝后市”平地兴建的。其平面接近正方形，东西六公里多、南北七公里多，其位置和明代北京的内城相当而略为偏北。全城大致以当时的钟鼓楼为中心。

元大都的地势位于华北平原北端，海拔 50 米，处于两条约略平行的河流中间，西北有弧形山脉环抱，东南是一片平原。在交通上，由南向北越过永定河渡口的卢沟桥，出南口等关隘直通北面山岳地带及辽东平原。这个城市的地位自古以来就是北方的重镇。

大都建设时考虑到这个大城市的对外漕运，同时开凿“通惠河”，由西山引“长河”水入城来补充城市用水和运河所需水量。当时参加规划、修建的郭守敬和也黑迭尔丁等中国、阿拉伯的专家和技术力量对大都的建设都作出很大的贡献。

元大都有城郭三重，由内至外为宫城、皇城、都城。都城范围内有

50个大街坊。当初建城时就以“方地赐各部落首领”，因此在居住街坊中贵族的大宅、花园占很大的面积。全城开向外的城门共11个，主干道自城门通进城内，纵横相交；但不全是棋盘式，还有很多“丁”字街及斜街。城区北部偏西的日中坊一带在当时为漕运终点，出现很多商业街坊。普通的街坊内有小型的作坊、店铺，也有衙署、寺庙等和住宅修建在同一区域内。

元大都在群体布局和立体构图方面也有明显特征：宫前广场空间的布置是仿北宋和金，并进一步发展了“千步廊”制度；城中有突起的制高点，如妙应寺“白塔”和北海琼华岛上的宫殿群，更增加了城内大组群建筑整体布局的效果。实际上元代统治阶级占据城市制高点，他们更多地是从军事观点出发，便于严密地控制全城，而古代的建筑匠师则在创造城市艺术手法上表现了卓越的成就。这个城市基本规划结构反映的阶级对立情况是相当明显的。元代大都的街坊又恢复了宋代以前封闭的里坊制，这和宋代城市有差别。

元代开凿自大都经通州、临清抵达杭州的大运河，使南北经济联系加强；又分全国为若干行省，急递铺和驿站由大都辐射全国各地。这些措施为明清继承下来，奠定了600多年以北京为中心的统一国家的局面。

元代城市进一步发展了各行各业的作坊、店铺以及戏台、酒楼等娱乐性建筑。从西藏到大都建造了很多藏传佛教寺院和塔。大都、新疆、云南及东南地区的一些城市陆续兴建了伊斯兰教礼拜寺。藏传佛教和伊斯兰教的建筑艺术逐步影响到全国各地。中亚各族的工匠也为建筑工艺带来了许多外来因素，使汉族工匠在宋、金传统上创造的宫殿、寺、塔和雕塑等表现出若干新的趋势。现存元代的建筑有山西芮城永乐宫、洪洞广胜寺等。在这一时期，使用辽代所创的“减柱法”已成为大小建筑的共同特点，梁架结构也有了新的创造，许多大构件多用自然弯材稍加砍削而成，形成当时建筑结构的主要特征。

此外，天文建筑在元代得到了很大的发展，科学家郭守敬分别主持修建大都司天台和河南登封测景台。

2. 宫殿建筑

元代宫殿形制继承宋、金，而室内布置却仍然表现出蒙古族习俗的要

求，又点缀个别中亚、阿拉伯的浴室、畏兀儿殿堂等建筑，反映了当时的政治、文化背景。汉族传统的祭奉天地、社稷、宗庙、五岳、四渎的坛庙祠祀建筑和孔庙、学宫等，都得到修缮或重建。

元大都的宫廷建筑特点比较明显。宫殿平面基本采用“工”字形，即在“殿”、“宫”之间加一道柱廊。殿内布置富于蒙古族“毡帐”的色彩，凡属木构露出的部分都用织造物遮盖起来，壁衣、地毡也广泛使用。元宫及御苑，包括北海，有很大的水面，即当时所谓“海子”。其他宫内庭院布置也带有很多中亚的色彩。

元代宫殿在建筑形式和基本结构上仍然保存很多宋代的传统做法，木结构建筑仍占很大的比重。但另一方面，因元代设有宫廷制造局，工匠来自亚洲许多国家，因此器物色彩和建筑装修陈设就更为丰富。大批来自中亚、尼泊尔的工匠参加修建，在砖石结构、材料、技术和建筑装饰等方面都有新的创造。如建筑上的“兹顶殿”、“畏吾儿殿”、“棕毛殿”完全是新的式样，色彩绚烂的黄、绿、蓝、青、白色琉璃材料在元宫中亦是大量使用。

3. 宗教建筑

元代宗教建筑风格多样，其中属佛教中喇嘛教寺庙最盛。忽必烈在大都建万安寺，建筑比拟宫殿，其中主要建筑是尼泊尔名匠阿尼哥设计的大圣寿万安寺塔，明代称妙应寺白塔。喇嘛教建筑的装饰题材和装銮方法也由此传入中原。江南地区佛寺仍继承南宋以来的特点，今存者如上海真如寺大殿、浙江金华天宁寺、武义延福寺大殿。西藏地区的寺院别具特色，如夏鲁寺，就在藏式建筑中加上汉式殿屋，而斗明显带有元代特点，反映出汉藏建筑艺术的交流。

道教在元代也受到尊信，为元代皇帝祈福而建的永乐宫由少府官匠参加建设，基本反映金元之际官式建筑的特点。元代伊斯兰教建筑随色目人移民遍布全国各地，重要遗存有新疆吐虎鲁克玛扎、泉州清净寺、杭州真教寺等。前两者属中亚样式，后者在窑殿上加汉式屋顶，出现同中国传统建筑结合的趋势。

第七章

明清建筑

以往的建筑历史研究者，常常因明清时期单体建筑艺术性的下降而贬低明清建筑。实际上，明清建筑不仅在创造群体空间的艺术性上取得了突出成就，而且在建筑技术上也取得了巨大的进步。明清时期的建筑艺术并非一味地走下坡路，它仿佛是即将消失在地平线上的夕阳，依然光华四射。

第一节　明清建筑

明清时期，中国的传统建筑达到了最后一个高峰，建筑艺术在继承前代传统的基础上，又取得不少新的成就。

明清两朝在元大都基础上，对都城北京进行大规模修建，使北京宫殿成为古代建筑艺术之范例。明清时期手工业、商业相当发达，特别是太湖区域及沿海地区城镇建筑也有较大发展，地区特色日益显著。这一时期对外接触也日益频繁，建筑上各民族间风格技术的互相吸收与融合，也推动了这一艺术领域的发展。

1. 建筑结构

明清时期是中国古代建筑体系集大成的时期，也是古代建筑体系的古

典晚期，呈现出“形体简练、细节烦琐”的形象。

明清建筑突出了梁、柱、檩的直接结合，减少了斗拱这个中间层次的作用。这不仅简化了结构，还节省了大量木材，从而达到了以更少的材料取得更大建筑空间的效果。

明朝由于制砖手工业的发展，砖的生产大量增长。明代大部分城墙和一部分规模巨大的长城都是用砖包砌的，地方建筑大量使用砖瓦，民间砖建的房屋也猛然增多，大式建筑亦出现了砖建的“无梁殿”。琉璃瓦的生产，无论数量或质量都超过过去任何朝代。

2. 建筑风格

明清建筑具有明显的复古取向，官式建筑由于形式上斗拱比例缩小，出檐较短，柱的生起、侧脚、卷杀不再使用梁坊的比例，屋顶柔和的线条轮廓消失，故不如唐宋的浪漫柔和，反而建立严肃、拘谨而硬朗的基调。明代的官式建筑已高度标准化、定型化，而清代则进一步制度化，清朝政府颁布了工部《工程做法则例》，使官式建筑更加定型化、标准化。但也有极少数特例，如北京故宫线条复杂的角楼。

不仅官式建筑如此，各个地域的民间建筑也在成熟演化后趋于墨守成规的晚期特征，且营造活动中越来越多地糅杂了浓烈的迷信、禁忌成分。譬如，风水术的盛行等，明万历年间出现的《鲁班经匠家镜》一书，便是这一变化趋势的真实写照。这似乎可以说明，当中国古代建筑体系演变到晚期，营造的风俗从文化根基上深深嵌入中国人的意识之中。即便是到了近现代以至当代，这种营造风俗依然深刻影响着海内外华人的择居和营居建筑活动。

第二节 明清官式建筑

明清时期，在封建经济高度发展的基础上，建筑技术有了更大的提高。建筑经验的长期积累，使这一时期的建筑，特别是官式建筑更加趋于标准化、定型化，这不仅有利于保证建筑质量，而且加速了施工进度和估工算料，是古代建筑艺术、技术高度成熟的标志。

1. 工匠制度与建筑技术

明代前期的官办手工业分工很细，主要生产者是轮班制的“匠户”。“匠户”的身份比元代的“官奴”和“工奴”有所改变，后来经过工匠不断的斗争，到嘉靖八年（1529 年）完全实行了“匠班银”制度，轮班工匠可以以银代役。封建政府对手工业部门和工匠控制的逐渐削弱，使明代的手工业生产比之前代有了进一步的发展，民间建筑技术也随之得以迅速提高。统治阶级在这个基础上役使大量民间建筑工匠所修筑的建筑物，也大大提高了建筑的质量。

随着劳动分工的更加精细，技术水平的进一步提高，民间手工业在 18 世纪中期发展到一个新的高峰。后来，建筑业的官办手工业组织逐渐消失，在北京代之而起的是私营的包头——“木厂”。这些都促使清代的建筑业有了更高的水平。不少地方的工匠还出现了“帮”，他们在技术上各自形成一套自己的做法，这对于技术的提高有促进意义。苏州的香山帮对于江南建筑技术的发展贡献很大，其中的蒯群曾参加明代北京宫殿的建筑。西北一带有回族的河州（甘肃临夏）帮，他们对于回族礼拜寺、拱北等建筑也有一套技术高超的做法。此外，由于手工业的地区分工，建筑材料的生产也出现了地方特色。例如，山东临清和苏州的青砖，北京的琉璃，苏州、广州的装饰材料等。

2.《工程做法则例》

清雍正十二年（1734 年）清工部颁布了《工程做法则例》，对于柱、梁、斗拱、檩、椽等构件的尺寸，台基的高度、宽度都有一定的规定。官式建筑分为小式、大式、殿式三种。小式一般只有硬山屋顶，普通的柱、梁、檩、椽等构件，各部比例按明间面阔决定。例如，当面板为一丈时，檐柱高七尺五寸，径六寸五分，出檐为柱高的三分之一。大式做法比小式多角背、随梁枋和飞椽。殿式做法比大式多斗棋。清代虽有《工程做法则例》规定建筑做法，但只在北京、承德等几处按其规定修建，其他地方建筑有很大不同。

工部《工程做法则例》全书共 74 卷，其中卷 1—27 论大木，卷 28—

40 论斗拱，从卷 41—47 各卷开始就分述装修、石作、瓦作、发券做法及工作，卷 48—60 叙述各作的用料，卷 61—74 是叙述各作的用工。

从书的内容来看，可归纳为三点，即建筑的做法、用料、用工。做法亦是为了使各类建筑有统一的规格，以便于工料的估算。所以该书主要是为了经济目的而产生，便于工部在营造宫殿及官式建筑时作为工、料估算的依据。

由于清初社会经济到康熙时才开始逐步恢复，而统治者对建筑需要的数量却很大，如建立庞大的各级统治机构以及宫殿、苑囿等，都需要投入相当大的人力、物力及财力，因此需颁布一套官方的建筑营造条例，以便于掌握工料的估算。从大清会典的工部一章中可以看出，在《工程做法则例》一书颁布以前，关于建筑工程估算、材料的领取及报销已有一套详细的规定。这说明当时工部对工程经济是极为重视的。《工程做法则例》一书是当时建筑上的大量需要与经济上可能性之间矛盾的产物。从技术上讲，它是明清以来宫式建筑在做法、工料估计方面的总结。此书不附图例，全为文字叙述，因此不能确切地表明建筑构造及变化。书中以斗口为模数的设计方法，以及工料的估算等对统一建筑的格式、降低或控制造价、加快建设速度、保证建筑的一定质量等方面都起着相当作用。

3. 官式大木结构

我国大型木构建筑的构造，经元代有一个比较大的变动以后，明清时期又逐渐趋于定型。按工部《工程做法则例》，官式大木结构有如下的特点：

一是以斗口为基本模数。《工程做法则例》定斗口共 11 等，宽度由 1 寸到 6 寸（但实存建筑最大的只有 4 寸）。一座殿式建筑，只要定一斗口等级，则各部尺寸因之皆备。

二是简化做法，尽量规格化。以宋《营造法式》与《工程做法则例》比较，《工程做法则例》许多做法显然简化了。例如，屋顶曲线用举架法代替宋的举折法。这种整数的定坡度办法，比宋式先定脊高再一步一步折下来要简化得多。再如，斗栱一律不用上昂，就简化了开榫；翘一律用足材，也简化了制作工序，对提高工效作用很大；又取消了侧脚、升起等，这都大大简化了设计和施工时的复杂性。此外，在细部做法上，如斗底不颤，柱头、椽头不杀，不做月梁等也都是减去麻烦，提高功效的措施。

三是斗拱结构功能减弱，出檐减小。随着建筑材料及技术的发展，房屋的墙体普遍使用砖，减少对木材的依赖，屋檐出檐的深度逐步减小，斗拱在屋檐下的结构作用逐渐减弱，斗拱的搭接层数、出挑的级数及自身的尺寸就随之减少。明清时期，古建筑使用斗拱支承屋檐的结构形式已减小。斗拱逐渐成为一种檐口处的装饰构件，随之出檐也就大大减小。斗拱结构功能大大减弱，所以变得很纤细，用料要比以前经济很多。出檐短，雨水排泄比出檐深时要近一些，但明清的大式和殿式建筑都用砖墙，也无大妨碍。同时，檐短的房屋采光更好一些。清式建筑出檐的减小、斗栱的纤细也是与唐宋建筑风格不同的重要地方。

第三节　明清民间建筑

中国的民间建筑尤其是以木构建筑技术为长，发展到了明清时代，已经达到最后的成熟阶段。民间建筑在选址、施工过程、装饰图案等方面都有了长足的发展。这一时期的民间建筑的地方特色十分明显。北京四合院是北方四合院建筑的代表，它院落宽绰疏朗，四面房屋各自独立，彼此之间由游廊连接，起居十分方便。四合院是封闭式的住宅，对外只有一个街门，关起门来自成天地，具有很强的私密性。院内，四面房子都向院落方向开门。由于院落宽敞，可在院内植树栽花，饲鸟养鱼，叠石造景。南方地区的民间住宅院落很小，四周房屋连成一体，称作“一颗印”，适合于南方的气候条件。南方民居多使用穿斗式结构，房屋组合比较灵活，适于起伏不平的地形。南方民居多用粉墙黛瓦，给人以素雅之感。在南方，房屋的山墙喜欢作成“封火山墙”，在人口密集的南方一些城市，这种高出屋顶的山墙，确实能起到防火的作用，同时也起到了一种很好的装饰效果。

民间建筑技术发展的突出成就，就是出现了总结建筑经验的著作，像《鲁班经》就表示了这一时期的民间建筑已从生活实践上升到了理论指导实践的高度。《鲁班经》共四卷，明代焦竑的《经籍志》上曾著录过，是一本论述民间建筑的书籍。它的产生与封建社会后期南方经济的繁荣、人口剧增、民间建筑兴建的普遍活跃有关。此书与以后的清代工部《工程做

法则例》一书区别很大。工部的《工程做法则例》服务对象为宫殿及官式建筑；而《鲁班经》的服务对象则是民间建筑。《鲁班经》流传于南方各省，对该地区的民间建筑影响颇大。其内容有定盘真尺、断水平法、鲁班具尺、十曲尺、推白吉星、伐木择日、起工格式、宅舍吉凶论、三架屋后车三架法、五格屋架、芷七架三间格、九架五间堂屋格、小式门造法等25项，其中除建筑经验外，还杂有五行迷信之说，这是受到了当时封建迷信思想的影响。

第四节　明清园林建筑

明清建筑的最大成就是在园林领域。这一时期的皇家和私人的园林在传统基础上有了很大的发展。在明末出现了一部总结造园经验的著作——《园冶》，并留下了许多优秀作品。

明清时期的园林艺术出现了繁盛的局面，皇家苑囿和私人园林的数量、规模都大大超越前代，特别在绘画、诗文影响下，在意境设计、气氛渲染上有着不少值得重视的创造。明清两代，皇家在建造宫殿的同时，以巨大的人力与财力不断地营建园林，至清代康熙、雍正、乾隆时达到高潮。皇家园林集中于首都北京，有附属于宫廷的御苑（如故宫御花园、乾隆花园及三海），也有建立在郊区风景胜地的离宫（如颐和园、圆明园等）。此外，在某些地区还建有行宫，其中承德避暑山庄尤具有巨大的规模。

明清两代私人园林也有极大的发展。一些官僚士大夫、巨商富户的深宅大院之中常有精致的园林池榭。他们建造园林的地方往往风景幽胜，并建有别墅。他们或装点山林，或悠游林下以娱晚年，因此择地叠石造园蔚然成风。特别是在经济繁荣、达官文人荟萃的苏州、扬州、无锡、松江、杭州、嘉兴一带更为发达。此外，由于这股“尚园”之风，使得前代园林得到修整与改建，新旧园林争奇斗胜，私人造园出现前代未有的盛况。

第八章

近代建筑

这里讲的中国近代建筑，基本上是指在中国近代社会发展中（公元1840—1949年）所建造的建筑。新与旧、中与西这两对矛盾的复杂交织构成了中国近代建筑的特殊面貌。

第一节 西式建筑兴起

在中国几千年的封建社会里，虽然政治上有几十个朝代的更替，文化上有多次的对外交流，但是中国文化基本上是连续的一元文化。中国的建筑在整个环境影响下，虽然各个时代皆有其独特的地方，但基本的方法及原则始终如一。

进入19世纪后，封建制度堡垒下的清王朝经历过“康乾盛世”后日趋衰落，欧美资本主义各国却因工业革命而迅猛发展。中西文化从明末清初开始，就已不处在同一个起跑线上。

鸦片战争后，特别是在“洋务运动”的作用下，农耕文明的中国古代建筑体系在延续了数千年之后，开始向工业文明的近代建筑过渡。其间，一方面是中国传统建筑文化的继续，一方面是西方外来建筑文化的传播，这两种建筑活动的互相碰撞、交叉和融合，就构成了中国近代建筑史的主线。

早在明代，中国就出现了西式教堂，清初在圆明园还建造了“西洋

楼”，由在清廷供职的西洋画师设计，水平并不高，基本采取西方文艺复兴后出现的巴洛克风格。西方建筑形成潮流的涌入是1840年鸦片战争以后。

19世纪末20世纪初，随着外国文化的大规模侵入，外来的欧洲建筑样式逐渐多起来，在中国近代的建筑史上形成以模仿或照搬西洋建筑为特征的一股潮流。中国沿海地区、长江沿岸地区的一些城市，由于轮船航运业的兴起、外国的入侵和不平等条约的签订，较早作为商埠开放，因此较多地受到西方文化的影响，出现了某些西式建筑。而大部分内陆地区的城市由于交通不便，仍处于与外部世界较为隔绝的状态，中国传统建筑文化的表现较强；只有个别城市或临近边界，或因铁路建设的发展等原因，才有西式建筑兴建。

沿海城市的西式建筑以上海外滩（又称“黄浦滩”）和南京路、天津九国租界、广州“十三行”和沙面、厦门鼓浪屿、青岛胶澳租界“青岛区”的建筑为代表。长江沿岸城市的西式建筑以南京下关、武汉汉口租界的建筑为代表。内陆地区的沿边城市哈尔滨，早期的建筑通过中东铁路的修建和开通，受俄罗斯传统建筑和19世纪末欧洲流行的“新艺术运动”样式影响，在中东铁路沿线的建筑和东正教堂中表现为多。

滇越铁路（公元1903—1910年）是中国西南地区的第一条铁路，它的建成加速了云南的近代化。越南人在参与了滇越铁路的修建和昆明商埠的开发过程中，间接地把其所受法国建筑文化的影响带到滇越铁路沿线的城市和昆明。北京的西式建筑则以东交民巷使馆区建筑为滥觞，以资政院、大理院为代表。西式建筑的设计者基本为外国来华的建筑事务所或建筑师。

第二节　传统建筑的复兴

列强的入侵，使中国蒙受屈辱。这个现实刺伤了中国人民的自尊心。艺术是情感的产物，于是一批受过西方现代教育的中国爱国建筑师自发地站起来与之抗争，与完全西化的建筑潮流相对应，近代中国建筑又掀起了一股声势不小的“民族形式”的运动。20世纪20年代以后，出现了以模仿中国古代建筑或对之改造为特征的另一股潮流。完全西化的洋房与“民族形式”的运动，构成了近代中国建筑艺术的两股潮流。这两股潮流在中国近代建筑史中时隐时现，此起彼伏。

这一时期传统建筑的典型代表是南京中山陵。中山陵是由中国近代建筑历史中具有传奇色彩的第一代建筑师吕彦直设计的。中山陵陵园总体平面呈钟形，引人发“木铎警世”之想，寓意深远。墓在祭堂后合乎中国观念，式样采古制，建筑朴实坚固，形式及气魄极似孙中山先生之气概及精神。中山陵是中国人自己设计的第一座国家级现代纪念建筑，总体规划吸取了明、清陵墓手法，单体建筑虽然也是在现代结构上加上一个木结构形式的外壳，但造型上有所创新。同时，作为一座其精神性意义大大超过物质性意义的特殊建筑来说，它的内容和形式仍然是协调的。即使到了今天，对于某些同类建筑，采用这种方式，也应该是可以存在的探索方向之一。吕彦直设计中山陵时只有 31 岁，他还荣获过广州中山纪念堂设计竞赛的首奖。1929 年，当中山纪念堂还正在施工的时候，他就过早地去世了，时年仅 35 岁。

1927 年国民政府成立。定都南京后，国民政府于 1929 年所作的“首都计划”则是现代中国进行得较早、规模较大的城市规划设计。“首都计划”的详细方案中，政府全部办公建筑均采用中国传统建筑造型，极力提倡采用“中国固有之形式”，意为发扬光大本国传统的文化。这在 20 世纪 20 年代是一种开创性的设想。在北京，各类学府林立，传统式建筑样式主要以北京协和医学院新校舍建筑群体、燕京大学校园建筑、辅仁大学、国立北平图书馆为典型。

在 20 世纪 20 年代末，还正式诞生了中国建筑史这一学科。学科的创立者梁思成、刘敦桢等为其筹备和发展做了大量工作，把几千年来一直为士大夫所不屑的建筑事业纳入学术领域，为中国建筑历史和建筑理论研究初步奠定了基础。

中　篇

中国建筑的类型

第九章

宫殿建筑

宫殿是封建社会政治与伦理观念的直接投射。中国历代封建王朝都非常重视修建象征帝王权威的皇宫，并逐渐形成了完整的宫殿建筑体系。与西方和伊斯兰世界以宗教建筑为主不同，中国建筑成就最高、规模最大的就是宫殿，因此可以说，宫殿建筑凝结了中国古典建筑风格与技术的全部精髓。中国宫殿的结构与形式，无不体现着皇家的尊严与气派，这与中国注重巩固人间秩序的文化传统不无关系。

第一节 宫殿建筑规划理念

宫殿建筑又称宫廷建筑，是封建王朝的皇帝为了巩固自己的统治，突出皇权的威严，满足精神生活和物质生活的享受而建造的规模巨大、气势雄伟的建筑物。这些建筑大都金玉交辉、巍峨壮观。

从秦朝开始，“宫”成为皇帝及皇族居住的地方，宫殿则成为皇帝处理朝政的地方。中国宫殿建筑的规模在以后的岁月里不断加大，其典型特征是斗拱硕大，以金黄色的琉璃瓦铺顶，有绚丽的彩画、雕镂细腻的天花藻井、汉白玉台基、栏板、梁柱，以及周围的建筑小品。

为了体现皇权的至高无上，表现以皇权为核心的等级观念，中国古代宫殿建筑采取严格的中轴对称的布局方式：中轴线上的建筑高大华丽，轴线两侧的建筑相对低小简单。由于中国的礼制思想里包含着崇敬祖先、提

倡孝道和重五谷、祭土地神的内容，中国宫殿的左前方通常设祖庙（也称太庙）供帝王祭拜祖先，右前方则设社稷坛供帝王祭祀土地神和粮食神（社为土地，稷为粮食），这种格局被称为“左祖右社”。古代宫殿建筑物自身也被分为两部分，即“前朝后寝”：“前朝”是帝王上朝治政、举行大典之处，“后寝”是皇帝与后妃们居住生活的所在。

集中国古代建筑艺术精华于一身的宫殿建筑，无论从精神内涵上还是形式风格上，都有鲜明的民族特征，在世界建筑史上独成体系。从商周经秦汉、隋唐风格的变化，到明清两代最为成熟，形成了雍容大度、严谨典丽、富于人情味的典型风格。

第二节 宫殿建筑起源与发展

“宫”在秦代以前，是指一般的房屋住宅，无贵贱之分。秦汉以后，只有王者所居的地方才称为宫，与公务殿堂一起统称为宫殿。

历朝在首都的主要宫殿是国家的权力中心，外有宫城，驻军防守。宫城内包括礼仪行政部分和皇帝居住部分，称前朝后寝或外朝内廷；此外，还有仓库和生活服务设施。宫殿常是国中最宏大、最豪华的建筑群，以建筑艺术手段烘托出皇权至高无上的威势。

早在夏代，便有了宫殿的雏形。自夏商至清，历代宫殿或有文献记载，或有遗址，或有实物留存，其形制和沿革关系大多可考。中国宫殿传承有序，各代都有所增益。其总的设计思想都在于强调秩序和逻辑，以渲染皇权意识，具有鲜明的民族和时代特色。

1. 夏商宫殿

公元前21世纪，禹的儿子启破坏了民主推选的禅让惯例，自袭王位，建立了中国历史上第一个奴隶制国家——夏朝。于是，象征统治阶级的宫殿建筑出现了。2002年，考古人员在河南新密刘寨镇新寨村的麦地里挖掘出1500平方米的宫殿遗址，考古学家推测，这片宫殿基址是夏朝王宫遗址。通过碳－14测量，这座基址的时间大约距今4000年，这是到目前为止在国内发现最早的一座夏朝基址宫殿，而且这座宫殿极有可能是夏朝第一位王——启的宫殿。

根据已经出土的宫殿遗迹可知，中国宫殿自夏商开始，出现了“前朝后寝”的建筑布局。河南偃师二里头遗址，是夏朝晚期的王都。二里头宫殿遗址是现知最早的宫殿，以廊庑围成院落，沿轴线作庭院布置，前沿建宽大院门，轴线后端为殿堂。殿内划分出开敞的前堂和封闭的后室，屋顶是四阿重屋式（即庑殿重檐）。整个院落建筑在夯土地基上。以后，院落组合和前堂后室（前朝后寝）成了长期延续的宫殿格局，并一直延续到后世诸朝。

2. 周朝宫殿

据战国《考工记》记述，周代的宫殿分三部分：大内宫城是朝廷所在，宫殿分前朝、后寝两部分。前部有外朝、内朝、燕朝三朝（又称大朝、日朝、常朝）和皋门、应门、路门三门。外朝在宫城正门应门前，门外有阙。内朝在宫内应门、路门之间，路门内为寝，分王寝和后寝，形成宏丽的宫城前导部分。王的正寝即路寝，前面的庭即燕朝。

东周时期盛行高台建筑，从已经发现的春秋战国时期的宫殿遗址得知，燕国下都和赵国邯郸都是在中轴线上串连的一些高台建筑宫殿。东周的宫殿通常是在高七八米至十余米的阶梯形夯土台上逐层构筑木构架殿宇，形成建筑群，外有围墙和门。这种高台建筑既有利于防卫和观察周围动静，又可显示出权力的威严。

3. 秦汉宫殿

从秦朝开始，“宫”成为皇帝及皇族居住的地方，宫殿则成为皇帝处理朝政的地方。秦汉两朝宫殿的特点，主要突出一个“大”字。人们常说故宫是中国现存最大、最完整的古建筑群。其实，与秦汉的宫殿相比，故宫只能算是“迷你宫殿”。

（1）秦代宫殿

秦朝是我国历史上的一个极为重要的朝代。虽然历时很短，但对后世有着极其深远的影响，以至于今日西方人还称中国为 China，即 Sina

（秦）。

秦始皇的好大喜功在建筑上表现得十分显著，他统一全国后，建造了规模空前的宫殿，分布于关（函谷关）中平原，绵延数百里。渭水北边是旧咸阳宫、新咸阳宫和仿六国式样的一连串殿宇；渭水南边是在上林苑中建造的信宫、兴乐宫和后期建造的朝宫（阿房宫前殿）。骊山北麓为太后所居的甘泉宫，咸阳旧宫北面“北陵”上新建的北宫等。这些宫殿和周围200里内270所宫观之间由阁道或甬道相连。后来，又在渭水南另建宏伟的朝宫，别称阿房宫，作为主要朝会之所，直到秦亡时该工程尚未完成。

1949年以后，在接近宫殿区中心部位发掘出了咸阳宫“一号宫殿”遗址。“一号宫殿”遗址东西长60米，南北宽45米，高出地面约6米，它利用土塬为基加高夯筑成台，形成二元式的阙形宫殿建筑。它的台顶建楼两层，其下各层建围廊和敞厅，使全台外观如同三层，非常壮观。上层正中为主体建筑，周围及下层分别为卧室、过厅、浴室等。下层有回廊，廊下以砖漫地，檐下有卵石散水。室内墙壁皆绘壁画，壁画内容有人物、动物、车马、植物、建筑、神怪和各种边饰。色彩有黑、赫、大红、朱红、石青、石绿等。秦始皇统一天下后，以咸阳宫翼阙为核心而扩大，还仿建六国宫殿，“每破诸侯，写放其宫室，作之咸阳北阪上，南临渭，自雍门以东至泾渭，殿屋复道，周阁相属”。

然而，秦始皇对如此规模的宫室仍不满足。某天，他“以为咸阳人多，先王之宫庭小”，于是就要再造一个宫殿。大臣问造在哪里，秦始皇说“阿房”。“阿房”并非实际地名，意思是“近旁”、“旁边”。听了秦始皇的旨意，大臣们就命工匠在咸阳宫旁边的上林苑建了一个“复压三百余里，隔离天日”的庞大宫殿——阿房宫。

阿房宫“前殿东西五百步，南北五十丈，上可以坐万人，下可以建五丈旗。周驰为阁道，自殿下直抵南山，表南山之巅以为阙。为复道自阿房渡渭属之咸阳……隐宫徒刑者七十余万人……咸阳之旁二百里内，宫观二百七十，复道甬道相连，帷帐钟鼓美人充之，各案署不移徙”。

这座阿房宫直到秦始皇死时都未建好，由秦二世继续营建。然而，公元前206年，“项羽引兵西屠咸阳，烧秦宫室，火三月不灭。周秦数世纪来之物资工艺之精华，乃遇最大之灾害”，更糟糕的是，项羽的一把火，非但把一个精美绝伦的阿房宫烧了个精光，也给后世留下了每当易朝之际故意破坏前代宫室的先例。

（2）汉代宫殿

汉代宫殿继续追求规模的宏大。长安原是秦朝都城咸阳附近位于渭河南岸一个乡村的名称，后来由于成为交通要塞而成了兵家的必争之地。刘邦采纳了贤臣张良的建议，遂定都于此。

宫殿建筑是汉代都城的核心。汉长安城的宫殿几乎占了长安城的一半地方。如果按照宫殿所在地区划分，大致可以分为未央宫区、长乐宫区和建章宫区，这是一个庞大的建筑群体，不仅占地广阔，而且高殿低宇，鳞次栉比，各有特色。皇帝居住的未央宫是皇帝与群臣进行政治活动的地方，长乐宫则是太后进行政治活动的场所。汉长安城的长乐宫虽然是太后之宫，但从多年宫殿建筑的考古发掘来看，其重要性不亚于皇帝所居住的未央宫。这显示出西汉时期太后的政治地位与皇帝不相上下。

4. 魏晋南北朝宫殿

魏晋时期，宫殿与城市有了明确的区分，宫殿集中于一区。曹魏邺城宫殿集中在城内北部，朝会正宫居中，宫前道路两侧布置官署。东面为寝居的东宫，西面为铜雀苑。曹魏还依东汉旧规，在洛阳营建南北二宫，并在城北广建园囿。

两晋、南北朝宫殿大体相沿，其前殿受汉代东西厢建筑的影响，以主殿太极殿为大朝会之用，两侧建东西堂，处理日常政务。例如，南朝建康、魏晋和北魏洛阳都，以及曹魏邺城的布局都差不多。但从南朝建康起，各代宫城基本呈南北长的矩形，宫殿布局多取南北纵深的方式，大致是在宫城内设前朝、后寝，宫城北面常有苑囿。

这个时期的宫城开始有中轴线，南面开三门。隋、唐、北宋、金、元的宫城均如此，至明代又改为南面一门。这个时期宫内的朝会部分还流行三座大殿呈“品”字形布局的方式。

5. 隋唐宫殿

隋朝立国后，隋文帝放弃了旧都长安城，而选择在位于长安城东南龙首高原上另建新城。新城的宫殿坐北朝南，由当时著名建筑师宇文恺主持

修建，其南面向终南山及子午谷，北面临渭水，东面临浐水和灞水，新城的西面为一片平原。这座新城被称为大兴城，其中的宫殿叫做大兴宫。随后，文帝命令在大兴宫的前面、整个大兴城中心偏北的地方营造皇城，把各级官府集中于内，形成了中央政务区。大兴宫中的布局一反汉至南北朝的布局，并没有将前朝中的正殿与东西堂并列，而是追绍《周礼》的古风，比附三朝屋门南北纵列的宫殿建筑布局，在宫殿的中轴线上、正南门内修建了太极、两仪两组宫殿。

唐朝是中国历史上辉煌的时期，作为统治者，唐朝帝王的宫廷苑囿当然也是辉煌的。唐承隋制，仅改殿门的名称。唐代在长安有三个宫殿区：太极宫、大明宫和兴庆宫，即西内、东内和南内。唐长安大内以宫城正门承天门为外朝，元旦、冬至设宴会，颁布政令，外国使者来朝等，均在此举行。门内中轴线上建太极、两仪两组宫殿，前者为定期视事的日朝，后者为日常视事的常朝。五门依次是：承天门、嘉德门、太极门、朱明门、两仪门。这种门殿纵列的制度为宋、明、清各朝所承袭，是中国封建社会中后期宫殿布局的典型结构形式。

（1）西内太极宫（隋大兴宫）

隋大兴宫即唐改称的太极宫，在长安中轴线北端。唐初的两位皇帝主要居住在太极宫。太极宫兴建最早，被认定为正式的宫城。太极宫的正门为承天门，太极宫的前殿为太极殿。每逢元旦、冬至、大赦天下等重大节庆日及外国使臣来会，皇帝便登承天门主持盛典，其间设宴奏乐。

太极宫的中部为皇宫，即大内，东部为太子东宫，西部为掖庭宫。太极宫的朝会部分，以“凹”字形平面的宫阙为正门（承天门），内有太极殿、两仪殿两重殿庭，即大朝、常朝和日朝，以此来比附周制的天子三朝。太极殿是皇帝朝见群臣、处理政务的地方。

太极殿北门叫玄武门。玄武代表北方，按星象来说，玄武是由北方七个星宿组成的星象。在神话中，玄神是北方之神，是一种龟蛇合体的水神。唐代具有重大历史意义的玄武门之变，就发生在这里。两仪殿以后还有甘露殿院庭。中轴线左右各有对称布置的一串院庭，安置宫内衙署，形成一片井然有序的大面积建筑组群。此外，宫内还有其他殿亭馆阁共 36 所。太极宫东连东宫，西连掖庭宫，分居太子和后妃。

盛唐时期，皇宫的内外朝有了明确的区分。太极殿以北，包括两仪殿在内的数十座宫殿构成内朝，是皇帝、太子、后妃们生活的地方。内朝又分为东西两路，东路称为东宫，是太子居住和读书的地方。西路为掖庭宫，是皇帝与后妃们的居住处所。两仪殿是内朝的主殿，居中轴线上，皇帝日常听政也常在这里进行，唐中叶以后，多在这里举办帝、后的丧事。两仪殿之北的甘露殿、神龙殿，是唐中期皇帝常住的宫殿。唐代皇帝的寝殿都叫做长生殿，取其吉祥之意。《长恨歌》中“七月七日长生殿”，是皇帝在华清宫的寝殿。

太极宫内有三泓水池，即东海池、北海池、南海池，为帝王、后妃们泛舟之所。据史书记载，玄武门事件发生时，唐高祖李渊正在池中泛舟。可见唐太极宫的规模很大，在宫北部的海池内，竟然听不到玄武门的动静。

太极宫各殿宇压在今西安市下，无法做进一步勘探，目前只能根据文献作出平面关系示意图以知概况。

(2) 东内大明宫

东内大明宫在长安城外东北。大明宫原是太极宫后苑，是一座避暑用的宫殿。大明宫靠近龙首山，较太极宫地势为高。龙首山在渭水之滨折向东，山头高二十丈，山尾部高六七十丈。汉代未央宫踞龙首山折东高处，故未央宫高于长安城。唐大明宫又在未央宫之东，地基更高。

唐高宗中年因患风痹病害怕潮湿，便移住到凉爽干燥的大明宫内，扩建后的大明宫从此成为唐帝王的主要居处。

大明宫扩建后比太极宫规制更大，又依山而建，雄伟壮丽。大明宫的正殿含元殿，坐落在三米高的台基上，整个殿高于平地四丈。远远望去，含元殿背倚蓝天，高大雄浑，慑人心魄。皇帝在含元殿听政，可俯视脚下的长安城。殿前有三条“龙尾道”，是地面升入大殿的阶梯。龙尾道分为三层，两旁有青石扶栏，上层扶栏镂刻螭头图案，中下层扶栏镂刻莲花图案，这两个水的象征物是用来祛火的。含元殿前有翔鸾、棲凤二阁，阁前有钟楼、鼓楼。每当朝会之时，上朝的百官在监察御史的监审下，立于钟鼓楼下等候进入朝堂。朝会进行之际，监察御史和谏议大夫立于龙尾道上层扶栏两侧。

含元殿后的宣政殿是皇帝日常朝见群臣、听政的地方。宣政殿东西两廊有门，东为日华门，西为月华门，门外是政府办公机关和史馆、书院。

含元殿之后的紫宸殿，是皇帝的便殿。皇帝可以在便殿接见重要或亲近的臣属，办理政务。在便殿办公可以免去在宣政殿办公的很多礼节。紫宸殿之后，为大片散落的宫殿群，皇帝可以随意游玩、居住。

大明宫中规模最大的宫殿是麟德殿，它由前、中、后三座殿宇组成，当时又称为“三殿”，面积相当于北京故宫太和殿的三倍。宫中盛大的宴会，多在麟德殿举行。大明宫内，中轴绕北部为太液池的所在。唐太液池与汉太液池同名，但一个在宫内，一个在城外。唐太液池供帝后们荡舟、赏月。池中有凉亭，池的周围建有回廊、殿宇，皇帝也经常在太液池大宴群臣。

大明宫是中国古代建筑盛期建筑艺术最高水平的代表。

（3）南内兴庆宫

南内兴庆宫较小，是离宫，宫内有占地甚大的湖面。兴庆宫的前身是唐玄宗即位以前的邸宅，唐玄宗即位后，将此地扩建，形成又一个宫殿区。兴庆宫的规模不及太极宫、大明宫，但装修极为华丽。玄宗时成为皇帝听政与生活的中心。安史之乱中，兴庆宫遭到严重破坏。唐代后朝皇帝一般不居住在这里。

（4）其他宫殿

唐朝除建有三座宫城之外，还建有三座大型苑囿，分别为西内苑、东内苑、禁苑。

西内苑在太极宫之北，苑内有宫殿若干，其中弘义宫是李世民为秦王时居住的地方，即位后改名为大安宫。贞观四年，退居太上皇的高祖李渊搬到大安宫居住。贞观九年，李渊病逝于大安宫之垂拱殿。

东内苑在大明宫的东南角上。苑内殿有承晖殿、龙首殿、看乐殿、毬场亭子殿。院有灵符应圣院，唐僖宗崩于此处。池有龙首池，引龙首渠水注入，后又将池填平，改建为鞠场。坊有小儿坊、内教坊、御马坊。

三苑之中，禁苑的规模最大。东、西两苑只有方圆一两里，而禁苑地处唐都长安西北部的大片地区，北枕渭水，向西包揽了汉长安城，南接宫城，周回 120 里。禁苑中有柳园、桃园、葡萄园、梨园，充满生机。数十座闲雅的小亭散布于苑中，在各个景点附近建有宫殿，供帝后们设宴观景并休息之用。在汉宫阙的遗址上，重建了著名的未央宫和数座亭台。禁苑中还饲养着多种禽兽，皇帝兴之所至，便前来游猎。

唐东都洛阳宫殿也是在“凹”字形平面宫阙的后面布置两组殿庭，合成三朝，左右也各有一路。武则天时，在这里建筑两座高楼代替原来的两组殿庭，前为明堂，下方上圆共三层，后为天堂五层，规模空前。

6. 宋、金、元宫殿

两宋时期，由于琉璃、彩画和雕刻技艺用于建筑上，唐代刚劲豪放、朴实无华的建筑风格慢慢被充满色彩和装饰的宋代建筑所取代。这一时期的斗拱比唐代减小，柱子比唐代纤细，梁枋柱头遍画各种装饰，门窗的棂花纹样渐多，窗扇从固定变为可灵活开放，华夏最神圣的图腾——龙的纹样，开始在宫殿建筑上出现。唐代比较简洁的低矮台阶，开始被多层腰带装饰的须弥座所替代。

金朝的建筑最初继辽代的传统，尚存唐代建筑的豪放风貌；后期讲求华丽，其宫殿富丽堂皇。其后蒙古人建立的元朝，充分利用宗教作为统治工具，在继承和吸引传统建筑艺术的基础之上，融合各民族的文化特色，于装饰手法上取得很大突破。

(1) 宋代宫殿

北宋时期，东京汴梁有三重城，每重城墙之外都有护城壕环绕。外城周回 19 公里，是后周时扩建的；内城即唐汴梁外城，周回 9 公里；宫城是宫室所在地，又称大内。

汴梁的宫殿是在旧时州衙（唐朝节度使治所）的基础上改建，并参照西京（洛阳）唐朝宫殿布局形制发展而成。宋代宫城规模、布局都不如唐代恢弘，但具有灵活华丽和精巧的特点。

东京汴梁的宫城位于内城的中央稍偏西北，每面各有一座城门，城的四角建有角楼。南面中央的丹凤门（宣德楼），有五个门洞，门楼两侧有朵楼，自朵楼向南出行廊连接阙楼，其平面呈“门”形。出丹凤门往南是御街，街的两侧建有御廊，是宋代宫殿的创造性发展。后来元、明、清的宫殿群均设“千步廊金水桥”，就是受宋代宫殿建筑的影响。

丹凤门以内，在宫城南北轴线的南部排列着外朝的主要宫殿。轴线从

宣德门到主殿大庆殿，内廷保持对称格局。最前面的大庆殿宽九间，东西挟屋各五间，其次是常朝紫宸殿。在轴线的西面，又有与之平行的文德、垂拱二组殿堂，作为日朝和宴饮之用。外朝诸殿以北是皇帝的寝宫与内苑，宫城内还有若干官署。内城东北隅有一座大型园林——艮岳，外部西郊有金明池，都是皇帝游乐的御苑。

北宋宫殿的主要殿堂有些是工字殿形式，这种形式在唐代用于官署的厅堂，叫“轴心舍”，由于宋代宫殿早先由唐代州署衙门改建而来，所以保留了原来的部分布局形制，这些对金、元直至明、清的宫殿都有很大影响。

（2）金中都宫殿

金中都宫殿的故址略相当今北京市宣武区西部的大半，金天德四年（公元1152年）建于辽南京宫殿遗址上，毁于1215年蒙金战争。

金中都是就辽南京城的基础，在东南西面进行扩展，新建的宫城。金中都宫殿大多仿自汴梁，中都建造前曾派画工到汴梁模仿北宋宫殿，所以中都宫殿与汴梁宫殿十分相似而又规整过之，如大安、仁政两殿同处中轴线上就纠正了宋宫后部的殿庭稍偏向西的缺点。

金中都宫殿总体布局，分成中、东、西三路。中路朝寝区，明显体现前朝后寝的格局，突出中路在总体布局中的地位。东路为太子居住的东宫和太后居住的寿康宫及内务府。西路有御花园，如琼林苑、蓬莱院，以及妃嫔居住的寝宫。这种布局对以后的元、明各朝的宫殿建筑产生了重要影响。

（3）元大都宫殿

自从项羽以后，破坏前朝宫殿成为一种“文化”——阿房宫被焚、汴梁城被掠、金中都被烧，正史上都有清楚的记录。

元朝时把原来的金中都烧毁，在其东北角建造了元大都，并修建了豪华的宫殿。元大都宫殿仿自金中都，也是前朝后寝。元大都的宫前广场自宫城正门穿过皇城正门直达都城正门，串连两座，其“丁”字形广场移至皇城以外，加强了气势。

建于皇城西南角的隆福宫正殿叫光天殿，是一个500多平方米的七间大殿，正门为光天门，左有崇华门，右有膺福门，正殿后有寝殿、暖殿，再后为隆福宫，光天殿周围有172门房，四隅有角楼，东北角还有三间楠木殿。

这组宫殿群，长廊环抱，重栏曲折，规模宏大。宫的西侧有御苑，称西御苑。苑内叠石为山，乔松参立，藤葛蔼蔼。山上建有香殿、鄂尔多荷叶殿，山前有重檐圆殿、歇山殿、棕毛殿、鹿顶殿、水心亭、流杯池，所有建筑全部用曲折的游廊环绕，苑四周围有宫墙，辟有数座红门。

到元末明初，朱元璋引领的农民起义军攻克北京，元顺帝落荒而逃。出于殄灭元朝王气的思想，大将徐达秉承朱元璋的旨意彻底地毁掉元宫。当时，有一个叫萧洵的工部官员，特地从南京城赶来，协同徐达参与了毁宫的行动，事后，写了一篇《故宫遗录》。也许那只是萧洵有感而发的一篇随笔，但是出于忌讳对毁宫的行动还是一字不说。文中只是记述了元宫的布局与建筑，我们由此才略知元宫的面貌。

7. 明清宫殿

明代曾在三处建造皇宫：南京、临濠（今安徽凤阳）和北京。后来清军入关，明北京城及宫殿为清代所沿用，同时又在北京和承德建造了许多离宫。

明清时期的宫殿建筑与汉唐时期差别比较大，规模和建筑形式已经有了极大的改变。汉唐时期的宫殿通常把阙和正殿建造在一起，这样两侧有高阙，水平、垂直两方向都显得更宏伟一些，而明清时期的紫禁城用阙的只有午门，三大殿都没有使用。

在规模上，明清时期的宫殿也远远小于汉唐时期。朱元璋尚节俭，所以修筑明南京宫殿的时候，规模就比较小，朱棣营建北京紫禁城时，仍然是按照明南京故宫的格局，只是作了一些放大和改动，所以整体规模仍然较小。

(1) 南京紫禁城

南京紫禁城始建于元末，宫城在旧城外东北侧钟山南麓下，填燕雀湖而建，地势有前高后低之弊。其北倚钟山，南临平野，形势显敞，且与旧城区分明确，互不干扰，也无官署与民居杂乱交混的弊病。皇城正门称洪

武门，门内御道两侧为中央各部和五军都督府，御道北端有外五龙桥，过桥经承天门、端门，到达宫城正门午门。宫内中轴线上前后建两组宫殿，前为奉天、华盖、谨身三殿，是外朝主殿；后为乾清、坤宁两宫，内廷主殿左右有东西六宫。这种在中轴线上前后建两组宫殿的布置与金中都、元大都宫殿相同，但它又以外朝三殿比附三朝，以洪武门至奉天殿前的五座门比附五门。明代三殿与唐、宋时期每朝各为一所独立宫院不同，只是在一所宫院中前后相重建三座殿而已。明南京宫殿今只存午门和东西华门的基座。

(2) 北京紫禁城

北京紫禁城是中国明、清两朝在元大都基础上修建的最后一座皇家宫殿，代表着中国宫殿建筑的最高成就，不仅是中国，也是世界建筑史上的“文明瑰宝”和“文化遗产”。

北京故宫在元大都的基础上南移，但南城墙移动较多，所以加长了宫前的长度，在宫城正门午门和皇城正门承天门之间增加了一座端门，宫前广场串连，气势更大。宫内布局为前朝三大殿、后寝三大宫和御花园，朝寝均各由三殿组成，都坐落在“工”字形石台上，仍存有宋、金工字殿的遗迹。宫城横轴前移至前朝之前，使中轴线上的气势更为贯通。中轴左右前部是文华、武英两殿，后部是东西六宫和外六宫，它们是中轴的衬托。宫城以北的景山也是明代创造的，清朝乾隆时在山上建五亭，恰当地起到了收束轴线的作用。

(3) 离宫苑囿

离宫是指在国都之外为皇帝修建的永久性居住的宫殿，皇帝一般固定的时间都要去居住。苑囿是以园林为主的皇帝离宫，除了布置园景游憩之外，还包括举行朝贺和处理政务的宫殿以及皇帝、后妃和随从的居住建筑及庙宇等。明清帝王在京城周围设置若干苑囿供其进行各种活动，如起居、骑射、观奇、宴游、祭祀以及召见大臣、举行朝会等。

秦始皇、汉武帝所开创的离宫制度，在清代苑囿中得到了充分的发展。明末，清朝的前身后金政权在沈阳建造过一组宫殿，具有地方性和女真族的特色。后来清帝虽沿用明故宫，但大部分时间生活在承德避暑山庄、圆明园等处，苑囿即成为清帝主要居住场所，所以规模虽不及大内宫阙，但也很可观。中国有史以来最大的离宫苑囿便是避暑山庄。

第三节 宫殿建筑的布局

中国古代宫室殿堂建筑，既重视内外有别、公私分明的世俗建筑理念，形成仪式、典礼的外朝，处理政务的治朝和生活起居的燕朝三朝基本制度，又重视家国同构、前朝后寝的政权建筑格局和“外有九室，九卿朝焉”、“内有九室，九嫔居之”和“左祖右社”的宫殿建筑文化。

1. 前殿后宫

“前殿后宫”或者说“前朝后寝”是宫殿自身的布局方式。从文化的角度讲，“宫”更带有私密意味，具有阴柔的内在功能；“殿”则更多地带有公开性，具有阳刚的外在张扬性。所以，中国的宫殿建筑一般都表现为“前殿后宫”的格局和“前明后幽”的思想。如北京故宫前殿看不到一棵树，而后院引进了园林建筑文化，明显形成不同韵味的建筑风格和气氛。

从原始社会到西周，宫殿的萌芽经历了一个合首领居住、聚会、祭祀多功能为一体的混沌未分的阶段，发展为与祭祀功能分化，只用于君王后妃朝会与居住。在宫内，这两种功能又进一步分化，形成“前朝后寝”格局。中国宫殿建筑不管怎么变，都沿袭了这样一个基本的格局。例如，夏商宫殿，已经出现“前朝后寝”的格局，虽然不像明清故宫正好在一条轴线上，但已经初具雏形，而后的《周礼》更是明确规定了前朝后寝的形制。以后历代，都比附《周礼》，“前朝后寝”由此成为最基本的宫殿设计原则。

2. 左祖右社

中国文化中有一个重要内容就是祖先崇拜，所以在建筑中祖庙就显得非常重要了。中国又是个传统的农耕社会，“民以食为天”，所以要祭祀土地神和粮食神也显得非常重要。宫殿建筑中“左祖右社”形制的设立正好

体现了这些观念。

“左祖”，是指在宫殿左前方设祖庙。祖庙是帝王祭祀祖先的地方，因为是天子的祖庙，故称太庙。“右社”，是指在宫殿右前方设社稷坛（社为土地，稷为粮食），社稷坛是帝王祭祀土地神、粮食神的地方。古代以左为上，所以左在前，右在后。在宫殿的左边（东）设祖庙，右边（西）设社稷，左右对称，便成了中国宫殿的“标准配置”。

3. 中轴对称

中国皇家宫殿建筑因敬天祀祖的礼制思想和捍卫皇权的统治需要，从大处看，特别讲究平分中轴的公允中庸之道，前呼后拥、左右对称的皇恩浩荡之势，前朝后寝、左祖右社的等级家族思想和中央集权、四方俯首的帝王威仪。在驾天役地、唯我独尊的气魄中，又十分注意民主仁德形象，使建筑布局既统一格局又自成天地。从细处看，宫阁殿庭的硕大斗拱、金黄琉璃、绚丽彩绘、盘龙金柱、雕镂的天花藻井、汉白玉台基栏杆无一不显示皇家风度和工匠精湛的技艺。

中国皇家宫殿是礼制文化在建筑形式上的最高表现，是将居家文化演绎成国家文化；将君臣等级关系优化成社会秩序伦理关系；将政治的权威文化转移成统治的权势文化；将皇家宫殿形式最豪华、艺术价值最高的建筑个性，强化成规制最高、最有气势的、规矩最严的权力个性。同时，中国皇家宫殿建筑也受到道家思想的影响，在建筑的时空观上，体现“阴阳五行”学说、“天人合一”思想，重视“选址当利生、安宅当利数、居住当利气”的风水文化。

4. 三朝五门、六寝

三朝五门的门殿制度是封建社会宫殿建制的典型方式。其中《周礼》明确规定，作为天子的宫殿应该是“三朝五门”。

周礼中的“三朝”是指：前面是外朝，中间是治朝，最里面是燕朝，也叫内朝，分别具有不同的作用。外朝是商议国事、处理狱讼、公布法令、举行大典的场所，位于宫城南门外易于国人进出的地方。治朝是日常君臣讨论问题，讨论国家大事的地方。燕朝是皇后起居的地方。“五门”

指最外面是皋门、第二是稚门、第三是库门、第四是应门、第五是路门。路门以里就是内朝，路门以外到稚门都是治朝，稚门以外是外朝。但到了秦朝，秦始皇一把火把很多典籍都烧了，所以秦代宫殿基本不受《周礼》的约束，可以说是不拘一格。

汉朝以后宫殿建筑大都受《考工记》的影响，而遵照“三朝五门”的制度。因为《考工记》是在西汉中期被发现的，故《考工记》所载的宫室制度在汉代宫殿中并无反映，但对汉以后各代的宫殿建筑建设却影响极大。这些宫室大多依照《考工记》，把宫室严格区分为外朝和内廷两部分，并有明确的中轴线。但《考工记》中所述的三门及上列门楼，却经郑玄引用郑众的说法扩大为五门，故以后各代宫殿外朝部分都是“三朝五门”。

到了东汉的时候，有一部幸存的《周礼》又出现在人间。于是，中国宫殿又开始追寻古仪，又再现了“三朝五门”制度。例如，故宫就是比附《周礼》的“三朝五门”制度，从大清门开始，过千步廊以后是大清门（大明门）、奉天门（天安门）、端门、午门、太和门（承天门），这就是五门。经过五门以后就是太和殿，太和殿相当于宫殿建筑最高贵的路寝。太和门又正好是第五座门，相当于路门。也就是进了正阳门以后到达宫殿有五座门，这就是《周礼》的“五门”。故宫的三大殿也是比附“三朝”。实际上“三朝”的前三殿是相当于外朝和治朝，后三宫应该相当于内朝，但它已经没有那么严格的区分了，它基本上是前朝后殿的格局。

“六寝”又是指什么呢？原来，古代帝王的宫寝有六：路寝一，小寝五。《周礼·天官·宫人》上说：“掌王之六寝之修。”郑玄注：“六寝者，路寝一，小寝五。《玉藻》曰：‘朝辨色始人，君日出而视朝，退适路寝听政，使人视大夫，大夫退，然后适小寝释服。’是路寝以治事，小寝以时燕息焉。”一般的解释是：路寝是帝王正殿所在，小寝是天子、诸侯的寝宫，即睡觉的地方。也就是说，路寝是用来听政的，小寝是用来休息的。

5. 三宫六院

“三宫六院”可以反映出皇家宫殿的一些特制。“三宫六院”是泛指帝王的妃嫔，但是“三宫”最早是指诸侯大人所居之处，而天子后妃所居之地乃曰“六宫”。《礼记》言：“王后六宫，诸侯夫人三宫也。”《周礼·天官·内宰》言：“上让王后帅六宫之人。”郑玄注六宫曰：“正寝一，燕寝五，合为六宫。”六宫为皇后居住之所，所以往往用六宫代指皇后，如同后世用中宫代指皇后一样。

随着封建社会的建立、诸侯的消亡，三宫的含义渐渐就有了变化。譬如，汉代就以皇帝、太后、皇后合称为三宫，亦称太皇太后、太后、皇后为三宫。唐代穆宗时又将两太后与皇后合称三宫。六院亦作六苑，皆以后妃所居宫院（苑）代指后妃。六宫的概念至唐代已非专指皇后，而泛指后妃了。白居易《长恨歌》中的“回眸一笑百媚生，六宫粉黛无颜色”，李贺《贝宫夫人》中的“六宫不语一生困，高悬银榜照香山”，所言“六宫”皆指皇帝的后妃们，是群体概念，而不是专指皇后。明以后遂泛称皇帝的后妃们为“三宫六院”。

通常我们说的“三宫六院”是明清以后的说法。最初是由紫禁城故宫建筑而来。故宫内以乾清门为界，南为外朝，北为内廷，即皇帝和妃嫔起居生活的地方。“三宫”指乾清宫（即皇帝住的地方）、坤宁宫（皇后住的地方）、交泰殿（存放珍宝、礼品以及皇后生日庆典的地方），三宫居于建筑群之正中。“六院”是指位于“三宫”两侧的东路六宫和西路六宫，这些皇宫均为皇帝后妃、子女居住以及皇帝进行祭祀、习武等活动的地方，因为这些建筑物都采用庭院的风格，所以总称“六院”。

所谓“七十二嫔妃”，不过是泛指皇帝后宫人数的众多。究竟有多少后妃，各朝皇帝各有不同。以清朝为例，后妃定制为八个等级，数额是皇后一名，居中宫，主内治；皇后以下设皇贵妃一人，贵妃二人，妃四人，嫔六人，定数共十四人，有牌位，分居东、西六宫居住；嫔以下还有三级，称贵人、常在、答应，这三级没有固定数额，随皇贵妃等分居十二宫。虽然后妃定数明确，但实际上并未照章行事，很多时候都是根据当朝皇帝的个人兴趣、个人能力而定。清朝前期多，后期少。如康熙十六年一次就封了一个后、一个贵妃、七个嫔；到五十七年，同时有妃七人，但嫔只三人、贵妃一人。而到清晚期的光绪皇帝，只有一后二妃。

从建筑布局来看，是按照古代所谓“前朝后寝”的规制，外朝为“大内正衙”，内廷即所谓的“三宫六院”。皇后居中（坤宁宫）。东、西各有六宫，皇宫内建筑多以九为建制，这里用六不用九，显然是符合“后立六宫”之说。

第四节 宫殿建筑中的陪衬建筑

古代的宫殿等大型建筑物前面大多会修建一些陪衬建筑，这些建筑或用作装饰，或用作标志，或各具功用。这些建筑和古代宫殿一样，映耀着中华的建筑文明，成为传统建筑中的标志性建筑。

1. 华表

华表也称华表柱，是古代设在宫殿、陵墓等大型建筑群前面做装饰用的大石柱，其含义是纳谏。

柱身多雕刻云龙等图案，上部横插着雕花的石板，称云板。云板一头大一头小。柱顶蹲一异兽，俗称“望天犼”。据说，此蹲兽性喜望。头向外表示希望外出的君王不要迷恋山光水色，尽快回宫处理政事，名曰“望君归”；头向内则表示希望君王不要沉湎于酒色声娱之中，要经常外出走走，体察民情，因而名曰“望天犼”。

元代以前，华表主要为木制，上插十字形木板，顶上立白鹤，多设于路口、桥头和衙署前。明代以后多为石制，下有须弥座，四周围以石栏。明清的华表主要立在宫殿、陵墓前。

2. 石狮

石狮是宫殿大门前左雄右雌的一对瑞兽，威风凛凛，震慑八方，既有显示威严尊贵的效果，又融辟邪赐福的作用。

雄狮蹲下踏球，不仅象征着权力，还象征着统一寰宇；雌狮蹄下踏小狮子，象征着子嗣昌盛。

狮子所蹲伏的铜台，刻着凤凰和牡丹，三者合起来象征着“王”——兽中之王、鸟中之王、花中之王。

3. 嘉量与日晷

嘉量是中国古代的一种标准量器。全器共分斛、斗、升、合、龠五个容量单位。古时嘉量是美好、善良、标准的意思。

古人把藁谷称为禾，把大禾称为嘉禾，又把量禾的工具称为嘉量。我国历代统治者都十分重视制作嘉量。《考工记·氏》说："嘉量既成，以观四国。"其意为用嘉量统一计量标准。根据古制二龠为合，十合为升，十升为斗，十斗为斛。太和殿和乾清宫前的两个嘉量为铜制镀金的。贮于单檐歇山式汉白玉石亭屋之内。汉白玉石底座，上部雕云气万字和海水江崖纹饰，下为须弥基座。体积较大的量器中间有一隔，上部为斛，下部为斗；两旁有两小耳，其中一耳为升，另一耳上部为合，下部为龠。这两个铜制镀金嘉量是清乾隆皇帝命匠人依据东汉王莽时期和唐太宗时的嘉量详细考校而制成的方、圆两个铜镀金嘉量。太和殿前面的为方形，乾清宫前的为圆形。两个嘉量上镌刻了汉、满两种文字的铭文，为乾隆御笔。

嘉量是象征性的雕塑，它一般放置于宫殿前和重要的场所，一般表示皇帝办事公正（有点类似今天法院的标志"天平"），是皇权的象征。

日晷是古时一种计时器，形式为在一个有刻度的圆盘中央垂直装一根金属棒（晷针），利用太阳投影和地球自转的原理，根据指针所生的阴影位置指示时间。针影随着太阳运转而移动，刻度盘上的不同位置表示不同的时辰，把一天一夜分为子、丑、寅、卯、辰、巳、午、未、申、酉、戌、亥十二个时辰。它利用太阳的投影和地球自转的原理，借盘中指针所产生的阴影的位置以表示时间。在倾斜50°的晷盘中心，立有一与盘垂直的铁针。针上端指北极，下端指南极。正午时太阳照射，铁针的影子正好落在正北方向。盘的上下两侧均刻有计算精密的时辰，根据投影的长短和方向来确定时间。上面的时辰早至晚向左转，下面的向右转。每年春分以后看盘上的影子，秋分以后看盘下面的影子。这种制作较简单的日晷为赤道式日晷，它可以记时，还可作为其他计时器的校正器，日晷在汉代已经普遍使用。皇家使用，不但借以记时，还寓意"王"恩如日，光辉普照。

日晷和嘉量，古时只在王者殿前设此物。民间只有"天下第一家"孔府大堂前有此摆设。放置方式是东边是日晷，西边是嘉量，成对摆放。其意为"嘉量既成，以观四国"，"昭德记功，载在明铭典"，以示公平中正。

清朝时期，午门的日晷和嘉量放置却是相反的。按中国古时汉族的习俗，东为上位，世间万物皆需阳光，而日出于东，故日晷置于东方，嘉量置于西方；午门日晷和嘉量放置相反，东为嘉量西为日晷，这是因为当年放置时，满、蒙、藏等少数民族认为佛祖所在之位，即西方日落之处应该为上位，故日晷置西侧，嘉量置东侧。太和殿、乾清宫和午门如此摆设，是当年乾隆象征民族和谐统一，国家繁荣昌盛之意。

4. 吉祥缸

吉祥缸又叫门海，一般为铜铁锡制造而成，是古代的消防器材，通常置于大殿门外左侧（以大殿为参照的话应该是右侧），四季蓄水，备火患时灭火所需。因造型宏大美观、气宇轩昂，也成为宫殿建筑的陈设品之一。

5. 鼎式香炉

鼎式香炉，一般摆放在丹陛之上，在这里，丹是红的意思，陛原指宫殿前的台阶。古时宫殿前的台阶多饰红色，故名“丹陛”。鼎式香炉作为宫殿中陈列物的香炉由来已久，造型多样，这类香炉是在铜鼎上再设置重檐式结构。每逢大典，炉内燃烧松柏枝及檀香，香烟缭绕，渲染一种神秘庄严的气氛。

鼎的造型既沉稳又坚固，体现了国泰民安，象征着政权稳固，鼎也就成了国之重器。

6. 铜龟与铜鹤

古代传说，龟、鹤乃神灵之动物，寿命长，故而在宫殿前陈列，象征“万寿无疆，皇朝永存”。

铜龟和铜鹤的背项有活盖，腹中空与口相通。太和殿举行盛大典礼时，于铜龟和铜鹤腹内点上松香、沉香、松柏枝等香料，青烟自铜龟和铜鹤口中袅袅吐出，令大铜炉香烟缭绕，增加了“神秘”和“庄严”的气氛。

7. 轩辕镜

大殿天花板正中向上隆起一个如伞如盖的蟠龙藻井（藻井也是一种寓意防火的装饰），神龙俯首下视，口叼一巨珠，该巨珠被六个小球环绕，叫做轩辕镜。据说，轩辕镜是轩辕黄帝所制，为辟邪正统之器。轩辕镜与蟠龙一起构成游龙戏珠，既表明历代帝王都是黄帝正统继承人，也暗喻普天之下都属王臣。

8. 太平有象

象体大、粗壮，性格温驯而又威严，其四脚立地，稳如泰山。因所在宫殿皇帝宝座之旁，既表示皇帝的威严，又象征社会的安定和政权的稳固。象身上驮一金瓶，瓶内盛五谷或吉祥物，含有五谷丰登、吉庆有余或其他吉祥之意。

9. 角端与仙鹤

角端是古代传说中的神异之兽，能日行一万八千里，通晓四夷之语，置其于帝座旁，显示皇帝是圣明之君。仙鹤亦为传说中的神鸟，它能青春常在，置其于帝座侧，表明江山永世长存。

10. 盘龙香亭

香亭，初形为香炉，后发展为香筒，再进一步演变为香亭，即像亭子。亭下盘内燃放檀香，缕缕青烟从镂空的亭身升起，恰如置身云雾间。因亭子有安定之意，置其于宫殿内，可显示天下大治，国家安定稳固。

11. 吻兽

吻兽是指建筑在屋脊上的各种兽形构件，属于琉璃建筑艺术。这种艺术始于晋代，使古建筑物既有封建等级观念和封建迷信意义，又兼顾美观、保护瓦钉、加固屋脊功能的饰物。吻兽分为大吻（即正吻，又叫龙吻、鸱吻）和脊兽（仙人走兽）：大吻位于正脊两端，其形一般为向正脊中心卷曲形似龙尾的兽（据说是一种海兽尾），张大口衔住脊端，故又称吞脊兽。

脊兽位于戗脊中间，是在龙吻前面的一队栩栩如生的飞禽走兽，计仙人、龙（万物之首，寓意帝王之尊）、凤（百鸟之王，象征圣德尊贵）、狮（吉祥威仪）、天马（吉祥威仪）、海马（富贵）、狻猊（威武勇敢）、狎鱼（防火能手）、獬豸（忠直公正）、斗牛（消灾灭祸）、行什（猴）共十个。

鸱吻（音吃吻）：龙的九子之一，最喜欢四处眺望，常饰于屋檐上。

凤：比喻有圣德之人。据《史记·日者列传》："凤凰不与燕雀为群。"这里充分反映了封建帝王至高无上的尊贵地位。

狮子：代表勇猛、威严。《传灯录》记载："狮子吼云：'天上天下，唯我独尊'。狮子作吼，群兽慑伏。"

天马、海马：在我国古代神话中也是吉祥的化身。

狻猊（音酸泥）：古书记载是与狮子同类的猛兽，也有记载为龙的九子之一。

狎鱼：是海中异兽，传说和狻猊都是兴云作雨、灭火防灾的神。

獬豸：我国古代传说中的猛兽，与狮子类同。《异物志》中说："东北荒中有兽，名獬豸。"一角，性忠，见人斗则不触直者，闻人论则咋不正者。它能辨曲直，又有"神羊"之称，它是勇猛、公正的象征。

斗牛：传说中是一种虬龙，据《宸垣识略》载："西内海子中有斗牛，即虬螭（虫旁）之类，遇阴雨作云雾，常蜿蜒道路旁及金鳌玉栋坊之上。"它是一种除祸灭灾的吉祥雨镇物。

行什：行什是一种带翅膀的猴子，背生双翼，手持金刚宝杵，传说宝杵具有降魔的功效。

把这些小兽依次排列在高高的檐角处，象征着消灾灭祸、逢凶化吉，还含有剪除邪恶、主持公道之意。古人把建筑装饰上这些走兽，使古建筑更加雄伟壮观、富丽堂皇，充满艺术魅力。

走兽的多寡与建筑规模、等级有关，数目必须是一、三、五、七、九、十一这些单数。在中国数千年的封建社会中，皇帝拥有至高无上的权力和地位，而岔脊上装饰小兽最多的建筑，就是故宫的太和殿。太和殿岔脊上有十个小兽，这在中国的建筑史上是独一无二的，而故宫中的其他建

筑，最多只有九个小兽。

第五节　宫殿建筑典范

宫殿建筑是封建社会“上层建筑”的表现形式之一，是帝王权威与统治的象征，所以历代王朝都不惜耗费巨大的人力、物力，使用当时最先进、最成熟的技术和艺术来营建它。可以说，宫殿建筑是各个历史时期建筑技术和艺术成就的集中体现。现存的宫殿建筑，保存较完整的有北京紫禁城、雍和宫和西藏布达拉宫等。

1. 北京紫禁城

故宫是明清两代的皇宫，又叫紫禁城。事实上，紫禁城有两座，一座在北京，另一座在南京。

(1) 紫禁城的由来

依照中国古代星象学说，紫微星垣居于中天，位置永恒不变，是天帝所居。因而，把天帝所居的天宫谓之紫宫，有“紫微正中”之说。

封建皇帝自称是天帝的儿子，是真龙天子，而他们所居住的皇宫，被比喻为天上的紫宫。他们更希望自己身居紫宫，可以以德施政，四方归化，八面来朝，达到江山永固，以维护长期统治的目的。

明清两代的皇帝，出于维护他们自己的权威和尊严以及考虑自身的安全的目的，所修建的皇宫，既富丽堂皇，又森严壁垒。这样的皇宫，不仅宫殿重重，楼阁栉比，并围以 10 米多高的城墙和 52 米宽的护城河，而且哨岗林立，戒备森严。平民百姓不用说观赏一下楼台殿阁，就是靠近一些，也是绝对不允许的。

明清皇帝及其眷属居住的皇宫，除了为他们服务的宫女、太监、侍卫之外，只有被召见的官员以及被特许的人员才能进入。这里是外人不能逾越的雷池。明清两代的皇宫，既喻为紫宫，又是禁地，故旧称紫禁城。

公元 1406 年，朱棣在夺取帝位后，决定迁都北京，即开始营造这座宫殿，至明永乐十八年（公元 1420 年）落成。1911 年，辛亥革命推翻了中国最后的封建帝制——清王朝，1924年清帝溥仪被逐出宫禁。在这前后500余年中，共有24位皇帝曾在这里生活居住和对全国实行统治。

(2)“外朝”和“内廷”

与中国历代皇宫一样，故宫的总体规划和建筑形制完全服从并体现了古代宗法礼制的要求，突出了至高无上的帝王权威。全部宫殿分“外朝”和“内廷”两部分。

外朝以太和、中和、保和三殿为主，前面有太和门，两侧又有文华、武英两组宫殿。从建筑的功能来看，外朝是皇帝办理政务、举行朝会的地方，位于紫禁城的前部，而内廷则包括乾清宫、交泰殿、坤宁宫，是帝后居住的地方，位于紫禁城的后部。

这组宫殿的两侧有居住用的东西六宫和宁寿宫、慈宁宫等，以及分布在内廷各处的四座御花园。宫城内还有禁军的值房和一些服务性建筑，以及太监、宫女居住的矮小房屋。宫城正门午门至天安门之间，在御路两侧建有朝房。朝房外，东为太庙、西为社稷坛。宫城北部的景山则是附属于宫殿的另一组建筑群。

太和门建于永乐十八年，是外朝三大殿的正南门，明初称“奉天门”，清代改名“太和门”。它坐落在高3米的一层石须弥座上，面阔九间，进深四间，通高23.8米，是我国现存古建筑中最高、最大的门。它的屋顶形式为重檐歇山式，门前摆着一对高大的青铜狮子。太和门两侧还有昭德、贞度二门；庭院的东西面有协和、熙和二门；各座门之间都有庑房相连，在东北、西北两个角上建有崇楼。所有这些门、楼和庑房的尺度、体量都比太和门小，使太和门在整个广场中显示出突出的地位。进太和门之后，是更大的庭院。东西宽是200米，南北深约190米，足以容纳万人的仪仗队伍。广庭中是外朝三大殿：太和殿、中和殿和保和殿。

太和殿俗称“金銮殿”，是明清两代北京宫城内最高大的建筑，包括三层须弥座，高35.05米，加上正吻总高37.44米。每层都是须弥座形式，四周围以白玉石栏杆，栏杆上有望柱头，下有吐水的螭首，每根望柱头上都有装饰。其殿面阔十一间，进深五间，建筑总面积达2377平方米，也是我国现存古建筑中规模最大的木结构殿宇。大殿的屋顶重檐庑殿式，即殷商时的“四阿重屋”，为“至尊”形制。屋顶的角兽和斗拱出跳数目也最多；御路和栏杆上的雕刻，殿内彩画及藻井图案均使用代表皇权的

龙、凤题材，月台上的日规、嘉量、铜龟、铜鹤等只有在这里才能陈设。殿内的金漆雕龙“宝座”，更是专制皇权的象征。太和殿是皇帝举行登基大典、庆典及接受文武百官朝贺的地方，如遇有将帅受命出征，也要在太和殿受印。在明代，殿试及元旦赐宴亦在太和殿进行。太和殿后的中和殿是一座平面呈正方形，深、广各三间，周围加廊的建筑，总面积为580平方米。屋顶为单檐攒尖式、铜胎鎏金宝顶，它是皇帝到太和殿上朝时的小憩之所。而中和殿后的保和殿，在清朝时期是举行殿试的地方。

内廷的正门名乾清宫，在它的前面是一扁长的庭院，俗称横街。横街的南面是保和殿，而保和殿后北面直下三层台阶即到达横街，所以这里是外朝和内廷的交接部分。乾清门位于横街之北，居中面向南，它是一座面阔五开间，单檐歇山屋顶，下有白石台基的殿式大门。乾清门的规格比三大殿的正门太和门略低，在门的两旁各有一座琉璃装饰的影壁呈八字形分列左右。这对影壁为砖筑，红墙上有琉璃檐顶，下有琉璃须弥座，壁面的中心和四角也都有琉璃装饰。乾清宫是后三宫的主要大殿，在明朝和清朝初期，乾清宫一直是皇帝和皇后的寝宫。宫外形为面阔九开间，重檐庑殿式屋顶，左右与昭仁殿和弘德殿两座小殿相连。皇帝除平时居住外，也经常在这里召见大臣，批阅奏章，处理政务，甚至还在殿中接见外国使臣。

坤宁宫在乾清宫的北面，也是面阔九开间，重檐庑殿顶的大殿。它在明朝和清朝初期一直是皇后居住的正宫。清顺冶时，按满族的风俗习惯，对坤宁宫进行了改造，主要是把宫内分为东西两部分。在西面部分，沿着墙添置了环形大炕，室内安置了大锅。在坤宁宫的东面部分则建成为皇帝结婚的洞房，入口改在东面，宫内有双喜的宫灯，红底金色双喜的影壁，靠北墙有龙凤喜床，床前挂着绣有百子图的五彩纱幔。改建后的坤宁宫还把原来的菱花扇改为直条窗格的吊窗。

在紫禁城的东部靠北半面，有一组完整的宫殿建筑群，这就是宁寿宫建筑群。在明朝，这里也有一组建筑群，但规模不很大。清朝乾隆年间，在此建了宁寿宫，这是一组十分完整的建筑群体，它分为前面的宫殿和后面的寝居两部分。后一部分可分为三个区，中路是居住区，东路是娱乐区，西路是园林区。整个建筑群四周有高墙相围，成为一个相当封闭的独立区域。

宁寿宫建筑群的正面入口是皇极门，门前有一横向的庭院，左右两边是钦禧门和锡庆门，南面布一影壁正对皇极门，组成门前的广场。皇极门用琉璃在墙外做成三间七楼加垂莲柱的三座门形式，三个门洞上都有琉璃瓦出檐，檐下有斗拱、横梁，梁上有琉璃贴成的旋子彩画，门上有石制须弥座，门前放置水缸四只，整座大门华丽而庄严。在皇极门的南面立有一座琉璃照壁，照壁上有龙九条，俗称为九龙壁。

进入皇极门就来到了宁寿门前的庭院，庭院很宽阔，在四周种有松树，以表示它为太上皇使用的特殊用处。宁庆门位于庭院北面的中央，五面阔开间，单檐歇山式屋顶，下面是一层白基座，基座前面有三条台阶，大门东西两侧各有影壁呈八字形摆开，门前左右还有鎏金铜狮两座，整座大门从形制到规模很像后三宫的乾清门。

(3) “九千九百九十九间半”房间

故宫总占地面积为 72 万平方米，建筑面积有 15 万平方米，共有房屋 8000 多间，四周有 10 多米高的围墙，墙外还有宽 52 米的护城河。建筑布局开阔对称，内外修饰壮丽辉煌，具有中国古建筑的独特风格。故宫建筑可分前后两部分：正门为天安门，座北朝南，雄视广场，与正阳门（即前门）遥遥相望。

相传，当初修建紫禁城的时候，明成祖朱棣打算把宫殿的总间数定为一万间，可是就在他传下圣旨后的第五天晚上，突然做了一个梦，梦见玉皇大帝向他发怒，因为超过一万间是对天帝的僭越。明成祖醒后连忙传旨，召刘伯温进宫，把他梦到的从头至尾说了一遍。刘伯温听了也是一愣：“那玉皇大帝可是惹不得的，咱就建它九千九百九十九间半。既不失他玉帝的面子，又不失皇家的壮观气派和天子的尊严！”

不到四年的时间，紫禁城就建成了，刘伯温请明成祖亲自察看。明成祖在宫里转了大半天，心里十分高兴。这紫禁城建得别提有多气派了，雕梁画栋，金碧辉煌。那午门高大雄伟，那奉天殿（清朝时改名为太和殿）宽敞气派，和玉帝的灵霄殿相比，还真差不了多少。其实这宫里的殿堂数并非真的是九千九百九十九间半。原来，刘伯温到各地采购木料、石料时，看到老百姓的日子越过越苦，可皇上却大兴土木，要花许多银子。于是，就有意把设计好的图纸改了，这样一来就少建了几百间，实际建成的是 8000 多间。他想，这紫禁城这么大，这殿堂到底有多少，谁数得过来呀，我说是多少就是多少。于是，就向朱棣报了房间数为九千九百九十九间半。从此“紫禁城有房屋九千九百九十九间半”的说法就传开了。

目前，故宫里殿、宫、堂、楼、斋、轩、阁总的间数是 8707 间。那传说中的半间房又在哪里呢？游览故宫，走到景运门外箭亭南望的时候，会看到院墙围着的一座两层的绿色琉璃瓦建筑，那便是清代存放四库全书的文渊阁。就在那阁楼上的西边，有一独特之处，它和一般的楼阁不同，两柱之间不是一丈多的间隔，而是两根绿色柱子之间仅有五尺左右的距离，紫禁城的半间就在这里。

2. 雍和宫

雍和宫坐落于北京城的东北角，北新桥北街路东，它既是一座行宫，也是北京规模最大、保存最完好的喇嘛教黄教寺院。

(1) 历史溯源

雍和宫未建之前在明代叫太保衔，是明末太监们的官房，规模不大，只比老百姓的民房稍高一些，灰瓦屋顶，没有什么特殊之处。清康熙三十三年，康熙帝为其四阿哥胤禛在此处建立贝勒府邸。由于胤禛系宫女所生，故在营建府邸时并没有太过挥霍。至康熙四十八年（公元 1708 年）胤禛被封为和硕亲王，向清廷提出预支三年王俸的请求，遂大肆修建王府，即雍亲王府。

后来，胤禛做了皇帝，即清世宗雍正皇帝，在他继位后的第三年（公元 1725 年）雍正把王府的一半改为行宫，另一半赐给喇嘛章嘉呼图克图，作为黄教的上院，成为清政府管理全国喇嘛教事务的中心。后来行宫部分失火，仅剩庙宇部分。

雍正帝死后，乾隆皇帝继位。乾隆把雍正的灵寝停在雍和宫永佑殿内。为此，将殿宇升级，并下令将原来主要殿宇上的绿色琉璃瓦全部换成黄色。雍正之棺椁在永佑殿停放一年之后，葬在西陵（泰陵）。但其“御影”仍留殿中，所以雍和宫又称作雍正祠堂。

乾隆九年，乾隆皇帝遵照其母之意，将雍和宫正式改为喇嘛庙。于是，重新规划，改建庙宇，加以扩建，并从蒙古招来五百多喇嘛长驻于此。乾隆此举既尊母愿和其父在世时信佛之宗旨，同时也对蒙古表示了“怀柔”之道，稳定了边防。

(2) 建筑构成

雍和宫是由三座精致的牌坊和雍和门、雍和宫殿、“四学殿”（药师殿、数学殿、密宗殿、讲经殿）及三个文物陈列室构成，有将汉、满、蒙、藏等多种建筑艺术融为一体的独特艺术风格。

各殿内供有众多的佛像及大量珍贵文物，其中有紫檀木雕刻的五百罗汉山、金丝楠木雕刻的佛龛和18米的檀木大佛。檀木大佛1990年被载入《吉尼斯世界纪录大全》。

整个寺庙可分为东、中、西三路，中路位于南北中轴线上，由南往北，依次为牌楼院、昭泰门、天王殿、雍和宫殿、永佑殿、法轮殿、万福阁等建筑。这里值得一提的是法轮殿内的五百罗汉山，五百罗汉由金、银、铜、铁、锡五种金属制成，布满了山间的每一个地方，整个雕塑犹如仙境一般，是雍和宫的“三绝”之一。万佛阁供奉的木雕巨佛迈达拉佛高18米，加上埋在地下的8米，共有26米高，也是雍和宫的“三绝”之一。雍和宫还保存有其他大量的佛教文物和资料、图片。

雍和宫有藏传佛教博物馆之称，达赖、班禅都曾来这里讲经传教，是全国重点文物保护之所。

(3) 著名文物

雍和宫拥有众多极具特色的佛教文物，其中最著名的文物有被称为木雕“三绝”的五百罗汉山、檀木大佛、楠木佛龛和铜铸须弥山、竖三世佛、六道轮回图等。

木雕“三绝”

木雕“三绝”指的是五百罗汉山、檀木大佛和楠木佛龛。

五百罗汉山在法轮殿，整个山体由紫檀木雕刻而成，层峦叠嶂、阁塔错落。五百个用金、银、铜、铁、锡铸制的罗汉置身其间；有讲演佛法的、降龙伏虎的、乘鹤飞升的；或坐或卧，或醉或思，或笑或痴，造型逼真，神态各异，姿势生动，雕技精湛。可惜历经战乱，现山上罗汉仅存449尊。

檀木大佛就是万福阁的迈达拉佛。这尊巨佛是用一棵白檀树的主干雕成的，高26米，地上18米（地下埋有8米），直径8米，总重约100吨，是中国最大的独木雕像。其缘起是由于雍和宫坐落在柏林寺右，乾隆帝恐其影响“龙潜禁地”风水，准备在雍和宫北部空旷之地建高阁供一大佛，以作为屏障，借助佛力保佑平安。公元1750年，乾隆帝将治藏大权交给七世达赖喇嘛。达赖为报答“浩荡皇恩”，用大量珠宝从尼泊尔换来这棵巨大的白檀树。由西藏经四川，历时三年之久运至雍和宫。之后，先搭盖一座“芦殿”雕刻大佛，然后再建万福阁。迈达拉佛是蒙古语，梵文音译弥勒，汉语意思是当来下生佛。《弥勒下生经》中说他是释迦牟尼的弟子，被释迦指定做接班人，先于释迦涅槃，升入兜率天，五十六亿七千万年后，在华林园龙华树下成佛，即“未来佛”。这尊大佛体态雄伟，全身贴金，镶有各种珠宝。他身上披的大袍，连里带面就用去了五千四百两黄缎。

楠木佛龛在万福阁东厢的照佛楼内，上下两层共十间楼房，楼里有一尊照佛（旃檀佛）。佛经说，释迦牟尼到兜率天为母亲摩耶夫人讲《涅槃经》，佛弟子请求佛留下影像，画师画像时不便直视佛，只好请佛站在水边，照水中佛影画，所以叫“照佛”。佛像画好后，用旃檀木按佛的形象制作：右手屈臂上伸，称“施无畏印”，表示佛能除众生苦；左手下垂，名“与愿印”，表示佛能满众生愿。后来，仿照此形象制作的佛像也叫“旃檀佛像”。照佛楼的照佛是仿木刻旃檀佛，用铜浇铸而成，很名贵，但供奉这尊照佛的楠木佛龛更为名贵。佛龛从地面直达楼顶，高约十几米。照佛背后有一火焰背光是楠木雕刻并涂以黄色，黄铜镜镶嵌在背光中，夕照时，佛像生辉，蔚为奇观。同时，利用透雕手法突出的九十九条立体金龙翻腾于云海之中，形态逼真。

铜铸须弥山

雍和宫大殿前的庭院里，椭圆形汉白玉石座上的石池中，有座高达1.5米的青铜须弥山。须弥山是梵文Sumeru的音译，意译为“妙高”。它是古印度神话中的名山，据说是世界的中心。佛经认为，世界的最底层是风轮，其上是水轮，再上是地轮。地轮之上有九山八海，须弥山就在这山海之间。须弥山高八万四千由旬（“由旬”是古印度计算距离的单位），日月环绕须弥山回旋出没，三界诸天也依须弥山层层建立。须弥山腰有犍陀罗山，山外有铁围山所围绕的咸海，咸海四周还有四大部洲，即东胜身洲、南赡部洲、西牛货洲和北俱卢洲。这四大部洲就由四位天王护持。须弥山顶部为帝释天。帝释天下面有一圈星象图，是按古代天文观测的结果依次排列的。据说，这些星座的分布和标记大体上符合现代天文学的研究成果。在佛教中，须弥山是世界最高的山，山顶的帝释天自然也就是世界最高的天，是天堂极乐之处。因为须弥山是“世界的中心”，所以佛祖释迦牟尼经常在此讲经说法。不少寺院石窟佛都坐在叫做“须弥座”的座位上，成为一种象征。

竖三世佛

雍和宫大殿原是雍亲王胤禛在府里升殿受贺的地方，叫“银安殿”。雍和宫改为喇嘛庙后，银安殿成为正殿，便供奉三尊高两米的铜佛，两侧汉白玉石座上排列蒙麻披金的十八罗汉。这三尊铜佛都结跏趺坐。佛像背后是蛟龙背光。背光象征像的身光，成叶形屏风状，上雕刻蛟龙象征释迦牟尼诞生时九龙灌浴。这三尊铜像的中间为释迦牟尼佛，他是现在世的佛，结跏趺坐，右手放在右腿膝盖上，称“成道印”，表示他在大地上艰苦卓绝的修行唯有大地能够证明；左手向上放在左腿上是“禅定印”，表示他静坐思虑人生的无尽苦难。东边上首是燃灯佛，他是代表过去世的佛，佛经说他出生时身边一切光明如灯。释迦牟尼前世曾买五茎莲花供献燃灯佛，燃灯佛预言释迦牟尼经九十一劫后之“此贤劫”（现在世）时成佛。燃灯佛结跏趺坐，右手的大拇指和食指扣在一起，合成一个圆圈，表示修成正果。西边弥勒是代表未来的佛。他结跏趺坐，双手成“说法印”，表示他五十六亿七千万年后“三会龙华”，对天、人、地、众生说法。大殿供这三尊佛，表明从无限久远的过去，到无限遥远的未来，都是佛的世界，这是从时间上说佛教历史悠久、生命久长。由于时间从上古到今世到未来呈竖向，所以称“竖三世佛”。

六道轮回图

雍和宫万福阁东厢的照佛楼，原是乾隆生母供佛之处。那里陈列着两幅画像——旃檀佛画像和六道轮回图。佛教是主张众生平等的，认为世世代代的人处于不停的车轮般的回旋之中，机会均等。人死了以后，来世有六种“出路”：或为天神，或为人，或为阿修罗，或为畜生，或为饿鬼，或下地狱。《长阿含经》说，人在来世的归宿，主要看现世的表现，如积善德，下等种姓下世可成为上等种姓；如劣迹不堪，上等种姓下世会成为下等种姓，甚至沦入地狱，这一切就是佛教所说的“轮回”。六道轮回图绘一个长爪三眼、形如黑熊的巨大怪物坐在地上，抱着一个大车轮形的圆圈。圆圈四周彩绘各种人物和奸、杀、抢劫、欺诈、偷、盗、吃、喝、

嫖、赌等恶行劣迹。几股气流将圆轮分成六道。第一道内五色云端中宫阙巍峨，宛若仙境，称“神道”；第二道内市井社会，平民百姓，称“人道”；第三道内硝烟四起，有水、火、旱、涝，称“阿修罗道”；第四道内男女鬼怪，口内生烟，骨瘦如柴，正受严刑拷打，称“饿鬼道”；第五道内猪狗牛马、鱼介昆虫，称“畜生道”；第六道内刀山冰谷，火海炼狱，鬼怪在受煎熬，称“地狱道”。此图形象地警戒世人“诸恶莫作”，“众善奉行”，以达到劝恶从善的目的。

（4）风俗

清朝时期，雍和宫每年都会举办有颇具特色的活动和风俗，比较知名的有“打鬼”、“烧线亭子”、“腊八粥”等。

打鬼

农历正月二十九、三十和二月初一举行三天打鬼活动。第一日“演鬼”，第二日“打鬼”，第三日“转寺”，为清鬼降魔之意。众喇嘛扮黑白二鬼，其他喇嘛戴着各种兽型面具，高级喇嘛则诵经念咒，杂以各种蕃乐，一路跳布扎舞，在宫中环绕一周，然后用刀将预制好的面人头割下，把不祥除掉，则大功告成。每次演鬼，市民争看。

烧线亭子

烧线亭子是一项颇具雍和宫特色的活动。每年农历十二月初七，用线扎成亭子，再糊一老一少两个纸人，由喇嘛们念经咒，然后将亭子放在水中，用火烧之。传说两个纸人是岳飞和岳云，亭子即风波亭。

腊八粥

熬腊八粥的风俗始于佛教。北京人每年腊月初八各家都熬腊八粥。而雍和宫这天照例用御赐糯米和奶油、干鲜果品等熬粥五大锅，象征释迦牟尼施舍于众生。能喝到雍和宫所熬腊八粥者，主要是帝妃、王公和大喇嘛们。雍和宫熬腊八粥之风俗于1937年后停止。

3. 布达拉宫

布达拉宫坐落在拉萨市区西北的玛布日山（红山）上，是一座规模宏大的宫堡式建筑群。

公元631年（藏历铁兔年），松赞干布开始兴建布达拉宫。当时吐蕃王朝正处于强盛时期，松赞干布为迎娶文成公主而修建这座宫殿。据说，当时修建的宫殿有九百九十九间，加上修行室共一千间。宫外有护城河，上铺厚木板。公元10世纪，这座宫殿因为奴隶起义遭到破坏，后来又因雷击起火进一步遭破坏。现在布达拉宫里只有胡法王修法洞和观音佛堂两处的建筑是公元7世纪的原来建筑。

直至公元17世纪，五世达赖建立噶丹颇章王朝并被清朝政府正式封为西藏地方政教首领后，才开始了重建布达拉宫，时年为公元1645年。以后历代达赖又相继进行过扩建，于是布达拉宫就具有了今日之规模，成为历代达赖喇嘛的冬宫居所，也是西藏政教合一的统治中心。

从松赞干布到十四世达赖的1300多年间，先后有九个藏王和十个达赖喇嘛在这里施政布教。

布达拉宫整座宫殿具有鲜明的藏式风格，依山而建，气势雄伟。宫殿的设计和建造根据高原地区阳光照射的规律，墙基宽而坚固，墙基下面有四通八达的地道和通风口。屋内有柱、斗拱、雀替、梁、椽木等，组成撑架。铺地和盖屋顶用的是叫“阿尔嘎”的硬土，各大厅和寝室的顶部都有天窗，便于采光，调节空气。宫内的柱梁上有各种雕刻，墙壁上的彩色壁画总面积有2500多平方米。

布达拉宫迂回曲折，同山体有机地融合，这是它给人最为直接的感受。其外观有13层，自山脚向上，直至山顶。整体建筑主要由东部的白宫（达赖喇嘛居住的部分）、中部的红宫（佛殿及历代达赖喇嘛灵塔殿）及西部白色的僧房（为达赖喇嘛服务的亲信喇嘛居住）组成。在红宫前还有一片白色的墙面为晒佛台，这是每当佛教节庆之日，用以悬挂大幅佛像的地方。

红宫是达赖的灵塔殿及各类佛堂，共有灵塔8座，其中五世达赖的是第一座，也是最大的一座。据记载，仅镶包这一灵塔所用的黄金就达11.9万两之多，经过处理的达赖遗体就保存在塔体内。西大殿是五世达赖灵塔殿的享堂，它是红宫内最大的宫殿。殿内除乾隆御赐“涌莲初地”匾额外，还保存有康熙皇帝所赐大型锦绣幔帐一对，为布达拉宫内的稀世珍品。传说，康熙皇帝为了织造这对幔帐，曾专门建造了工场，并费工一年才得以织成。

从西大殿上楼经画廊就到了曲结竹普（即松赞干布修法洞）。这座公元7世纪的建筑是布达拉宫内最古老的建筑之一，里面保存有松赞干布、

文成公主及其大臣的塑像。红宫内的最高宫殿名叫萨松朗杰（意为胜三界），其中供奉清乾隆皇帝画像和“万岁”牌位。大约自公元7世达赖格桑嘉措起，各世达赖每年藏历正月初三凌晨都要来此向皇帝牌位朝拜，以此表明他们对皇帝的臣属关系。

布达拉宫是藏式建筑的杰出代表，也是中华民族古建筑的精华之作。在人们心中，这座凝结藏族劳动人民智慧，交融了汉藏文化的古建筑群，已经以其辉煌的雄姿和藏传佛教圣地的地位成了藏民族的象征。1994年12月初，西藏拉萨布达拉宫被列入《世界遗产名录》。

第十章

墓寝建筑

中国人自古就重视丧葬。中国历史上，几千年来一直盛行着厚葬的制度，人们相信人死后要到另一个世界去，仍然可以享受与人间同样的富贵荣华。因此，修建了工程浩大的坟墓，把大量的财富带到地下去。这种习俗，为我们研究中国古代文化，留下了大量的文物。

考古学家发现，墓葬与建筑都是经过人们设计、创造出来的，它们同时诞生，又同步发展。远在公元前 21 世纪到前 11 世纪的夏、商时期，中国就有了陵墓建筑。

第一节　墓寝建筑规划理念

据考证，中国在商代初步形成丧葬制度，在周代进一步发展，成为周代礼制的组成部分，属于《周礼》规定的五礼之一。所谓“五礼”是指吉礼、凶礼（即丧葬礼）、宾礼、军礼、嘉礼。据《周礼·春官》记载：“以爵为封丘之度”，即按照官吏级别大小决定封丘体量，天子自然是最大体量墓葬建筑的独有者。丧葬礼仪内容主要包括棺椁制度、随葬制度及丧礼制度。秦统一中国后，取消了杀殉奴隶的制度，采用俑代替殉活人的制度。在封建制度确立后，丧葬制度发展为封建等级制度。封建统治阶级上从天子，下到平民百姓都要按照规定的丧葬制度处理逝者；否则将被视为犯法悖礼行为。因此，古代的帝王陵墓不仅是当时墓葬的最高等级形式，

而且也是当时政治制度、宫廷礼俗，以及建筑、艺术等方面的综合反映。

中国人自古十分重视墓葬，即使是平民，最简单的墓葬也基本具有建筑上的意义。在中国重死胜于重生、生死亦有轮回的文化熏陶下，阴宅建筑不亚于阳宅建筑，甚至有过之而无不及。尤其历代封建王朝提倡“厚葬以明孝”，帝王更将厚葬视为人生和社稷大事，陵寝建筑自然是有严格的规制和使用要求。特别是帝王陵墓，因墓主社会地位至尊，以及当时推崇宗法礼治、追求墓葬防盗耐久、讲究风水择吉而葬等诸多因素的影响，使其不仅在建筑规模的宏大方面远胜人臣墓葬，而且更富于神秘莫测的特点。

一座座帝王陵和大墓都是绝好的文物仓库和地下博物馆。由于厚葬制度，历代帝王以及富豪官宦人家不知把多少财富埋入地下，这对当时的社会经济实在是一大损失，但却为我们今天留下了许多珍贵的文物宝藏。由于中华民族历史悠久，而且对丧葬十分重视，以致帝王陵寝、公卿大墓、富豪巨冢处处皆是，几乎遍布青山绿野。这些建筑之宏大精美，文物宝藏之丰富，达到了十分惊人的程度，可以说是一笔巨大的物质与文化财富。

第二节　帝陵建筑

陵，本指山陵，即大的土山，所谓“大阜日陵”。最早称墓为陵的记载是《史记·赵世家》：公元前335年赵肃侯“起寿陵”。

君王的坟墓称“陵”，是从战国中期开始的，它首先出现在赵、楚、秦等国。由于社会的进一步发展和封建王权的不断加强，当时作为最高统治者的国王的坟墓，造得越来越高大宽阔，状似山陵，坟墓也因此被称为“陵”。秦汉以后，帝王统称自己的坟墓为“陵”，从此“陵”成为皇家陵寝之地的专称。

西周以前，帝王坟墓多为木椁大墓，地面不封不树。因为秦以前，对先王的祭祀不在墓地进行，因此当时的陵墓建筑还没有祭祀殿之类建筑。秦始皇首次将祭祀用的寝殿建在墓地，开创了在寝殿中供奉和祭祀帝王的陵寝制度，并为以后历代帝王陵墓所效仿。

另外，传说中“三皇五帝”的坟墓也叫“陵”，如太昊陵、黄陵。

1. 帝陵建筑的起源与发展

中国人讲究厚葬，历代统治者尤甚，商周以后大墓不断出现。考古工作者在清理商周墓葬时发现，除有大量的随葬品之外，此时对大墓的建造都是相当考究的，除有棺外，还有外椁，并且都需埋入 30 米以下。

到了秦汉时代，修建大墓较为盛行，汉武帝陵就比较大。到了东汉时期，开始建造石墓，而且这一时期的陵墓建造更加讲究，并且都相当坚固。以山东沂南汉墓为例，陵墓都用大石条建造，墓室整齐，大空间的墓室在中心建立都柱，斗拱形制十分新颖。石墓门做得也更加考究，一般在门扇后部刻有自动戗柱，自然支顶，后人已无法再开。西汉陵墓相当大，在墓的封土上还做建筑，叫做享堂。汉代陵墓都以覆斗形为主，例如，汉武帝陵、汉文帝陵规模都是相当大的，至今犹存。西汉陵墓建在汉长安城北垣上，东汉陵墓均建在洛阳北邙山岭上。

唐代陵墓均建于唐长安城北，以昭陵、乾陵为例，均因山为陵，选地极佳，利用地形进行建筑，十分豪壮。宋陵均埋入河南孝义县以南的广大地区，至今每座陵园的石人、石马、石兽均保存完整。不过，宋代国势经济实力衰弱，陵园规制远远不如汉唐时期的规模壮观。

元代比较特殊，皇帝不建陵，因此成吉思汗陵与元代其他帝王陵寝一样，不是真正的陵墓，他们究竟葬在何处，现在还没有考证出来。

明代陵园分为三处：起初朱元璋在凤阳建都，明祖陵建于凤阳，至今犹存；后来全国统一，建都南京，明代孝陵即建于南京紫金山下，十分雄壮；朱棣迁都北京，明代即在北京建都，明代连续十三个皇帝均葬于北京昌平的天寿山下，共计十三座陵寝，俗称十三陵。每个陵园都有成组的建筑群，陪衬圆丘。

清代帝陵在东北有三座，进关后建都北京，又在北京附近建有东西两大陵。东北三大陵：一是在沈阳城北曰北陵；二曰东陵，在沈阳东部；三曰旧老陵，这是清人祖先第一陵，建在辽宁省新宾县旧老城附近。目前东北三大陵保存完好。清朝统一全国后，皇帝在北京建有东西两大陵，一座在河北易县，称清西陵；另一座位于河北遵化，称东陵，其规模亦很庞大。

2. 帝陵建筑的特点

中国古代帝王习用土葬，因此各个朝代建筑陵墓的制度很严。据《礼记·檀弓篇》记载："古者墓而不坟"，"凡葬而无坟，不封不树者谓之墓"。

殷王之墓在洹水南岸，距小屯六公里，平面亚字形，自墓室而出有墓道，此外还有殉葬之山墓，有百数上千座。另外，在河南安阳殷墟遗址中曾发现不少巨大的墓穴，有的距地表深达10余米，并有大量奴隶殉葬和车、马等随葬。

周代陵墓集中在陕西省西安和河南省洛阳附近，尚未发现确切地点，陵址不详。战国时期陵墓开始形成巨大坟丘，设有固定陵区。据《易经》记载："古之葬者，原衣之以薪，减之中野，不封不树。"可见，当时已经开始了修建坟墓。此外，在咸阳北面的草原上，有周文王墓、周康王陵，当时在墓前有石羊与石虎。这种制度逐渐流传于后世。

秦始皇陵在陕西临潼县，是以陵山为主体的布局的典型代表，其规模巨大，封土很高，围绕陵丘设内外二城及享殿、石刻、陪葬墓等。据记载，地下寝宫装饰华丽，随葬各种奇珍异宝，其建筑规模对后世陵墓影响很大。从汉代开始，在坟前筑有石室作为享堂（四壁刻有生死故事图）。据《西京杂记》记载，汉代广川王发晋灵公之坟，坟前有男女石人40多个，这说明石像生已从汉代开始了。西汉时常造大陵，在陵之旁侧起陵邑。汉陵四面有围墙，墙中为阙，汉武帝茂陵就是这个样子的。

东汉造陵在洛阳北邙山，帝王陵墓亦做正方形，在前门较近处建筑有双阙，有的做单阙，也有的做子阙。到了南北朝时，墓葬制度大体上和汉代相似，其中：南朝陵墓不起坟，用石柱与石兽作为标志；北朝在东北吉林鸭绿江畔一带，陵墓全做方形石墓，内部墓室亦做方形，室顶做大石块叠涩式按四角叠砌，外部用大型石块叠砌，犹如埃及之金字塔。

唐代是中国陵墓建筑史上的一个高潮，是以神道贯串全局的轴线布局的典型代表。由于帝王谒陵的需要，在陵园内设立了祭享殿堂，称为上宫；同时陵外设置斋戒、驻跸用的下宫。陵区内置陪葬墓，安葬诸王、公主、嫔妃，乃至宰相、功臣、大将等。陵山前排列石人、石兽、阙楼等。唐代陵墓选地讲究，如唐太宗、唐高宗之陵墓均在陕西长安北部，依山凿穴，陵墓石像生成群排列，栩栩如生，气魄宏壮。

北宋陵墓都集中于河南孝义县南北，选地均为依山面向平川，陵体亦均做方形，每处陵园四面有墙，四角建有角楼，正中为门阙，正前方排列石像生。虽然整体气魄没有唐代陵墓那样浩大，但是陵墓雕刻十分细致。

元代帝王死后，葬于漠北起辇谷，按蒙古族习俗，平地埋葬，不设陵丘及地面建筑，因此至今陵址难寻。

明清的陵墓都是选择群山环绕的封闭性环境作为陵区，将各帝陵协调地布置在一处，是建筑群组的布局的典型代表。明代是中国陵墓建筑史上另一高潮。明代有凤阳陵、孝陵、十三陵等处，各陵都背山而建，选地气势浩大，在陵墓之处筑起一个大圆包，以中轴线为对称；在地面按轴线布置宝顶、方城、明楼、石五供、棂星门、祾恩殿、祾恩门等一组建筑；在整个陵区前设置总神道，建石像生、碑亭、大红门、石牌坊等，造成肃穆庄严的气氛。

清代陵墓，前期的永陵在辽宁新宾，福陵、昭陵在沈阳，其余陵墓建于河北遵化和易县，分别称为清东陵和清西陵。建筑布局和形制因袭明陵，建筑的雕饰风格更为华丽。陵墓是将建筑、雕刻、绘画、自然环境融于一体的综合性艺术。例如，沈阳北陵，陵园为长方形，以中轴线为对称，主要建筑在正中；角楼制度为方形，背部依山为隆业；甬道极长，宝城为模仿明代宫殿建立；殿亭本身屋顶没有曲线，它的设计体现出东北地方的民间的风格。

3. 帝陵建筑的地上布局

陵园的地上建筑布局主要划分成三个区域：祭祀建筑区、护陵监、神道。

(1) 祭祀建筑区

祭祀建筑区为陵园的主要部分，供祭祀之用。主要建筑为祭殿，早期称为享殿、献殿、寝殿、陵殿等。开启帝陵建筑，设陵寝祭祀建筑先例的是秦始皇，其陵园的北部建有陵寝。后代，更在此基础上大兴土木。唐代为此制度的鼎盛期，如唐乾陵就曾建房 378 间。明代帝王的祭祀区，由棱恩殿、配殿、廊庑、朝房、值房等众多建筑组成。

（2）护陵监

护陵监是专门保护和管理陵园的机构，为了防止被盗掘和破坏，每个皇帝的陵都有护陵监。护陵监外有城墙围绕，里面有衙署、市衙、住宅等建筑。据记载，汉武帝茂陵区护陵人数达27万，日常浇树、洒扫就有5000多人。

（3）神道

神道即墓道，又称作“御路”、“甬路”等，是通向祭殿和宝城的导引大道。唐以前，神道并不长，在道旁置少数石刻，墓道的入口设阙门。到了唐朝，陵前的神道石刻有了很大的发展，大型的仪仗队石刻已经形成。

帝王陵的神道（也称御路）规模很大，两旁有石人、石兽等雕刻。这种石雕称为“石像生”，以其好像生前的仪仗队一般。如唐乾陵的神道，全长约1公里，神道入口处有华表1对，华表之后依次为翼兽1对、鸵鸟1对、石马及牵马人5对、石人10对，还有无字碑、述圣记碑和61个“蕃酋”像。到明清时期，帝王陵神道发展到了高峰。明十三陵长陵的神道长达14华里，有石像生18对，有文臣、武将、麒麟、狮、象、马、骆驼，等等。

（4）石像生

石像生是对帝王陵墓前安设的石人、石兽的统称。石像生的作用主要是显示墓主的身份等级地位，也有驱邪、镇墓的含义。常见的石像生有如下几种。

翁仲

陵墓前置翁仲始于秦代。翁仲，原是秦始皇时的一名大力士，名阮翁仲。相传，阮翁仲身长1.3丈，端勇异于常人，秦始皇令翁仲兵守临洮，威震匈奴。翁仲死后，秦始皇为其铸铜像，置于咸阳宫司马门外。匈奴人来咸阳，远见该铜像，还以为是真的翁仲，不敢靠近。于是，后人就把立于宫阙庙堂和陵墓前的铜人或石人称为“翁仲”。司马贞的《索隐》云：“各重千石，坐高二丈，号曰翁仲。”

天禄和辟邪

禄是一种似狮似龙、双翼双角的传说中的怪兽。造型上，辟邪比较细长。辟邪是传说中的一种神兽，似狮，有翼，因作辟邪之用而得名。天禄、辟邪多立于帝王将相墓前。辟邪和天禄是汉代沿起的镇墓兽，辟邪头上单角，天禄为双角，两者似狮，古人认为狮虎凶猛，可除凶祟，所以用这种神兽来看守阙门和神道。

“天禄”一词的原意是天之俸禄，意在祥瑞；而“辟邪”一词为印度梵语的音译，意为大狮子，而它的汉语意思是驱邪辟恶，这就和镇守陵墓驱邪恶的作用是一致的。咸阳市沈家桥出土的“东汉双兽”便被人称为“辟邪”和“天禄”。据说，河南南阳一带也出土了与此相似的一对石兽，在它们的前肢上分别刻有“天禄”、“辟邪”字样。

麒麟

中国古代传说中，麒麟与龙、凤、龟合为四灵，乃毛类动物之王。麒麟在百兽中地位仅次于龙，是传说中的吉祥瑞兽。麒麟的头部似龙，长有双角，身似鹿身，满身长满麒甲片，尾毛卷须，与天禄相似，区别在于：天禄双翼双角，麒麟双翼独角。麒麟含仁怀义，在中国古代文化中，帝王兴衰多与麒麟有关，因此帝陵、王侯墓前均有此物。

华表

华表是神道两侧的柱形碑，所以又叫神道柱。华表高数米，分柱础、柱身、柱盖三部分。基座上雕刻有一对头长双角、口衔宝珠、螭身蟠绕、相向对视的蟠龙，又称为“双螭”。柱身为椭圆形，上下都刻有微微凹陷的线条花纹。柱的上部附有一块长方形石额，额上刻有墓主人的官职、姓氏，通常用反书字，即左柱刻正书或刻顺读文，右柱刻反书或反读文。柱端有一雕刻莲花纹的石露盘，盘上蹲一尊昂首挺胸的小兽（辟邪或望天犼）。

赑屃

赑屃又称“巂龟”，是石碑下一似龟非龟的海兽，一般高达数米，为石碑下的龟趺。据说它是龙子之一，擅长负重，故用以驮碑。赑屃背有龟纹十三块，左右对称，富有装饰性。

石碑

汉代以后，兴起在碑上凿字刻画，成为带有纪念意义的竖石。后来逐步演变成把功绩勒于石土，以传后世的一种石刻。石碑一般以文字为其主

要部分，上有螭首，下有龟趺。碑又分为方形的“碑”和圆形的“碣”。

画像石

画像石是一种利用刀凿在石上直接雕刻图案的建筑石料，一般采用凿纹减地平面线刻的技艺，有点接近于浅浮雕，具有剪影效果。画像石盛行于西汉至唐，多见于墓室、祠堂，也有的刻于石碑、石阙、门楣、棺椁等处。在雕刻技法上有阴线刻、浅浮雕和凹雕等。

4. 帝陵建筑的地下布局

中国古人迷信灵魂不灭，因而产生了“事死如事生，事亡如事存”的思想，让活着的人认识到对待亡故的人要像生前一样，不能有些许马虎。

封建帝王陵墓的地宫布局是皇权理念的体现，特别是秦始皇陵，它把帝王命运与帝国统治一体化的生死观发扬到了极致，这也深刻地影响了后世帝王的地宫布局。

（1）帝陵建筑的地下布局理念

历代帝王陵寝的地下布局充分反映出中国古代帝王“事死如事生”的思想观念。中国古人认为，帝王的“阳宅”（宫城）和“阴宅”（陵寝）一样，都关系着“龙脉”。因此，皇陵和宫城一样，都有伦理和天命上重要的象征意义。

以明定陵为例，定陵地宫于 1956—1958 年被科学家发掘，现已修建成定陵地下博物馆。定陵地宫的平面布局基本上采用“前朝后寝”的制度。地宫的主体由分别代表“正殿”和“后殿”等宫殿的墓室组成，全部为石结构。地宫的前殿没有任何摆设，相当于“宫前广场”；中殿（正殿）有三个用汉白玉雕成的“宝座”，呈“品”字形排列，相当于前朝宫殿的正殿；地宫的后殿也称玄堂，相当于宫殿建筑中的寝殿，这里停放着三口棺椁，中间特别大的棺椁是万历皇帝朱翊钧的，两边的棺椁里是朱翊钧的两位皇后。

（2）秦代帝陵的地下布局

先秦时期的陪葬品，以车马坑或车马器为其主要内容，其余无外乎是

宫中的礼乐重器、生活用具，所反映的埋葬观念不过是形而下之贪婪占有。而到了秦始皇陵园，形式上看似与之没有质的区别的陪葬坑，反映的埋葬观念却有了质的、形而上的创新。

经过40多年的严密考证推敲，凭借最新影像复原技术，秦始皇陵的布局现在基本上弄清楚了。那些被掩埋的帝王梦想，以及已经逝去的盛世景观，如今纷纷呈现在我们眼前，充分展示出秦始皇生前坐拥天下、死后也要拥有一切的陵寝建筑理念。

据《史记·秦始皇本纪》记载，地宫内“以水银为百川江河大海”。通过物探证明，地宫内的确存在着明显的汞异常，而且汞分布为东南、西南强，东北、西北弱。如果以水银的分布代表江海的话，这正好与我国渤海、黄海的分布位置相符。地宫中使用水银并非秦人首创。东周列国的诸侯墓葬中，已经出现放置水银的现象。而秦始皇的地宫中的水银，是用来表现“百川江河大海，机相灌输”的皇权主题。

在秦皇陵的封土北侧，修建有寝殿和便殿，在陵园北边修建有看守陵园的陵邑。寝殿是寝陵上的正殿，是供墓主秦始皇的“灵魂”日常起居饮食及祭祀的地方；寝殿北侧的便殿，则是墓主秦始皇的“灵魂”休息之所。

秦皇陵的外藏系统由地宫之内各层台阶上的陪葬坑、地宫外封土下的陪葬坑、内外城之间的陪葬坑、外城之外的陪葬坑四个层次构成。以陪葬坑的形式构成皇陵的外藏系统是秦人首创。

秦始皇陵是一座文化内涵十分丰富的地下王国。作为中国第一个皇帝构筑的地下世界，他希望生前所拥有的一切死后能够继续享用。可以说，秦始皇陵就是浓缩的秦帝国。

在秦皇陵中，除陪葬有青铜水禽、百戏俑等象征人间享乐的物品外，更陪葬有兵马俑、文官俑等。在秦始皇看来，忠实于皇帝的各级官僚和他们所统属的机构，不仅是帝国万世基业的保证，也是维系皇帝死后能继续拥有至高权力的条件。

秦朝中央政府最重要的中枢是三公九卿，它所代表的“百官”权利来自皇帝，在皇帝生前为帝国鞠躬尽瘁，贡献着忠诚；在皇帝死后，它们仍然一如既往地为帝国皇帝尽忠。陵园内城西南角的一个陪葬坑中出土了八个文官俑，从伴出的青铜钺及俑身佩挂的刮削竹木简的陶削，可推测这是三公九卿中主管监狱和司法的廷尉。

（3）汉代帝陵的地下布局

根据已经发掘的历代地宫，以及史料来看，帝王墓穴及棺椁在西汉以前多为石质。汉代兴起厚葬之风，开始用特殊木材修造地宫，称为“黄肠题凑”。“题凑”是一种葬式，始于上古，多见于汉代，汉以后很少再用。所谓“黄肠”，即去皮后的柏木。三国魏人对“黄肠题凑”一词作了如下注释：“以柏木黄心致累棺外，故曰黄肠；木头皆向内，故曰题凑。”刘昭对“题凑”一词也作过“题，头也。凑，以头向内，所以为固”的注释。具体的建筑操作方式，一般是将黄杨木去皮，截成等长的方木，树心朝向墓室中心，垒在木质椁的外围，上面盖上顶板，就像一间房子似的，呈一方形墓穴。外面还有便房。方木皆以榫卯结构，缝隙以木炭、膏泥封固，这种地宫的营造方式，就叫“黄肠题凑”。

根据汉代礼制，黄肠题凑是帝王陵墓的重要组成部分，目前相继发现的保存有黄肠题凑的都是西汉诸侯王或王室墓。根据汉代礼制，黄肠题凑与玉衣、梓宫、便房、外藏椁同属帝王陵墓中的重要组成部分。天子以下的诸侯、大夫、士也可用题凑，但一般不能用柏木，而用松木及杂木等。但经天子特许，诸侯王和重臣死后也可用黄肠题凑，如霍光死后，汉宣帝便下令“赐给梓宫、便房、黄肠题凑各一具”。

使用“黄肠题凑”，一方面在于表示墓主人的身份和地位，另一方面也有利于保护棺木，使之不受损坏，是汉代厚葬之风的产物。

（4）秦汉之后帝陵的地下布局

秦汉以后，统治阶级更加笃信天命，妄想死后继续享受无上的权力和奢华的生活。因此，厚葬风气盛行，帝王和王公贵族的陵墓中有大量的殉葬品，包括随葬俑。东汉以后，棺椁都用木质制作。

渐至宋朝时，墓室大都是砖砌的，仿照地面宫殿建筑结构，四壁绘制墓主生前的活动场景。宋真宗之后，大多又改为石砌。宋陵地宫均未被发掘，仅宋太宗之妃李后陵因被盗而打开，因此宋代帝陵的地下布局目前还不是很清楚。现探明太宗李后的地宫由墓道、甬道、陵台下的墓室组成，总长约 50 米。

从明朝开始，地宫建筑发展到顶峰，一般用巨型条石建筑大型墓室。

从目前打开的墓穴看，除乾隆墓穴侧壁上有佛教神像的雕刻外，其他的都没有绘画或雕刻。具体的建筑风格和布局将在下面讲述。

5. 帝陵建筑的典范

在中国历史上，先后出现过五六十个朝代，其中既有统一王朝，也有割据政权。这些王朝和政权的统治者死后大都被埋葬进了豪华的陵墓。据统计，大概有三四百个帝王级的陵墓分布在中国十多个省市自治区内。

（1）秦始皇陵

秦始皇陵是中国历史上第一个皇帝嬴政的陵墓，位于中国北部陕西省临潼县城东五公里处的骊山北麓。

秦始皇陵原名“丽山”或“郦山”。据三国时人说：“坟高五十余丈，周回五里余。”经折算，高合120多米，底边周长2167米有余。上面种草植树，确实很像是一座山。北魏地理学家郦道元说，因为始皇陵所在地区的地质多沙石，缺乏纯净的黄土，就从陵冢东北五里的吴家寨子附近的低洼地带把土运来，完全依靠人工堆起了这座“丽山”。

据《史记》记载，秦始皇十三岁即秦王位，即位后不久，就在郦山开始营建陵墓。统一天下后，又从全国征发来七十多万人参加修筑。直至秦始皇五十岁死时还未竣工，秦二世时又接着进行了两年，前后费时近四十年，真可谓工程浩大。《史记》中对陵的地宫及陈设也有记述，地宫极其深邃而坚固，它不但砌筑上“纹石”，堵绝了地下的泉流，而且还涂有“丹漆”，起到了防潮的作用。墓中建有宫殿及百官位次，放满珠玉珍宝，燃烧着用人鱼膏（据说是一种四脚鱼，似人形，生活在东海中）做的蜡烛，永久不灭。设有防备盗墓而自动发射的弩机暗箭。灌注水银，如同江河大海围绕，机械转动，川流不息。上面象形日月天体，下面象形山川地理等。实际上是一个被搬入地下的人间世界的缩影。

兵马俑坑是秦始皇陵的陪葬坑，位于秦陵陵园东侧1500米处。目前已发现三座，坐西向东呈品字形排列，并出土仿真人、真马大小的陶制兵马俑8000余件。陶俑神情生动，形象准确、轩昂；陶马造型逼真，刻画精致自然。兵马俑是秦国强大军队的缩影，布局排列如军阵，气势凛然。兵马俑陪葬坑均为土木混合结构的地穴式坑道建筑，像是一组模拟军事队列，旨在护卫地下皇城的“御林军”。

(2) 汉茂陵

茂陵是西汉武帝刘彻的陵墓。位于西安市西北40公里的兴平县城东北南位乡茂陵村。此地在汉代为槐里茂乡，武帝建元二年（公元141年）在此建寿陵，公元前87年武帝死后葬于此。

汉武帝刘彻是历史上可以和秦始皇相提并论的很有才略的封建帝王。他在位时，是汉朝的鼎盛时期。他采用奖励农耕、发展生产、富国强兵、抗击匈奴的宏伟战略，在政治上加强中央集权的同时，在经济上实行煮盐、冶铁、运输和贸易的官营制度，兴修水利，发展农业，开展对外贸易；在军事上抗击匈奴，打通了通往西域的道路，牢固地控制了河西走廊，向南直抵海南，基本上形成了中华民族生存空间的格局，从而使汉帝国以统一、繁荣、强大的姿态屹立在世界的东方。

茂陵建筑宏伟，墓内殉葬品极为豪华丰厚，史称“金钱财物、鸟兽鱼鳖、牛马虎豹生禽，凡百九十物，尽瘗藏之”。当时在陵园内还建有祭祀的便殿、寝殿，以及宫女、守陵人居住的房屋，设有5000人在此管理陵园，负责浇树、洒扫等差事。而且在茂陵东南营建了茂陵县城，许多文武大臣、名门豪富迁居于此，人口达277000多人。茂陵封土为覆斗形，现存残高46.5米，墓冢底部基边长240米，陵园呈方形，边长约420米。至今东、西、北三面的土阙犹存，陵周陪葬墓尚有李夫人、卫青、霍去病、霍光、金日禅等人的墓葬。它是汉代帝王陵墓中规模最大、修造时间最长、陪葬品最丰富的一座陵墓，被称为“中国的金字塔”。

(3) 蜀惠陵

蜀先主昭烈皇帝刘备的惠陵位于四川成都市南郊。古冢拔地而起，红砖垣墙环绕，苍松翠柏掩映，庄典肃穆。

惠陵为夯土垒筑而成，呈圆形。砖砌成的垣墙环绕陵冢，周长180多米。陵前有乾隆年间刻制的穹碑一座，碑身镌刻“汉昭烈皇帝之陵”七个苍劲有力的大字。陵的前方建有寝殿。惠陵西侧原来建有“昭烈庙”和“武侯祠”。据记载，武侯祠始建于公元4世纪，盛唐诗人李商隐游惠陵时，曾写下“武侯祠古柏”一诗。杜甫也留下了“丞相祠堂何处寻，锦官城外柏森森”的诗句，可见当时惠陵周围古柏苍郁，气势宏伟。

明朝初年，人们重建蜀忠陵，把“武侯祠”并入“昭烈庙”。重修后的昭烈庙颇为壮观，大门横额楷书“汉昭烈庙”金字大匾。但这一建筑早已毁于战乱兵火。

(4) 魏晋南北朝帝陵

汉灭亡之后，西晋曾一度统一政权，但是马上发生了十六国大乱。从此，国家动荡不安，朝代更替频繁。在这样的情况下，社会秩序非常混乱，很多大墓被偷盗，帝王的陵墓自然也难以保全。所以，这个时期的陵墓主要是设法防止盗掘。

出于防止盗掘的这个原因，就使这一时期的陵墓建设蒙上了一层神秘的色彩。为了把墓室隐蔽起来，让人难以寻找，南京富贵山的晋恭帝陵就把墓坑选在两山的峡谷中，埋葬后，再用土填上，使之与两山一样高。把一个山谷填平，要多少人力、投资，是不难想像的。这时是晋朝亡国之际，国家正处于混战中，这位晋恭帝在位也才两年，便被臣子刘裕所废，后来又被其所杀。他是晋代最后一位皇帝。就是这个亡国的皇帝的陵，竟如此挥霍财力，正像史书上记载的所谓:“主昏臣乱，未有如斯不亡者也。”

南朝是与北朝相对峙的一个政权，南朝的社会经济相对强大和稳定。大批的南下人民将黄河流域先进的农业生产技术和生产工具带到南方，有力地推动了南朝社会经济的发展，反映在陵寝建筑上表现为规模较大、布局规整、有较豪华的地宫。地宫一般都包括墓室、甬道、封门墙、墓道和排水沟五部分，并恢复了东汉谒陵的制度。因而地面上的建筑也相当宏伟，在陵前神道两侧建置成对的石兽、石柱和穹碑等。

从已发掘的南朝陵墓来看，具备下述特点：首先，陵墓依山建筑，一般在山上开凿较规整的长坑为墓室，然后填土夯平再起坟丘。室外四周修建多条挡土墙，室前建甬道，内设两重石门，墓室底下还修建排水沟，以防潮湿。其次，陵寝建制注重风水，营建陵墓一般先由相墓者勘察地形。今存南朝陵园的方向无一定规律，而是视当地山水地势而定，这正是风水堪舆原因所致。最后，陵前建置神道，神道两侧排列对称的石雕，寝殿施以石柱，石柱上多刻有莲花纹饰，这说明佛教艺术对南朝陵寝制度有较大的影响。

南朝陵墓的石雕，在中国雕刻艺术史上占有光辉的一页，其造型设计和雕刻手法在汉代雕刻艺术传统的基础上由粗简向精湛发展，超脱出了汉代石雕古朴粗略的技法，艺术构思和雕刻技巧上都进入了一个更加成熟的发展阶段。

(5) 曹公疑冢

曹操以全新的城市规划理念兴建了一座划时代的城市——曹魏邺城。曹操对邺城有着特殊的感情，其后半生的许多政治、军事、文学活动都是在这里进行的。

建安二十三年，可能是预感到自己寿数将尽，曹操特地颁布了一道《终令》，说“古之葬者必居瘠薄之地。其规西门豹祠西原上为寿陵”。西门豹即战国时期魏国的大改革家，其投巫治邺的故事家喻户晓，也是曹操毕生十分景仰的人物，让自己的墓地与西门豹祠比邻而居是其心愿。西门豹祠在今河南河北界桥东一公里处，其“西原”上即今邯郸市辖磁县讲武乡西的丘陵地带。这里东距铜雀台仅十几里。

曹操生前大力提倡薄葬，多次提出“以高为基，不封不树”、“无藏金玉珍宝”、“古不墓祭”。其子曹丕也忠实执行了这一遗嘱。但是，很多人认为“古不墓祭”只是曹操的借口而已，真正的原因在于，“汉氏诸陵无不发掘”，因而他决定“因山为体，无封无树，无立寝殿……故吾营此丘墟不食之地，使易代之后不知其处”。也就是说，曹操是怕改朝换代、政权交替时，自己的尸体陵寝也像汉代帝王的陵墓一样，被盗掘。魏文帝曹丕这个决定，对时局动荡不定的魏晋南北朝影响很大。二百多年间，没有出现大型的陵墓，豪富家族的厚葬风气也大有收敛。

魏文帝以“古不墓祭”的理由毁掉了曹操陵墓上的殿屋，所以，民间一直有曹操设“七十二疑冢”的说法。在四川成都刘备墓上，清人完颜崇撰对联说：一坯土尚巍然，问他铜雀荒台，何处寻漳河疑冢……。从文化的角度分析，宋以后，中国社会的正统观念渐盛，曹操的脸谱越来越白，成为狡诈多疑的奸雄典型。因此，疑冢之说也兴起。连对曹操十分尊崇的改革家王安石也相信了这种说法，他在游铜雀台遗址时作了一首《疑冢》诗，写道：“青山如浪入漳州（此处应指临漳），铜雀台西八九丘，蝼蚁往还空垄亩，麒麟埋没几春秋。”

到明代，《三国演义》更对此大加渲染，并首次以文学性的语言提出

“曹在邺西建七十二疑冢之说”。应当说这种说法也并非空穴来风，在这一带自三国之后出现了许多的高大墓冢，并时有盗墓者盗出王侯用品。因此，直到1956年，河北省政府还在正式公布的省级文物保护单位名单中对此冠以“磁县七十二疑冢”之名。千百年来有许多人力图揭开这一疑冢之迷，宋代文人俞应符甚至想出了一个“高明”的笨拙办法，他在《曹操疑冢》一诗中写道：“生前欺人绝汉统，死后欺人设疑冢，人生用智死即休，焉有余智到垄丘。人言疑冢我不疑，我有一法君未知，尽发疑冢七十二，必有一冢葬君尸。”

中华人民共和国成立后，政府对这些疑冢进行了系统的文物普查和征集，对需抢救发掘的文物进行了科学的考古发掘，终于揭开了这一疑冢之谜：这些疑冢并非曹墓，而是南北朝时代东魏、北齐的王公贵族墓葬群。而且其数量也不是72座，而是134座。为此，1989年国务院正式确定将这一墓群更名为“磁县北朝墓群”，并升格为国家级重点文物保护单位。但现在曹墓在哪呢？“七十二疑冢”埋的是谁呢？现在仍然是个谜。

(6) 北魏陵园

西晋灭亡之后，北方为十六国统治时期。这些少数民族有的正处于原始社会末期，有的刚刚进入奴隶制，带有残酷的掠夺性。他们进入中原，使中原社会经济的发展遭到破坏，因此更没有能力营建大规模的陵寝，多采用传统的“潜埋”办法，不起坟。史载，后赵的石勒和其母都是采用这种葬制，没有任何标记。因此，这一时期的陵墓至今未被发现。

公元386年，鲜卑拓跋部统一北方，建立了北魏王朝。为了巩固其政权，北魏统治者吸收汉族文化，实行一系列改革，又以佛教作为思想统治的武器，从而加速了北魏封建化的进程，使社会经济又得到恢复和发展。陵寝的建制也随之发生了一些变化。北魏迁都前，陵域在今山西大同方山一带，迁都洛阳后，陵域选择在洛阳泸河以西的北邙山。

北魏陵园建制有以下特点：一是逐渐恢复了秦汉以来的陵寝规制，一般建有较高大的封土堆，陵前建筑祭殿，为上陵拜谒之所。二是陵园内增置佛寺、斋室，表明佛教的影响渗入到陵寝制中。三是北魏迁都洛阳后，陵域布局规整，带有鲜卑族族葬的遗风。泸河以西是北魏诸帝陵域，泸河以东为近支皇族墓葬区和嫔妃葬地，再往东排列是“九姓帝族”、“勋旧八姓”，内迁“余部诸姓”，以及其他臣子的墓地。这一布局与汉代帝陵陪葬

制度有所区别。

(7) 永固陵

文明太后永固陵位于山西省大同市西北镇川乡附近的方山南部。其东临采梁山，北依长城，清澈的御河沿方山侧蜿蜒而去。永固陵始建于太和年间，历时四年，是北魏帝后陵墓中规模最大的一个。

永固陵陵园建制基本沿袭东汉。在陵前建有石殿，称为“永固堂”，是朝祭典礼的场所，也是陵园的主体建筑。永固陵俗称“祁皇坟”，底方上圆。地宫由墓道、前室、甬道、后室四部分组成。前室平面呈梯形，后室平面近方形，墓室南北总长 17 米多。连接前后室的甬道呈长方形，均用青砖砌成。冯太后棺椁放置在后室，为防盗掘，墓门由条砖封闭，还特意在墓道内堆积大量石块，在甬道内设置封门墙。整个地宫规模宏大，仅建筑墓室的砖就达 20 余万块。

永固陵在历史上先后三次被盗掘。金正隆年间，盗墓者从西北方打洞进入墓室，随葬品大部分被盗走。金大定年间，盗墓者再次进入墓室，前室的铺底砖全部被盗，随葬的大小石俑、石兽，有的被盗走，有的被破坏。清光绪年间，永固陵第三次被盗，墓中残余物大都被盗走，已所剩无几。

永固陵以它高耸壮观的陵冢、独特陵园塔基成为北魏王朝陵园的典型代表。在中国古代建筑史上，有十分重要的研究价值。

(8) 宋初宁陵

初宁陵是宋武帝刘裕的陵墓，位于今江苏省南京市麒麟门外的麒麟铺。

初宁陵是规模较大的陵园，内有寝殿和陵庙建筑。据《宋书》记载：“自元嘉以来，每正月舆驾必谒初宁陵。”但是现在陵园建筑多毁于兵火，仅存陵前神道两旁的天禄和麒麟石雕：天禄居东，已经残缺不全，目嗔口张，昂首宽胸，五爪抓地，双角已失，双翼呈鳞羽和长翎状，卷曲如钩云纹，极富装饰意味；麒麟居西，四足已失，形体姿态与天禄对称，仅头略向后仰，独角尖已残断，双翼的形状与天禄相似。两个石雕造型凝重、古朴，与汉代石雕刻风格有脉息相通的联系。

初宁陵多次被盗掘，陵冢已经被夷为平地。地宫布局，史无记载，尚待发掘。

(9) 齐修安陵

齐景帝修安陵位于今天的江苏省丹阳县城东北，鹤仙坳山冈南麓。冈上林木苍郁，冈前是一片开阔的山坡地，景色秀丽。

修安陵依山为穴，陵前建有神道，神道两侧列置石兽一对，东为天禄，西为麒麟。修安陵前的石兽由整块巨石雕琢而成，但其风格不同于西汉石雕的朴实与浑厚，而是注重形体美，刀法细腻，是名副其实的圆雕。从造型上看，尽管这些石兽是人们凭着想象力创造出来的，但是它作为一种兽类的形象是真实的。石兽整体和局部造型和谐，动势富有节奏感，似在旷野面对苍穹嘶吼，充满了艺术魅力，是南朝时期石雕艺术的珍品。

(10) 唐昭陵

昭陵是唐王李世民的陵墓，是陕西关中“唐十八陵”中规模最大的一座，位于礼泉县城东北 20 多公里处。

昭陵于贞观十年（公元 636 年）开始营建，至贞观二十三年李世民安葬于此，共营建了 13 年。据说，昭陵是由唐代著名画家、工艺家阎立德、阎立本兄弟设计的，工程浩繁，建筑辉煌。昭陵共有 160 座陪葬墓，墓区总面积达 30 万亩，比当时的长安城几乎大一倍。从碑志看，陪葬墓主都是初唐时的诸王公主和著名臣僚。墓群主要分布在九嵕山陵寝东、西、南三面，呈扇形排开。陪葬墓中，以魏征墓、徐懋功墓较为有名。

昭陵依九嵕山峰，凿山建陵，开创了唐代封建帝王依山为陵的先例。据说是因贞观十年文德皇后临死时给唐太宗说要俭殓：“请因山而葬，不需起坟。”关于以山为陵建造的原因，在同年十一月文德皇后葬后，唐太宗撰文刻石的碑上写道：“王者以天下为家，何必物在陵中，乃为己有。今因九嵕山为陵，不藏金玉、人马、器皿，用土木形具而已，庶几好盗息心，存没无累。”这里所说因山为陵，不藏金玉，与其说是为了殓薄，不如说是为了“好盗息心”更恰当些。虞世南上书唐太宗时就说过：“自古及今，未有不掘之墓。”因此，唐初以山为陵的目的，无非是为了利用山岳雄伟形势防盗掘而已。

“昭陵六骏”是为纪念当年唐太宗统一天下、南征北战的六匹坐骑而特意雕凿的。特勒骠是太宗大战太原时的坐骑；青骓和什伐赤是太宗在虎牢关作战时的坐骑；拳毛䯄是太宗在洛阳激战时的坐骑；飒露紫是太宗大战洛阳时的坐骑；白蹄乌是太宗在浅水源作战时的坐骑。司马门内还有十四国君像（包括藏王松赞干布等14个少数民族的首领）。

（11）北宋皇陵

北宋皇陵在河南省巩义市境内，整个陵区南北15公里，东西10公里。北宋9个皇帝，除徽、钦二帝被金兵掳去死于五国城外，其余7个皇帝及太祖父亲昭武皇帝赵弘殷均葬在巩义，通称“七帝八陵”，加上后妃和宗室亲王、王孙及高怀德、蔡齐、寇准、包拯、杨六郎、赵普等功勋名将的陵墓，共有陵墓近千座。其中最大的陵墓是宋太祖赵匡胤的永昌陵。

公元960年，宋太祖赵匡胤“陈桥兵变”，黄袍加身，公元963年便开始营建宋陵。其后，宋陵的建设延绵达160余年之久，最终形成了一个规模庞大、气势雄伟的皇家陵墓群，堪称为露天艺术博物馆，是研究宋代典章制度和石刻艺术十分珍贵的实物资料。

位于巩义市中心的永昭陵是北宋第四代皇帝宋仁宗赵祯的陵寝。宋仁宗是真宗赵恒的第六子，生于公元1010年，公元1022年继帝位，在位42年。在北宋诸帝中，仁帝在位时间最长，国家基本安定，文臣武吏荟萃，农业和科学文化发达，是宋代帝王中的明君圣主之一。永昭陵与北宋其他陵寝的建筑布局基本相同，都是按照唐、宋的“地形堪舆”和“山水风脉”选葬，它坐北向南，东南穹隆，西北低垂，这就是“山高水来”的“风水宝地”。各陵园都由“上宫”、“宫城”、“地宫”、“下宫”四部分组成，围绕陵园还建筑有寺院、庙宇和行宫等。陵台植松柏，横竖成行，四季常青。陵园内种松柏，陵区四周种植枳橘。

宋陵有庞大的石刻群，经破坏散失，至今尚存941件。每个帝陵石刻群内都有望柱、象及象奴、瑞禽、角端、马及挖马官、羊、虎、文武臣、狮子、武士、传庐、内侍总计58件，它们各有象征，表示皇帝死后还要驾驭万物、主宰世界。每个皇后陵都有石刻34件，其他亲王、皇子皇孙和大臣陵墓前的石刻中皆有传世杰作，它们一般后衬山峰，形态威猛有力，寓意祥瑞。

（12）明十三陵

明十三陵是明朝 13 个皇帝的陵墓，位于北京市昌平区天寿山麓，东、西、北三面环山，是世界上保存较为完整和埋葬皇帝最多的墓葬群。

明十三陵陵区总面积约 120 平方公里。群山之内，各陵均依山傍水而建，布局庄重和谐。明成祖朱棣的长陵建于明永乐七年（公元 1409 年），是陵区第一陵，位于天寿山主峰前。此后明朝营建的仁宗献陵、宣宗景陵、英宗裕陵、宪宗茂陵、孝宗泰陵、武宗康陵、世宗永陵、穆宗昭陵、神宗定陵、光宗庆陵、熹宗德陵、思宗思陵等十二陵分别坐落在长陵两侧山下。陵区中部长达 4 公里的长陵神道（总神道）与各陵相通。

明十三陵的建筑特色有以下几点：

一是陵区建筑的整体性特别突出。中国古代帝王陵寝区域的设置，早在战国中期随着陵墓的建造就已出现。其建造源于我国古代以宗族为单位，按贵族的等级和宗法礼制关系布葬的“公墓”制度。在唐代和北宋，每座陵园都有各自的门阙、神道和石刻群，均自成体系。它们虽然在地理位置上形成了一个整体，但在建筑的设置上彼此不讲究统属和整体联系。明十三陵则不同，各陵虽各有自己的享殿、明楼、宝城，自成独立单位，但陵区之内，长陵神道作为各陵共用的“总神道”出现，共用的石牌坊、石刻群，加上各陵尊卑有序的布葬方式，使陵区的建筑紧密相连，各陵总合形成了一个整体。

二是陵寝建筑制度独具风格。中国古代的帝陵从秦汉到唐宋，其地上陵寝建筑大多以覆斗形的陵台（陵冢）为中心，前设寝殿，四周以方垣并四面设门，前开神道，构成大体均衡对称的方陵体制。至明太祖朱元璋建孝陵始变更古制，创新为前方（方形院落）后圆（圆形宝城），宝顶、明楼、享殿沿中轴线纵向排列的崭新的陵园布局方式，陵前的神道采用多次转折的曲路形制。明十三陵的陵寝建筑布局基本上继承了孝陵制度，但又有所改变。如：十三陵明楼内圣号碑的设置，更突出了该建筑的标示作用；棂星门、宝城马道的设置更便于陵园的巡守；方城前石供案、棂星门的设置，增加了陵寝的纪念气氛，也为空旷的方城前院补充了点缀物。此外，在明长陵幽深曲折的神道上排列的陵寝兆域门（大红门）、神功圣德碑亭、石像生、龙凤门等墓仪设施，源自孝陵制度，但兆域门前石牌坊的设置、石望柱改置石像生前、石像生中增加功臣像等，则为新创。明十三

陵的墓室形制也很有特色，它既不同于秦汉时期黄肠题凑的木椁室制度，也与唐代凿山为穴的做法有别，而是深埋地下的有琉璃构件的真正的宫殿式建筑。

三是自然环境幽雅壮观。中国古代帝王陵寝的选址，大多受堪舆风水术的影响。由于明朝时皇家陵地卜选采用的是盛行于当时的江西之法，亦即形势宗风水术，注重龙、穴、砂、水的相配关系，而明十三陵所在的天寿山吉地又是永乐年间江西著名的风水术士廖均卿等人所选。因而，明十三陵周围的自然环境具有四面青山环抱、中间明堂开阔、水流屈曲横过的特点，而各陵所在位置又都背山面水，处于左右护山的环抱之中。这一陵址位置的经营方式与建在平原之上的陵墓相比，其自然景观显得更为赏心悦目，丰富多彩，更能显示皇帝陵寝肃穆庄严和恢弘的气势。

长陵

明十三陵中规模最大、最宏伟的是长陵，是明朝第三个皇帝明成祖朱棣的陵墓。主要建筑祾恩殿，和故宫中的太和殿一样大，总面积达1956平方米。它有一点比太和殿更突出，这就是它的柱、梁、檩、椽和檐头全部使用楠木，殿内的32根巨柱，都是用整根金丝楠木制成的。据说，当时光是从产地将这些巨大的楠木运到陵园就用了五六年时间。这样粗大的楠木，这样宏伟的楠木建筑物，在全国，是绝无仅有的，所以这个殿就显得特别珍贵。朱棣当了22年皇帝，在他称帝的第6年就开始营建陵墓，共用了5年。

定陵

定陵是明神宗的陵墓。明神宗在位48年，是明朝当皇帝时间最长的一个。他的陵墓修了6年。据记载，他的陵墓共耗费白银800多万两，相当于当时全国田赋两年的收入。定陵的规模不如长陵，但是它的建筑却比较精致。定陵的大部分地面建筑已经不存在了，只有明楼还很完好。因为明楼全部是石筑成，没有一根木料，所以它不但坚固，而且能防火。明楼的建筑也反映了当时高超的设计和施工水平。定陵的建筑水平可以从已发掘出的地宫看出来。富丽堂皇的定陵地下宫殿距地面27米，总面积为1195平方米，5个高大宽敞的殿堂全部是石结构，拱券式顶，没有一根梁柱。放置明神宗皇帝和两位皇后的棺椁的后殿，高达9.5米，长30.1米，宽9.1米，是最大的一个殿堂。在这里发掘出了3000多件随葬品，其中有金冠、金壶、金爵、凤冠等极其珍贵的文物。金冠是用金丝编制成的，

冠顶盘有一对金龙。凤冠上镶有宝石 100 多颗，珍珠 5000 多颗。游人们可以在定陵博物馆内看到这些珍宝。

昭陵

昭陵在明十三陵中位居第九，是明朝第十二个皇帝和他的三个皇后的合葬墓。昭陵的建筑有其独特的地方，是明十三陵中地面建筑最完整，且最具代表性的陵寝建筑。

思陵

明崇祯帝朱由检的思陵是最后一陵，位于陵区西南隅，系妃坟改用，清顺治元年（公元 1644 年）始定陵名，增建地上建筑。此外，陵区内还建有明代妃坟七座、太监墓一座，并曾建有行宫、苑囿等附属建筑，周围曾筑有十个关城。

(13) 清代皇陵

清陵共分三处：位于河北省遵化县马兰峪的清东陵；位于河北省易县境内的清西陵；位于辽宁省的老陵（永陵、福陵、昭陵三座）。

清朝入关以前，已经在关外营建了三座皇帝陵，即永陵、福陵和昭陵。这三座陵寝规制各异，说明当时并无定制。入关以后营建的陵寝，基本因袭了明陵规制，但并非一成不变，不同时期营建的陵寝由于受当时政治、经济、军事、文化等因素的影响和制约，呈现出了不同的特点。

皇帝陵

自顺治皇帝的孝陵在昌瑞山下落成以后，清代皇帝陵的规制就已基本形成。其布局可分为三个区，即神路区、宫殿区和神厨库区。孝陵的神路区建筑配置最为丰富，自南至北依次为石牌坊、东西下马牌、大红门、具服殿（供谒陵者更换衣服、临时休息的殿宇）、圣德神功碑亭、石像生、龙凤门、一孔桥、七孔桥、五孔桥、东西下马牌、三路三孔桥及平桥。宫殿区按照前朝后寝的格局营建，自南至北依次为：神道碑亭、东西朝房、隆恩门、东西燎炉（焚烧纸、锞的场所）、东西配殿、隆恩殿、陵寝门、二柱门、石五供、方城、明楼、琉璃影壁及月芽城、宝城、宝顶，宝顶下是地宫。宫门以北部分环以围墙，前后三进院落。神厨库区位于宫殿区前左侧，其建筑有：神厨（做祭品的厨房）、南北神库（储存物品的库房）、省牲亭（宰杀牛羊的场所），环以围墙，坐东朝西。围墙外建井亭。三个区的所有带屋顶的建筑（包括墙垣）除班房覆以布瓦外，全部以黄琉璃瓦

覆顶（包括墙顶）。其中大红门为单檐庑殿顶建筑；圣德神功碑亭、神道碑亭、隆恩殿、明楼和省牲亭为重檐歇山顶建筑；具服殿、隆恩门、配殿、燎炉为单檐歇山顶建筑；朝房为单檐硬山顶建筑；神厨、神库为单檐悬山顶建筑；陵寝门为琉璃花门；井亭为盝顶建筑；班房为单檐卷棚顶建筑。康熙皇帝的景陵承袭孝陵规制，宫殿区和神厨库区与孝陵相同，唯神路区有较大改动。主要表现在：神路与孝陵神路相接，不单建石牌坊、大红门、具服殿；圣德神功碑亭改竖双碑，分书满汉碑文；石像生由18对缩减为5对；改龙凤门为五间六柱五楼的牌楼门（道光年间，为求划一，谕令将牌楼门也称龙凤门）；裁撤了七孔桥、一孔桥，保留了五孔桥和三路三孔桥；五孔桥改建在石像生以南。乾隆皇帝的裕陵基本承袭了景陵规制，但稍有展拓。一是神路区的牌楼门以北增加了一孔拱桥。二是石像生增至8对，比景陵多出3对。三是在陵寝门前增设了三路一孔玉带桥。四是在三路三孔桥两侧对称地各增设了一座三孔平桥。咸丰皇帝的定陵基本沿用了祖陵的规制，但又仿效了其父道光皇帝慕陵的某些做法，裁撤了圣德神功碑亭、一孔拱桥、二柱门，将陵寝门前的玉带桥改为三座平便桥，将石像生改为5对。同治皇帝的惠陵规制更为减缩，不仅未建石像生，连与孝陵相接的神路也被撤掉，成为割断统绪的孤陵。

皇后陵

清王朝建造的第一座皇后陵是孝惠章皇后（顺治帝的皇后）的孝东陵，其布局为：神路区仅设一路三孔桥，宫殿区不设二柱门，其余则与皇帝陵相同。但由于当时制度尚不完备，在该陵内又埋葬了28位顺治帝的妃嫔，因此形成了皇后陵兼妃园寝的局面。慈安皇太后和慈禧皇太后的定东陵是清王朝营建的最后两座皇后陵，其规制基本参照了孝东陵，但又有所区别。一是在神路区增建了下马牌和神道碑亭，三孔拱桥两侧对称地增建了平桥；二是陵内不再埋葬妃嫔，比起孝东陵来规制有所展拓。埋葬孝庄文皇后的昭西陵由于是由暂安奉殿改建而成，因而规制极为特殊。一是神路区只设下马牌和神道碑亭，未设桥涵；二是宫殿区建了两层围墙，外层围墙的正面设置了隆恩门，内层围墙的正面设置三座琉璃花门；三是陵寝门设置在隆恩殿左右的卡子墙上；四是隆恩殿为清代建筑等级最高的重檐庑顶。其规制与其他皇后陵迥异，当为特例。

妃园寝

在清东陵营建的第一座妃园寝是景陵妃园寝，其布局只有宫殿区。自南向北依次为：一孔拱桥和平桥、东西厢房、东西班房、宫门、燎炉、享殿、园寝门。后院建 49 个小宝顶。厢房、班房均以布瓦覆顶。大门、享殿为单檐歇山式建筑，并以绿琉璃瓦覆顶。景陵妃园寝成为后世妃园寝的蓝本。景陵皇贵妃园寝是清东陵内建造的第二座妃园寝。乾隆皇帝出于对康熙帝的两位皇贵妃的尊重和孝顺，拓展了规制。与景陵妃园寝相比，有以下三点不同：一是增加绿瓦单檐歇山顶的东西配殿；二是享殿月台前设置了丹陛石；三是为两位皇贵妃各建立了方城和绿瓦单据歇山式的明楼，从而该园寝成为清代等级最高的妃园寝。清东陵内建造的第三座妃园寝是裕陵妃园寝。该园寝规制接近景陵皇贵妃园寝，所不同的是享殿前未设丹陛石，园寝门开在享殿两侧的面阔墙上，有一座方城明楼，后院内建 34 座小宝顶。定陵妃园寝和惠陵妃园寝是清东陵内营建的第四座、第五座妃园寝，它们的规制均与景陵妃园寝相同。

从清东陵各类陵寝规制的传承演变情况可以看出，陵寝规制不仅受到当时政治、经济等诸多因素的制约，同时也受到当时最高当权者个人意志的影响。

清东陵

清东陵是中国最后一个王朝的帝王、后妃陵墓群，也是我国现存陵墓建筑中规模最宏大、建筑体系最完整的皇家陵寝，共建有皇陵五座：顺治帝的孝陵、康熙帝的景陵、乾隆帝的裕陵、咸丰帝的定陵、同治帝的惠陵，以及东（慈安）、西（慈禧）太后等后陵四座、妃园五座、公主陵一座，计埋葬 14 个皇后和 136 个妃嫔。

清东陵的 15 座陵寝是按照“居中为尊”、“长幼有序”、“尊卑有别”的传统观念设计排列的。入关第一帝世祖顺治皇帝的孝陵位于南起金星山、北达昌瑞山主峰的中轴线上，其位置至尊无上，其余皇帝陵寝则按辈分的高低分别在孝陵的两侧呈扇形东西排列开来。孝陵之左为圣祖康熙皇帝的景陵，次左为穆宗同治皇帝的惠陵；孝陵之右为高宗乾隆皇帝的裕陵，次右为文宗咸丰皇帝的定陵，形成儿孙陪侍父祖的格局，突现了长者为尊的伦理观念。同时，皇后陵和妃园寝都建在本朝皇帝陵的旁边，表明了它们之间的主从、隶属关系。此外，皇后陵的神道都与本朝皇帝陵的神道相接，而各皇帝陵的神道又都与陵区中心轴线上的孝陵神道相接，从而形成了一个庞大的枝状系，其统绪嗣承关系十分明显，表达了瓜瓞绵绵、生生息息、国祚绵长、江山万代的愿望。

清东陵据说是顺治帝皇帝到此打猎时选定的，康熙帝二年（公元1663年）开始修建。清东陵各座陵寝的序列组织都严格地遵照“陵制与山水相称”的原则，既要“遵照典礼之规制”，又要“配合山川之胜势”。在这方面，世祖顺治皇帝的孝陵足可称为成功的范例。

清东陵至今已有300多年的历史，每一座陵寝都记载着或辉煌或衰败的历史，每一座陵寝都传承着或动人或神秘的故事。入关第一帝顺治帝，开创康乾盛世的康熙大帝，文武兼备的乾隆帝，辅佐圣、世二祖的孝庄文皇后，两度垂帘听政的慈安、慈禧，给人以扑朔迷离的香妃，还有咸丰帝、同治帝均葬于此处。

孝陵是清朝第一个皇帝顺治的陵墓，建于景色秀丽的昌瑞山主峰之下，是东陵的主体建筑，规模最大，体系最完整。进入陵区门户的大红门，依次为圣德神功碑楼、石像生、神道石桥、神道碑楼、隆恩门、隆恩殿、方城明楼，直至宝城顶，大小建筑几十座，由一条十多华里长的砖石铺面的神道贯穿，形成了一条陵区的中轴线，脉络清晰，主次分明。各建筑物的梁枋斗拱有彩绘拱饰，屋顶及墙头有黄色琉璃瓦覆盖，建筑雄伟壮观。

康熙帝的景陵，位于孝陵东南，全部建筑仿孝陵，但规模次于孝陵。隆恩殿内大柱耸立，甚为壮观。

乾隆帝的裕陵位于孝陵西侧，于乾隆八年（公元1743年）动工兴建，费时30年始成。裕陵的地宫在已出土的清代皇陵中最为宏伟，其进深54公尺，面积337平方公尺，由三间长方形的券堂——明堂、穿堂、金堂串连成“主”字形；乾隆皇帝的棺柩便放置在最里侧的金堂，两旁还有附葬的二后、三妃灵柩。地宫内四壁和券顶皆雕满各种佛像、经文和装饰图案，雕刻刀法明快，线条细腻流畅，以明堂门洞两侧浮雕的四大天王像和券顶的五方佛像最具代表性。

定陵内葬文宗咸丰皇帝和孝德皇后。咸丰皇帝在位11年中，国家始终处于内忧外患之中。第二次鸦片战争中他逃到热河，死在避暑山庄。孝德皇后为咸丰帝的嫡福晋，死后被追尊为皇后。

昭西陵内葬孝庄文皇后博尔济吉特·本布泰，她是清太宗爱新觉罗·皇太极的庄妃，是顺治帝的生母，康熙帝的祖母。曾协助皇太极处理国政，又先后辅佐了顺治、康熙两代幼主，巩固并发展了大清基业，被史家誉为清初杰出的女政治家。

孝东陵内葬孝惠章皇后，她是顺治皇帝的皇后，21 岁时被尊为皇太后，77 岁死，当了 57 年皇太后。她是清代当皇太后时间最长的一位。该陵内还陪葬了 28 位顺治帝的妃嫔。

普祥峪定东陵内葬孝贞显皇后钮祜禄氏即慈安皇太后，俗称东太后。她是咸丰帝的皇后。咸丰帝死后，曾与慈禧在同治、光绪年间两次垂帘听政达 20 年之久。

西太后慈禧陵在普陀峪，东太后慈安陵在普祥峪，两陵原皆于同治十二年（公元 1873 年）兴建，形制、规模相仿，但慈禧陵于光绪年间全面重修，因此其建筑之华丽精美冠于东陵。尤其隆恩殿里外都装饰贴金彩绘，殿内明柱也盘旋金龙，可谓金碧辉煌；殿前的汉白玉台基中央有透雕的龙凤陛石，其构图为“凤上、龙下”，充分显现其权势独揽的野心。

香妃也称容妃，新疆维吾尔族人，她的陵墓坐落在裕陵西侧，专为安葬乾隆帝后妃的裕妃园寝中，棺木上刻有一行阿拉伯文“以真主的名义”，表明香妃信仰伊斯兰教。

清东陵地上的建筑以定东陵（慈禧）和裕陵（乾隆）最为考究。定东陵和裕陵地宫全用汉白玉建造，处处是艺术高超的石雕，龙凤呈祥，彩云飞舞。地宫室内墙壁除石雕之外，全都贴金，金碧辉煌，光彩夺目。仅贴金一项，就耗费黄金 4590 两。建筑精美壮观，糜费空前。

清西陵

清西陵位于河北省易县永宁山下，陵区占地约 800 平方公里，建筑面积 50 万平方米，比清东陵规模小得多。清西陵是一片丘陵地，周围群峦叠嶂，树茂林密，风景极佳。东有 2300 多年前的燕下都故城址，西望雄伟的紫荆关，北枕高耸挺拔的永宁山，南抵滔滔东流的易水河。

清西陵有帝陵 4 座：泰陵、昌陵、慕陵、崇陵，后陵 3 座，妃陵 3 座。此外，还有怀王陵、公主陵、阿哥陵、王爷陵等共 14 座，共葬有 4 个皇帝、9 个皇后、56 个妃嫔以及王公、公主等 76 人。

西陵周边近 200 里，外围原有红、青、白三层界桩，每层之间距 10 里，界桩以外还有官山，不许老百姓涉足。西陵建设面积达 5 万多平方米，宫殿千余间，石建筑和石雕百余座，构成了一个规模宏大、富丽堂皇的建筑群。众多建筑均有彩画与雕刻，陵区宫殿多施旋子彩画，庙宇牌坊多施和玺彩画，行宫、住宅多施苏式彩画，在陵区雕刻中，为数最多的是龙和凤。西陵陵区富有浓郁的园林气息，陵区古松参天，四季常青。整个

建筑群反映出了我国古代建筑艺术发展的高超水平和民族风格的优良传统，充分体现了我国劳动人民的杰出智慧和创造才能。

雍正帝的泰陵居于陵区的中心位置，是西陵中建筑最早、规模最大的一座。其余各陵分布在东西两侧。泰陵的神道，由三层巨砖铺成，两边苍松翠柏，从南往北分布着 40 多项大大小小的建筑。第一座建筑物是进入陵区的一座联拱式五孔桥，桥北有三座高大的石牌坊，巍然矗立。牌坊的建筑庄重、美观、色彩调和。这三座石坊，都是五间、六柱、十一楼形式，用青花石筑成，上刻有山、水、花、草、禽兽等图形，形态生动，被视为西陵建筑艺术中最具代表性的作品。

嘉庆帝的陵称昌陵。昌陵和泰陵并列，其规模与泰陵不相上下。嘉庆是乾隆的第十五子，乾隆传位给他时为他在泰陵南一公里的地方选好陵址。昌陵的隆恩殿很有特色，地面铺的是很贵重的黄色花斑石，石板上还带有紫色花纹，光滑耀眼，好像是满堂宝石。大柱包金饰云龙，金碧辉煌。

慕陵是道光帝的陵。慕陵的特点是规模小，没有方城、明楼、大碑亭、石像生等建筑，但陵墓之坚固，超过泰、昌二陵。整个围墙，磨砖对缝，干摆灌浆，墙身平齐结实。隆恩殿的建筑工艺精巧，大殿全用金丝楠木，不饰油彩，保持原木本色，打开殿门，楠木香气扑鼻而来。天花板上每一小方格内有龙，而且檩枋、雀替，也雕上游龙和蟠龙。这些龙都张口鼓腮，喷云吐雾。据说，这都是道光帝的主意。原来为他选的陵址，发现地宫浸水，道光便另选一址，并命名为龙泉峪。道光认为，地宫浸水，可能是群龙钻穴、龙口埕水所致，如果把龙都移到天花板上去，就不会在地宫吐水了。于是，他命千百个能工巧匠，用金丝楠木雕成许许多多的龙，布满天花藻井，造成“万龙聚会，龙口喷香”的气势。

崇陵是光绪帝的陵墓，位于泰陵的东南面约四公里的金龙峪，是我国现存帝陵中的最后一座。宣统元年（公元 1909 年）破土兴建，民国四年（公元 1915 年）竣工。崇陵的建筑物数量与规模，完全依照同治的惠陵。建筑精巧，陵园仪树中有罕见的罗汉松和银松。地宫中合葬着光绪帝和他的隆裕皇后。

清代皇家陵寝依照风水理论，精心选址，将数量众多的建筑物巧妙地安置于地下。它是人类改变自然的产物，体现了传统的建筑和装饰思想，阐释了封建中国持续 2000 余年的世界观与权力观。

第三节 圣林建筑

古时将规模较大、有一定地位的坟地都称为“林”，例如，在山东泰安、莱芜、曲阜一带，以前有很多当地大户人家的祖坟地被称为“林”，像张家林、姚家林、陈家林……这些林都是规模相当大的墓园。因此，“林”仅仅指的是墓园，里面没有那么多的房舍和殿堂。

本节说的“林”，指圣人之墓。因古时公认的贤德高的圣人死后既应享受帝王之礼，又要区别于现实中帝王之规制，故借谐音“陵”而“林”。现公认的“圣林”有“孔林”、“孟林”和“关林”等。

1. 圣林建筑的起源与发展

中国历史上著名的圣林建筑是三位圣人的墓，他们是；“文圣”孔丘、“亚圣”孟轲、“武圣”关羽，因此他们的墓分别被称为“孔林”、“孟林”和“关林”。

最早的圣林建筑是“孔林”，又称“宣圣林”，或称“至圣林”，是孔子及其家族的专用墓地，是世界上延时最久、规模最大的家族墓地，也被称为“天下第一林”。孔子辞世后，他的弟子们担心天长日久找不到老师的墓地，就想出了个办法，在孔子的葬地周围绕墓种植了树木，作为老师墓地的标志，以便以后前来谒祭。当时因为墓地并没有植树的习俗，而只有孔子的墓地有成片的松柏。后来，随着孔子对历代统治者的影响越来越大，到了南朝宋元嘉19年（公元442年），孔子墓地被“栽松柏六百株”。到了唐太宗贞观11年（公元637年），唐太宗特意下诏，拨给孔氏家族“户二十，奉守林庙”。这个“林庙”指的是孔子墓地的树木和祭庙，但此时仍没有称其为“孔林”。这样一直持续到宋祥符元年（公元1008年），宋真宗到了曲阜，这时因500年前元嘉年间在孔墓大量种植的松柏已经成长起来，远看如林，宋真宗就感慨称其为“孔林”。由此，“孔林”成了正式称谓，此后“林”才代称了墓地。

由于中国历代封建统治者对忠、孝、仁、义等思想的推崇，自汉代以后，对孔林进行了多达13次的重修、增修，形成了现在占地3000余亩、

围墙长 5600 多米的氏族墓园。

孟林历经宋、金、元、明、清各代 900 年的增修，规模也不断扩大。而关林在中国有三处。除埋葬“关羽首级”的洛阳关林外，还有埋葬“关羽身体”的湖北当阳的关林，以及建于关羽家乡山西解县的运城关林。

2. 圣林建筑的类型与典范

圣林是后人为缅怀圣人而修建的墓园建筑。每个圣林建筑除了成片的参天大树外，布局和园内的房舍、宫殿都各具特色，不尽相同。下面以三个著名的圣林建筑为例，具体介绍一下圣林建筑。

（1）曲阜孔林

孔林是孔子及其家族的专用墓地。孔子死后，弟子们把他葬于鲁城北泗水之上，那时还是“墓而不坟”（无高土隆起）。到了秦汉时期，虽将坟高筑，但仍只有少量的墓地和几家守林人。后来，随着孔子地位的日益提高，孔林的规模也越来越大。

孔子最初的墓地约有 1 顷，后经过历代帝王的不断赐田，到清代时已达 3000 多亩，孔林的围墙周长达 7 公里，有墓葬 1 万多座。林内墓冢遍地皆是，碑碣林立，石仪成群。又有万古长春坊，至圣林坊、享殿、楷亭、驻跸亭等胜迹。

孔林神道长达 1266 米，苍桧翠柏，夹道侍立，龙干虬枝，多为宋、元时代所植。林道尽头为“至圣林”木构牌坊，这是孔林的大门。由此往北是二林门，为一座城堡式的建筑，亦称“观楼”，其周筑墙，墙高 4 米，周长达 7000 余米。林墙内有一河，即著名的圣水——洙水河。洙水河北不远处为享殿，是祭孔时摆香坛的地方。殿前有翁仲、望柱、文豹和角端等石兽。孔子墓在东周墓区的西北部，墓前有明正统八年（公元 1443 年）所立“大成至圣文宣王墓”碑一通。东边是孔子之子孔鲤的墓葬，南为孔子之孙孔伋墓，这种墓地格局在古代称为“携子抱孙”。附近还有“子贡庐墓处”。据《史记》记载，孔子殁后，弟子皆建庐守墓，服丧 3 年，只有子贡思慕情深，又独自守墓 3 年。明代重建三室，立碑以志纪念。楷亭前还有一株楷树，相传是子贡亲手种植的。

孔林是世界上延续时间最长的家族墓地。经过考证，孔林已经延续了

2340多年，是研究墓寝风俗演变的绝好典型。

(2) 邹县孟林

孟林是孟子及其后代子孙的家族墓地，位于邹县城东北四基山西南麓。

历史上，有相当长一段时间人们不知道孟子的坟墓在哪里。北宋景祐四年（公元1037年），兖州知府、孔子45代子孙孔道辅寻访到孟子的墓地。孔道辅认为孟子晚年生活在邹县，最后终老在这里，他墓地不会太远。经过多次探查，他最后确认其在四基山，并且报告给了朝廷。后来历经宋、金、元、明、清各代900多年的增修，林地不断扩大，庙堂不断增修，逐渐形成了今天这个规模。林内植有柏、榆、槐、楷、楸、杨等各类树木1万余株。

孟林享殿大门坐北朝南，经神道、御桥即可到达门前。院内现存享殿基本保持了原来的面貌，只是左右厢房早年倾塌后未再修建。享殿内现存石碑6幢，其中北宋景祐五年（公元1038年）所竖《新建孟子庙记》碑，碑文为北宋孙复所撰写，距今已有900多年的历史，是现存有关“三孟”史料最早的一块碑刻。享殿后是孟子墓，坟冢高大、草丰林茂。墓前有巨碑一幢，上刻“亚圣孟子墓”。孟林对研究孟子史迹有重要价值。

(3) 洛阳关林

关林位于洛阳南郊7公里，相传为埋葬三国蜀汉名将关羽首级的地方。关羽被过去历代王朝尊为“武圣”，是民间信仰“忠、勇、仁、义”者之楷模。关林是一座宫殿式建筑群，古柏成林，隆冢丰碑，气派巍巍。

关林的主要建筑均在中轴线上，依次为舞楼、大门、仪门、甬道、拜殿、大殿、二殿、三殿、石坊、八角亭，最后为关冢。其中最具特色的当属舞楼（又称千秋鉴楼），楼前台的歇山式和后台的硬山式组合在一起，再加上歌山顶，重檐楼阁，构筑之妙全国罕见。关林中的碑亭构筑奇巧，是典型的清代亭式建筑。分立于大门两侧的明代石狮，赳赳而踞，具有凛然不可侵犯的威严。极富意味的大门镶嵌着81颗金色门钉，体现了关林的崇高地位和关羽的身后荣耀；立于仪门左右重达3000余斤的铁狮，是明代善男信女敬奉关公的遗物，虽历经400余载风风雨雨，依然肃穆含

威；仪门“威扬六合”匾额为慈禧太后御笔，端庄厚重，弥足珍贵；连接仪门和拜殿的石狮御道为海内外关庙所独有，甬柱顶雕石狮104尊，百狮百态，圆润生动，毫无石刻的生硬之感，代表了乾隆时期中原石刻艺术的最高成就。建于康熙年代的奉敕碑亭，结构端庄，八角亭彩饰华繁、木雕精美，全为木榫结构，反映了古代建筑匠师惊人的创造力。

第四节 坟冢建筑

古代把官宦、平民死葬之地称为“坟”或“墓”，区别在于：坟为封土而隆成高土，即“土之高者曰坟”也；墓则平壤无丘，所谓“墓而不坟”。传至后来，人们把坟与墓统称为“坟墓”。

1. 坟冢建筑的起源与发展

中国丧葬习俗渊源久远，自古代起便习用土葬，但早期墓葬在地面上并没有留下什么特殊的标志；在原始社会的墓葬中，也从未发现过有封土坟头的遗迹。《礼记·檀弓》曰：“古也墓而不坟。”《周易·系辞下》曰：“古之葬者，厚衣之以薪，葬之中野，不封不树。”不封不树，就是不封丘、不植树的意思。可见，封土堆坟和地面建筑的出现，大约自奴隶社会中期的商、周之间就已经开始了。

《礼记》上有一段孔子寻找他父亲之墓的故事，颇能说明封土坟头和植树标记的意义。孔子三岁的时候，父亲叔梁纥就死了。当孔子成年后，想要祭祀一下父亲，却找不到墓地所在。后来经过许多老人的回忆，费了很大的周折才找到。孔子是个重礼的人，他认为祭祀祖先是必要的礼节，于是便在父亲的墓上堆土垒坟，植树作为标志，以便经常前来祭祀悼念。

墓上封土垒坟树标的形式可能在孔子以前就有了，这一故事借孔子之名说明了坟冢的起源。传统文化对丧葬礼仪的影响，以风水学说最为突出，即人在生之时，营建“阳宅”，应求养生之环境，利于存气在神；而逝世之后，安息“阴宅”。

风水学说认为死人要葬于生气之地，生气遇风则散，有水则止，应避风聚水始得生气能再生。故“阴宅”必选择在能使万物生机蓬勃的自然环境之中，并由此生发出一门主要体现“阴宅风水”文化的堪舆学。受此影响，古人认为人死后灵魂永生，将到地下同亲人团聚，继续享受人间的美好生活。同时认为，只有在天然优美的地理环境中，才适宜死去的人灵魂生存，并能荫福于子孙。因而，风水学说被丧葬所重视，在某种程度上坟冢建筑选择风水宝地比厚葬更重要。

2. 坟冢建筑的类型

中国古代墓葬文化观念认为，石是无生命的“死”材料，木是有生命的“活”载体，因此地上建筑多为木结构建筑，而地下墓葬建筑却基本运用石构方式。这种土石建筑特征，尤其在墓室地下结构中表现得极为明显，形成中国古代墓室地下结构的三种主要形态。

(1) 土穴墓

土穴墓，即无棺椁墓，在旧石器时代晚期流行，是原始社会早期一种十分简单的墓穴形式。下葬时在地下挖掘一土坑，以能容纳尸体为标准，无棺椁及尸体包裹。新石器晚期，开始出现葬具，墓葬面积较前扩大。大汶口后期，墓穴坑内四壁用天然木材垒砌，上面用天然木材铺盖。

(2) 木椁墓

已知最早的木椁墓，属于中国新石器时代的大汶口文化晚期，最普遍应用的时期为青铜时代至早期铁器时代，北亚和东欧地区的木椁墓大都属于这一时期。

到了商周时期，国君和贵族都使用木椁墓，并形成一套完备的棺椁制度：棺椁的数目依等级的高低有别，天子棺椁七重、诸侯五重、大夫三重、士再重；与此配套，随葬品中有列鼎制度，即天子九鼎、诸侯七鼎、大夫五鼎、士三鼎。

此外，在中国古代陵寝中著名的“黄肠题凑”，也是木椁墓的一种形式，即在中国古代帝王陵寝的椁室四周，用木枋堆垒的黄肠题凑框形结构。木枋层层平铺叠垒，枋木与椁室壁板垂直，从内侧看只见端头，故名题凑；木枋为无皮柏木制成，色浅黄而称黄肠。这种结构最晚到战国时已

经出现，汉代成为帝王陵墓的重要组成部分。东汉早期木椁墓被砖室墓逐渐代替，题凑之制随之基本消失。

(3) 砖石墓

砖石墓在战国时期就已经出现，西汉开始流行。汉代砖石墓葬，是中国墓葬文化的一次具有里程碑意义的文化，后历经魏晋、南北朝、隋、唐、宋、元、明、清各代，逐渐被各朝各代所认可，成为中国古代流传时间最久的一种丧葬形式。砖石墓的盛行发展了中国丰富多彩的陵墓建筑艺术和文化，使墓室壁画、墓石雕刻等艺术得到空前的繁荣与发展。

第五节　其他墓葬建筑

中国墓葬的形式很多。一般来说，传统上以土葬为主，但是由于疆域辽阔，历史悠久，很多少数民族也存在着其他类型的墓葬文化。下面介绍主要的两种：悬棺墓和衣冠冢。

1. 悬棺墓

中国的悬棺葬制有着悠久的历史，其远在商周时代便已出现。例如，福建武夷山上的船棺，经科学测定为3800年前的遗物，被认为是古代越人先祖所为；其他还有江西贵溪的崖棺，被定为2000年前春秋战国的遗物，其民族被定为干越和瓯越人。

悬棺是一种带有传奇色彩的葬俗，是我国重要的民族文化遗迹。悬棺是中国南方古代少数民族的葬式之一，属崖葬中的一种。一般是在悬崖上凿数孔钉以木桩，将棺木置其上，或将棺木一头置于崖穴中，另一头架于绝壁所钉木桩上人在崖下可见棺木，故名悬棺。“悬棺”一词，来源于《太平御览》卷47引梁陈间顾野王：“地仙之宅，半崖有悬棺数千”一语。悬棺葬用我们至今仍不知晓的方法，将逝者连同装殓他的尺棺高高地悬挂（置）于悬崖半腰的适当位置。葬地的形势各异，归葬的个体方式也略有差别：或于崖壁凿孔，椽木为桩，尺棺就置放在崖桩拓展出来的空间；或在约壁上开凿石龛，尸棺置入龛内；或利用悬崖上的天然岩沟、岩墩、岩洞置放尸棺……

古人为何要将棺材悬置高山绝壁上，也为众人猜疑而多年未获解答的历史之谜。目前，对古人实行悬棺也有数种解释：一说是借音、“高棺（官）”，以使子孙后代显贵；一说是保护先人尸体，不让人、兽侵犯；再一说是实行悬棺的民族过着游猎生活，随山而居，沿山而葬。总之，有关悬棺历史的研究刚刚开始，悬棺之谜有待全面揭开。

2. 衣冠冢

中国古墓葬中的一个奇特现象是“墓中无人”的墓特别多，原因自然是千奇百怪。“衣冠冢”是没有尸骨，只埋着死者衣冠的坟墓。传说中的古圣先贤，全国各地几乎都有他们的衣冠冢，而历史上有些名气的人物，他们死后坟墓也特别多，甚至到了最后闹不清真假，为争坟而打官司。

（1）黄陵

黄陵相传是黄帝的衣冠冢，如果客观地分析，实际上连衣冠是否曾经有过也是一个谜。黄帝仙逝五千余年，这陵又是后人所筑，重要的是表现了华夏儿女缅怀先德，以及对先祖恩泽的感恩。

有关黄陵的传说可谓众说纷纭。相传黄陵系唐代宗时所建。但从黄陵陵园区的《护林碑文》中所能见到的最早记载是宋嘉祐六年修建，按公元纪年推算是在公元 1061 年前后。但是，祭陵亭前现存一土丘，人称“汉武仙台”，相传是汉武帝那次巡朔方还朝时所建，这也是从后人所立石碑上来得到佐证，其余就无一点可证当年的痕迹。从中国的宗教文化上看，无论佛教、道教都是多神教，那些活着的人在人间能做出为人称颂的事情，死后都统统请入寺庙中供奉。人们认为，他们在人间为人杰，死后亦可作鬼雄。中国自秦始皇以后，历经二千多年的帝制，但能在历史上让那些史学家们浓笔重彩书写的，黄帝便是一位，可见人们对其称颂的程度。

因黄帝是中华民族的始祖，皇权时期的皇帝们一个个虽然“贵为天子”，但他们也要定期到黄陵里来顶礼膜拜。历代帝王或亲临或差重臣代为祭扫，现存于轩辕庙里的祭碑仅为明、清两代的，其他朝代没有留下祭碑。

(2) 淮阳太昊陵

太昊是指三皇之首的伏羲氏。伏羲是中华民族心智的先启者，是人类从原始状态步入文明时代的探路人。伏羲陵墓——太昊陵，有两座，一座在河南淮阳，另一座在甘肃天水，以淮阳太昊陵最为著名。每年农历二月初二到三月初三的淮阳太昊陵朝祖盛会，堪称天下第一庙会。

淮阳太昊陵在淮阳县城北部，春秋时已有陵，汉以前有祠。经过历代修缮，在乾隆十年大修后，定成格局。太昊陵的门共有 16 座，其分布与命名很有讲究。午朝门是太昊陵的第一道大门，建于明朝，高 10.35 米，东西两侧相距 24 米，有东天门和西天门。道仪门是太昊陵的第二道大门，旧称通德门，人称“三门”，高 8 米，与午朝门相距 126 米。穿过道仪门是先天门，先天门后是太极门广场。东有外城的东华门和内城的三才门；西有外城的西华门和内城的五行门。太极门广场北与先天门相对的是“太极门”。太极门是太昊陵东西南北的中心，与两仪门、四象门、三才门、五行门等都是依伏羲先天八卦的数理而定名的；太极是派生万物的本原，故有太极门，且居中心位置。两仪门、四象门皆取阴阳天地、春夏秋冬四时而定；三才门、五行门皆取“天地人”三才和“金、木、水、火、土”五行而定。太昊陵门的命名，蕴涵了演绎的过程，是伏羲先天八卦的精髓。

(3) 杨贵妃墓

“马嵬兵变”中杨贵妃被处死后，唐玄宗匆匆如丧家之犬逃往四川。唐肃宗至德二年（公元 757 年），唐朝官军收复了京城，玄宗便从成都回到长安。根据文献记载，他曾密令宦监将杨贵妃迁葬，但是现在的杨贵妃墓到底是原来的墓地还是迁葬后的新墓，至今均无确证。

据说那位奉命迁葬的宦监到了马嵬坡后，到处寻找杨贵妃的墓坑。由于马嵬兵变事起突然，安禄山兵马又在后面紧紧追赶，因为当时众人在道路旁边随便挖了个土坑，将杨贵妃的尸体草率埋了，所以宦监怎么也找不着。这位宦监忧愁万分。他担心，如此回京怎么向唐玄宗交代啊？刚好这时他听见马嵬当地百姓之中流传着一件奇事。据说，杨贵妃在佛殿前的梨树上自缢时遗下了一只靴子和袜子。这些东西被马嵬驿一个驿卒拣到了。

这个驿卒将此物带回家里交给他的母亲保管。他母亲是个在马嵬卖茶的老太太。说来也怪，这靴子和袜子异香扑鼻，几里外都能闻得见。这一来惊动了周围的四村八镇，人们成群结队地跑来观看。这位老太太倒也精明，她规定来看的人每人必须交铜钱两枚。尽管收钱，但是参观者仍然络绎不绝。老太太因此竟发了一笔财，卖大碗茶的营生自然也就停止了。官监听见这个消息后，高兴万分，他找到了老太太，出了个高价买下了靴子和袜子，然后郑重其事地埋在了现在贵妃墓这个地方，回京向唐玄宗复命交差。

前人王文简路过马嵬留下的诗句中有“怨粉愁香委路歧，只有罗袜使人悲”两句，对上面的传说刚好是个印证。如此看来，杨贵妃墓是个“衣冠冢”，大概是没有什么怀疑的了。

第十一章

礼制、宗法建筑

古代中国在两千多年的封建社会历史时期中，不管社会和经济发展到何种程度，统治阶级总是以不变应万变，借助传统农业社会文化的巨大惯性力量和国家权力，维系着以农业为中心的经济结构和以“家国”为网络的社会组织结构。使得中国传统文化成了礼制、宗法宗族制的社会文化，因此也在中国大地上留下了诸多的礼制和宗法建筑。

第一节　礼制、宗法建筑的规划理念

礼制和宗法建筑的兴建是广泛存在但又极其重要的建筑现象，历朝历代都相当重视此类建筑。礼制和宗法制度始终贯穿于中国传统的社会当中，宗族制度则是中国特有的家与国的连线。其他诸如对天地的敬畏，对血缘关系的高度重视，对祖先的顶礼膜拜，对前人经验的极端尊重等，无一不体现出这些礼制、宗法社会文化的特点。

1. 礼制的影响

礼是古代中国人为社会活动而制定的一系列制度、规定以及贯穿其间的思想概念和他们共同遵循的礼节仪式。礼同时也是上层建筑的一部分，它规定了社会中统治阶级和被统治阶级的区分，规定了社会各个等级的尊卑贵贱，因而具有鲜明的阶级性。

礼法最重要的便是分清尊卑亲疏，用国家的力量维护等级森严，换言之，如果没有等级的差别，那么权威无法得到彰显。因此，维护等级森严是最重要的政治目标之一。古代封建社会中，等级渗入到公共生活的每一个角落，官员从佩戴的腰带及饰物、补服上的图案，到出巡的随从，乃至死后的奠仪，都有基于级别的严格规定，任何人不得僭越。据《礼记·坊记》中记载："制国不过千乘，都城不过百雉，家富不过百乘。"受封的诸侯国不可以有超过千乘的军力，城墙不可以有超过高一丈、长三百丈的规模，卿大夫之家不可以有超过百乘的财力；否则，便是越礼，要受到讨伐。可见当时礼制的重要性。

不同时代或地区的礼是有差异的，这种差异跟社会与文化的发展演变有密切的关系。早期的礼与法律、官制之间并没有明确的界限，许多政治、法律方面的规定都见于礼的内容。到了秦、汉以后，官制、法律等与礼的界限才逐渐分明开来，而礼就专指"仪式"了，与现代的观念趋于一致，并在各代此类建筑中全境展现。

2. 宗法制的影响

宗法是中国古代社会血缘关系的一种原则，其主要精神是嫡长继承制。关于宗法制度的系统叙述，最早见于《礼记》的"大传"和"丧服小记"。从《礼记》上看，宗法的实行范围主要在大夫和士的阶层。宗法最基本的特点是大宗、小宗的区分。

君主世袭制，常理是嫡长子继承国君之位，嫡长子以下的次子及各子，其中包括嫡长子的弟弟，即别子，不能与长子（继位的哥哥）同祖，必须分出去自立一家。别子是国公（君）之子，又是未来即位国君的弟弟，所以又叫公子。别子自立一家，成为这一家始祖，这叫别子为祖。

别子的长子、长孙、长曾孙等也按嫡长子继承的制度传家，世世代代以本家始祖的别子为祖，就称为大宗；大宗不会再改变，所以说大宗百世不迁。别子的次子与以下各子称为庶子。同样，别子的长子、孙子等也都有庶子，所有的庶子都称为小宗。小宗的血缘关系超过五世，就脱离了亲戚的关系，这叫做小宗五世则迁。如血缘关系在五世之内的亲属丧葬，要遵守丧服规则，表示哀悼；如果超出五世，就没有丧服的规定。

在由大小宗构成的整个家族中，继承别子的大宗居族长的地位，享有一定的特权，称为宗子。别子作为公子，一般有卿大夫的爵位，贵族的身份，即有宗子承袭。因此，我们可以知道，宗法制与古代的等级制度有不可分割的关系。

先秦的宗法制度，在秦汉以后一直有遗迹存在。汉至唐时，社会崇尚的门阀谱系，与此有关。南宋以后，家谱之学又盛行起来，成为封建时代维系家族的重要纽带。

3. 礼制、宗法建筑

中国礼制、宗法建筑主要包括：坛庙祭祀建筑和祠堂建筑。坛庙祭祀建筑，又可分为祭祀自然界天地山川的祭坛建筑（露天的祭台）和祭祀先灵的祀庙建筑。祠堂建筑包括：祭祀祖先的宗庙、祭祀历史上有贡献的名臣名将、文人武士的庙（殿宇）；诸侯祭祀祖宗的祖祠和普通百姓的宗祠。皇家宗庙（太庙）建筑包括安放神主（牌位）的享殿，斋戒的寝殿（斋宫）或更衣的具服殿，雨雪日拜祭的拜殿，储放祭器、祭品的神橱、神库，屠宰牺牲物的牺牲所或宰牲亭，以及门殿、配殿、井亭等附属建筑。

第二节　祭坛建筑

祭坛建筑早在《考工记》中便有记载：“夏有世室，商有重屋，周有明堂，都是礼制祭祀建筑。”秦时所称的“口”，可能是指坛，也可能是指庙，还可能是坛（高台）上建殿的坛庙混合建筑。到了汉代，坛庙分开，也开始确立祭祀的礼仪等级，至以后各代，坛庙数量日益增多。稷、日月、山川，及其他多种鬼神崇拜为补充的文化体系，由于在中国历史上从其发生起就没有中断，因此必然形成相对稳固的祭祀制度和造就神圣发展的祭祀建筑。各代的祭祀崇拜虽然礼仪时间和仪式有些差异，但基本保持祭祀文化和建筑，直到封建社会结束。中国祭坛建筑一般可以分为：社稷坛、天地坛、日月坛、岳镇坛庙、神灵坛等。

祭坛建筑有广义、狭义的分别。广义的祭坛包括主体建筑和各种附属性建筑；狭义的祭坛，仅指祭坛的主体——祭台。坛在早期除用于祭祀外，也用于举行会盟、誓师、封禅、拜相、拜帅等重大仪式。后来，逐渐成为中国封建社会最高统治者专用的祭祀建筑，规模由简而繁，体形随天、地等祭祀对象的特征而有圆有方，做法由土台演变为砖石包砌，布局呈十字轴线展开。

1. 祭坛建筑的起源与发展

献祭活动反映了先民对世界的理解。古人对生存环境有着无限的敬畏，对自然状态和自然现象等有着极端的依赖，于是便产生了神圣的祭祀文化，出现对神祇、人鬼、物灵的崇拜。例如，为祈雨求风对稷神祭之，为土地丰沃对社神敬之祭祀。

最初的祭祀活动，还只是在旷野进行，后来人们为了吸引神灵的注意，使自己的祈望更快地达于神明，往往利用自然形成的土丘、高岗或山头等较高的地形来构筑祭坛。

祭坛的出现，最早可以追溯到史前人类在露天环境下祭拜自然神的活动。根据《史记》记载，黄帝轩辕氏多次封土为坛，祭祀鬼神山川。后来，在上海崧泽墓地东南的原生土上，发现了距今 6000 余年的马家浜文化时期人工堆筑的祭坛。该祭坛由人工用土堆筑而成。可见，堆土成台，并在台上举行祭奠祖先或神灵等礼仪活动，在距今 4000 多年前的良渚文化中极其盛行。红山文化是距今五六千年间一个在燕山以北、大凌河与西辽河上游流域活动的部落族群创造的农业文化。因最早发现于内蒙古自治区赤峰市郊的红山后遗址而得名。这一区域分布着大量的神庙、祭坛和石冢群。马家浜文化和红山文化时期的祭坛建筑的发现，将人工堆筑祭坛的历史向前推进了一大步。当时祭坛建筑在材料、形制、规模等方面已经表现出相当的复杂性，形制以圆形为主，但在具体构造和建筑规模上却有大的差别。

到了周代，祭坛建筑文化更为发展，设有祭天地、祖先等的坛庙。在王城之内，王宫居中，左是祭祖宗的庙，右是祭社稷的坛，祭坛建筑已经形成基本祭礼，成为周礼的主要部分。这种格局沿袭至唐、宋、元、明、清历代，建筑形制和艺术风格也逐步完善和精美。

2. 祭坛建筑的布局

让我们先来看看祭坛建筑的最初布局。在红山文化的其中一个遗址中，祭坛是以埋葬一个死者的墓坑为中心，按 6.5 米左右的半径放置一圈彩陶碎片，再在这个碎陶片圈上建成一个石围圈，石围圈的两端并不闭合，一端延伸至圈外，好似围圈的入口，在圈外还建有一座石椁墓。另一个遗址的祭坛，总体布局按南北轴线分布，注重对称，有中心和两翼主次之分，主体部分是用石块堆砌的一座方形和一座圆形的象征天圆地方的圆形祭坛和方形祭坛建筑。这种象征天圆地方的圆方结合的建筑形式，一直延续到明清时期北京天坛的兴建。

20 世纪末，在南京发现的距今有 1500 多年的六朝祭坛，是目前发现时代最早、体量最大的封建国家坛类礼仪建筑。这座祭坛位于有“钟山龙蟠”之谓的钟山主峰南麓山嘴，从祭坛选址看，明确地体现了六朝时期都城规划设计思想，严格遵守天干、地支、八卦、五行、四象、阴阳规制，具有鲜明的风水堪舆特征。这个祭坛总体呈方形，契合了古人“天圆地方”的思想；祭坛处在 12 地支的“丑位”上，与当时地处“巳位”的天坛相呼应。祭坛还完整地反映了六朝时期的建筑思想，即舍弃汉朝繁复堆砌的建筑风格，将天然景观与人文景观结合起来，通过自然景观强化人工建筑的美学特征，代表了中国封建社会礼制建筑的典范。

第三节　祭祀建筑

中国传统的祭祀礼仪活动分为“五礼”：吉礼、凶礼、宾礼、军礼、嘉礼。其中，祭祀，属于吉礼，为五礼之首。《左传》有云：“国之大事，在祀与戎。”

近代以来，中华传统祭祀文化一度遭遇人为断层，所以很多人无法理解祭祀的意义和重要性。祭祀的目的在于追思天地或前人的功绩，以教化万民，所以它肃穆、虔诚又不失吉祥、和悦之气氛。《礼记·祭统》有言：“凡治人之道，莫急于礼。礼有五经，莫重于祭。夫祭者，非物自外至者也，自中出生于心也。心怵而奉之以礼，是故唯贤者能尽祭之义。”所以，事实上，祭祀是一种感动和追求的表现形式，是天人合一的完美统一。天人合一的世界观自古以来便为中国人所有，是对宇宙的一种开明、轻松的认识。所以，祭祀天地日月、山川河流是祭祀的重要部分。

1. 祭祀建筑的起源与发展

中国人正式祭祀天地的活动，可追溯到夏朝。帝王自称“天子”，他们对天地非常崇敬。历史上的每一个皇帝都把祭祀天地当成一项非常重要的政治活动。而祭祀建筑在帝王的都城建设中具有举足轻重的地位，必集中人力、物力、财力，以最高的技术水平，最完美的艺术去建造。

历代帝王祭天都遵循周朝礼制，虽然时有增删，但大体变化不大。皇帝按例每年在冬至日“祭天”，登位时也必须“祭告天地”，表示“受命于天”。

(1) 祭天

从汉成帝建始元年开始，按阴阳方位建天地祠于长安城的南北郊，至清代灭亡止，祭天、祭地之坛成为历代都城规划中必不可少的部分。

祭天大礼始于汉代，当时选择在国都南郊设圜丘举行。西汉末年，这种制度被正式确定下来，明确了天（昊天上帝）的至上地位，并成为一个王朝政权合法的标志；而曾受人尊崇的五帝，即苍帝、赤帝、黄帝、白帝、黑帝，在此时则变成了昊天上帝的属神。以后，历代统治者沿袭此制，即在南郊建立圜丘（即天坛）祭天，直至清末。

国之大事祭与戎，因此祭天和阅兵，不是随便哪个官员都能行之，这两项活动是皇帝的特权。只有当皇帝明确下旨，指定大臣代行时，才可以由指定的臣子执行。

(2) 祭地

远古时已有对土地的崇拜，因为古人认为大地生长五谷，养育了万物，包括人类，犹如慈爱的母亲，因此自古就有“父天母地”的说法。

修建各种场所供奉、祭祀地神，求得保佑与恩赐，至少在周朝时已经形成制度。周代祭地的正祭，是每年夏至之日在国都北郊水泽之中的方丘上举行的祭典。水泽，即以水环绕；方丘，指方形祭坛，古人认为地属阴而静，本为方形。水泽、方丘，象征四海环绕大地。祭地礼仪与祭天大致相近，但不用燔燎而用瘗埋，即祭后挖穴将牺牲等祭品埋入土中。祭地用的牺牲取黝黑之色，用玉为黄琮，黄色象征土，琮为方形象征地。

（3）祭社稷

社稷是土神和谷神的总称。社为土神，稷为谷神。土地神和谷神在以农为本的古代中国，是最重要的原始崇拜物。自周以后，社稷神一直是仅次于昊天上帝的重要神祇。

社稷祭礼在周时已成为国家大典。当时的社稷祭祀活动十分普遍，上自天子，下至庶民，其祭典各有不同的制度和规模。天子所祭之社代表“中国”（中原）及四方之地；诸侯所祭代表封国领土；大夫所祭代表封邑；百姓所祭代表本乡本土，其每年仲春、仲秋举行的民间祭祀社稷节日叫“社日”。

祭祀社稷的历史可以追溯到史前时期。西安半坡仰韶文化遗址中发现用陶罐黍稷埋土中献祭土地神的遗迹，说明早在新石器中期的母系氏族社会时代已出现社稷祭祀。商周时代的社稷祭祀形式就较完全了。江苏铜山丘湾出土的商代社稷遗址，用 4 块大石作社主，象征土地四方，大石周围有一些人骨、狗骨，那是祭祀时献享土地神的牺牲。

社稷礼仪制度的本质是古代农业民族的信仰理想的折射和统治者强化国土观念，是崇本重农观念的仪式化的集中体现。

（4）祭日月

在中秋时节祭月的习俗由来已久。据《周礼·典瑞》中记载：“圭璧以祀日月星辰。”《礼记·祭法》中也说：“王宫，祭日也；夜明，祭月也。”在《国语·周语》中更有：“古者先王即有天下，又崇立于上帝明神而敬事之，于是乎有朝日、夕月，以教民尊君。”这些仅是各朝古籍文献中关于祭月记载的一部分。

古时天子以天为父，以地为母，以日为兄，以月为姊，所以天子祭天地有示孝的意义，祭日月有示悌的意义，以此教民。这说明祭月的目的是给百姓做榜样，“教民尊君”。因此，官方将此祭俗推及至民间。

中国古代官府是于秋分那一天的傍晚祭月的，所以祭月在史料中，一直称为“夕月”。从天文学的角度说，中秋节是月亮经过秋分点时与地球最接近的日子，当时秋高气爽，天清云淡，圆月皎洁，所以民间把秋分日祭月改至八月十五是很有道理的。

日月之祭，直至秦代仍然没有形成一定规范。到了魏晋南北朝时期，才形成祭坛建筑格局为“日东月西”，“春分东郊朝日，秋分西郊夕月”的礼制。明、清两代除在春分东郊日坛祭日，秋分西郊月坛祭月外，另外，在祭祀天地等大礼仪时，还进行日、月配祀，诸侯觐见天子行礼时要到南门拜日，到北门拜月。

祭月典礼在等级上较祭日之礼差一些，规模也小。祭祀用牲玉，献舞和祭祀日仪式一样，而乐由七奏改六奏，行三跪六拜大礼。在祭坛周围同样设有神库、神厨、宰牲亭、具服殿、钟楼、燎炉、祭器库、乐器库等一系列附属建筑，为祭月典仪服务。民间的祭月没有那般复杂，而且加进了一些功利的因素，包括祈求团圆、平安等。

综上所述，无论是官方祭月，还是民间祭月，都是人们对道德和幸福生活的一种企盼和向往，它并不是迷信活动，而是一种古老的崇拜现象，是一种完整的民俗文化。

2. 祭祀建筑的布局

祭祀天地的地方叫天地坛，天和地本来是合并在一起祭祀的，设祭的地方名叫大祀殿，是方形十一间的建筑物。

明朝前期祭地与祭天是合并在今天的天坛内举行的，明嘉靖九年（公元 1530 年）定立四郊分祀的制度，改为天地分祀，格局为“天南地北”。按照阴阳五行理论，天属阳，地属阴，南属阳，北属阴，天属上，地属下。因此，祭天之所安于都城之南郊，祭地之所安于都城北郊，正是所谓“一南一北，一阳一阴，一上一下，相互制动，相互对应”的道理。

此时的天地坛已改称为天坛，并在天坛建圜丘坛，专用来祭天。在北郊另建祭地的坛，当时称为方泽坛，嘉靖十三年（公元 1534 年）改叫地坛。原来合祀天地的大祀殿，逐渐废而不用。后来又将原大祀殿改为大享殿，圆形建筑从此开始在祭祀活动中居于主要地位。

3. 祭祀建筑的典范

北京天坛是北京“天地日月”诸坛之首，是我国和世界上现存最大的古代祭祀性建筑群，始建于明永乐十八年，是一座典型坛庙，是明清两代皇帝祭天祈谷的场所。每年孟春祈谷、孟夏祈雨、孟冬祀天。

明朝分建天、地坛，天、地分别祭祀。清入关后，一切仍按明朝旧制。乾隆时期，国力富强，天坛也大兴工程。乾隆皇帝将天坛内外墙垣重建，改土墙为城砖包砌，中部到顶部包砌两层城砖。内坛墙的墙顶宽度缩减为营造四尺八寸，不用檐柱，成为没有廊柱的悬檐走廊。经过改建的天坛内外坛墙更加厚重，周延十余里，成为极壮丽的景观。经清乾隆、光绪帝重修改建后，才形成了现在天坛公园的格局。天坛的主要建筑祈年殿、皇穹宇、圜丘等也均在此时改建，并一直留存至今。

（1）天坛

天坛占地 272 万平方米，整个面积比紫禁城还要大些，有两重垣墙，形成内外坛，坛墙南方北圆，象征天圆地方。圜丘坛在南，祈谷坛在北，二坛同在一条南北轴线上，中间有墙相隔。圜丘坛内主要建筑有圜丘坛、皇穹宇等，祈谷坛内主要建筑有祈年殿、皇乾殿、祈年门等。

天坛的主要建筑均位于内坛，从南到北排列在一条直线上。全部宫殿、坛基都朝南成圆形，以象征天。整个布局和建筑结构都具有独特的风格。

祈年殿

天坛的主体建筑是祈年殿，始建于明永乐十八年（公元 1420 年）。每年皇帝都在这里举行祭天仪式，祈祷风调雨顺、五谷丰登。祈年殿呈圆形，直径 32 米，高 38 米，是一座有鎏金宝顶的三重檐的圆形大殿，殿檐颜色深蓝，是用蓝色琉璃瓦铺砌而成的，因为天是蓝色的，所以以此来象征天。

它在建筑上的出色之处是，祈年殿用 28 根楠木大柱和 36 块互相衔接的榜、桷，支撑着三层连体的殿檐。这些大柱有不同的象征意义：中央四柱叫通天柱，代表四季；中层十二根金柱，代表十二个月；外层十二根檐柱，代表十二时辰；中外层相加二十四根代表二十四节气；三层相加二十八根，代表二十八星宿；加柱顶八根童柱，代表三十六天罡；宝顶下雷公柱，代表皇帝一统天下。其附属建筑有皇乾殿、祈年门、神库、神厨、宰牲亭、燔柴炉、瘗坎、具服台、走牲路及72间长廊等。长廊南面的广场上有七星石，石上镂刻山形云纹图案，是明嘉靖时放置的镇石。

这座大殿坐落在面积达5900多平方米的圆形汉白玉台基上，台基分3层，高6米，每层都有雕花的汉白玉栏杆。这个台基与大殿是不可分的艺术整体。当游人跨出祈年殿的大门，往南望去，只见那条笔直的甬道，往南伸去，一路上门廊重重，越远越小，极目无尽，有一种从天上下来的感觉。难怪一位法国的建筑专家在游览了天坛之后说：摩天大厦比祈年殿高得多，但没有祈年殿那种高大与深邃的意境，达不到祈年殿的艺术高度。这座大殿在公元1889年（清光绪十五年）被雷击起火焚毁。据说，因为当时殿的大柱是用沉香木做的，因此燃烧时，清香的气味，数里之外都可以闻到。翌年，皇帝召集群臣商量重建祈年殿。因找不到图样，掌管国家建筑事务的工部便把曾经参加过祈年殿修缮事务的工匠们召集来，让他们根据记忆、口述制成图样，再施工建造。因此，现在的祈年殿是清代光绪年间的建筑，但是基本建筑形式、结构，还保留着明代的样子。

祈年殿内，天花板处是精致的“九龙藻井”，龙井柱是描金彩绘。殿内中央有一块平面圆形大理石，石面上的花纹，是自然形成的龙凤花纹，一条行龙抱着一只凤凰，这便是“龙凤石”，即“龙凤呈祥”。相传，这块石头上原来只有凤纹，而殿顶藻井内只有雕龙，年长日久，龙、凤有了灵感，金龙常常飞下来找凤石上的凤凰寻欢。不料，有一天正遇见嘉靖皇帝来祭天，在石上跪拜行礼，金龙来不及飞回去，和石上的凤凰一起被嘉靖皇帝压进圆石里面，再也无法出来，从此才变成一深一浅的龙凤石。公元1889年祈年殿被焚烧时，这块龙凤石被烈火熏烧了一个昼夜，石块虽未被烧碎，但龙纹被烧成浅黑色，凤纹被烧得模糊不清。祈年殿前有东、西配殿各9间，称东庑和西庑，是收藏各种神牌位的库房。

明代祭天时，除祭祷皇天上帝外，还要配祭皇族朱氏祖先，以及日、月五星，东、西、南、北、中的五大岳，五小岳的五镇，四海四渎（河湖）、风云雷雨、山川、太岁、道教等各神祇和历代帝王等。

皇乾殿

皇乾殿坐落在祈年墙环绕的矩形院落里，其间有琉璃门相通。这是一座庑殿式大殿，覆盖蓝色的琉璃瓦，下面有汉白玉石栏杆的台基座。它是

专为平时供奉“皇天上帝”和皇帝列祖列宗神牌的殿宇。神牌均供奉在形状像屋宇的神龛里，每逢农历初一、十五，管理祭祀的衙署定时派官员扫尘、上香。祭祀前一天，皇帝到此上香行礼后，由礼部尚书上香，行三跪九叩礼，再由太常寺卿率官员将神牌恭请至龙亭内安放，由銮仪卫的样铒抬至祈年殿内各相应神位安放，受祭。

斋宫

斋宫位于天坛西天门南，坐西朝东，是皇帝来天坛祈谷、祈天前斋戒沐浴的地方。所以，也可以说是一座小皇宫。它建有宫城，宫墙有两层：外层叫砖墙，内城称紫墙。外城主要是防卫设施，在外城四角建有值守房。外城东北角有一座钟楼，每逢皇帝进出斋宫，都要鸣钟迎送。斋宫内城分前、中、后三部分。前部以正殿为中心；后部是皇帝的内宅寝宫；中部是一个狭长的院子，院内两端各有廊瓦房五间，是主管太监和首领太监的值守房。斋宫面积 4 万平方米，有建筑房屋 200 余间，虽不及紫禁城金碧辉煌，但规模也很宏大，而且典雅清幽。明清两朝皇帝均在祭祀前来此“致斋”三日，只有雍正皇帝以后“致斋”的前两日改在紫禁城内斋宫“致斋”，最后一天才迁居天坛斋宫。外围有两重御沟，外沟内岸四周有回廊 163 间。宫面东，正殿 5 间，为无梁殿式供券砖石结构。正殿月台上有斋戒铜人亭和时辰牌位亭，殿后有寝殿 5 间，东北隅有一座钟楼，内悬永乐年制太和钟一口。

神乐署

神乐署在圜丘坛西天门外西北，始建于明朝永乐十八年（公元 1420 年）。神乐署是管理祭天时演奏古乐的机关。明代叫神乐观，当时神乐观的乐舞官、舞生都由道士担任。明朝永乐十八年迁都北京时，有 300 名乐舞生随驾进北京，以后明代神乐观常保持有乐舞生 600 名左右，到嘉靖时乐舞生总人数达 2200 名。

圜丘坛

圜丘坛又称祭天台、拜天台、祭台，是一座露天的三层圆形石坛，为皇帝冬至祭天的地方，始建于明嘉靖九年（公元 1530 年）。清乾隆十四年（公元 1749 年）扩建。坛周长 534 米，坛高 5.2 米，分上、中、下三层，各层栏板望柱及台阶数目均用阳数（又称“天数”，即九的倍数），符“九五”之尊。坛面用艾叶青石砌就。坛面除中心石是圆形外，外围各圈均为扇面形，数目也是阳数。每层都有汉白玉栏板望柱，均为九的倍数。上层栏板72块，中层108块，下层180块，合360周天度数。古人认为九是阳数之极，表示至高至大，皇帝是天子，也至高至大，所以整个圜丘坛都采用九的倍数来表示天子的权威。圜丘坛有外方内圆两重矮墙，象征着天圆地方。圜丘坛的附属建筑有皇穹宇及其配庑、神库、宰牲亭、三库（祭器库、乐器库、棕荐库）等。站在圜丘坛最上层中央的圆石上面虽小声说话，却显得十分洪亮。因此，每当皇帝在这里祭天，其洪亮声音，就如同上天神谕一般，加上祭礼时那庄严的气氛，更具神秘效果。这是因为坛面光滑，声波得以快速地向四面八方传播，碰到周围的石栏，反射回来，与原声会合，则音量加倍。

皇穹宇

皇穹宇位于圜丘坛以北，是存放祭祀神牌的处所，始建于明嘉靖九年（公元1530年），初名泰神殿。嘉靖十七年（公元1538年）改称皇穹宇，为重檐圆攒尖顶建筑。清乾隆十七年（公元1752年）重建，改为鎏金宝顶单檐蓝瓦圆攒尖顶，有东西配庑各五间。其正殿及东西庑共围于一平整光滑的圆墙之内，人们在墙的不同位置面墙说话，站在远处墙边的人，能十分清晰地听到，此为回音壁。皇穹宇台阶下，有三块石板，即回音石。在靠台阶的第一块石板上站立，击掌，可以听到一声回声，站在第二块石板上击一掌，可以听到两声回声，站在第三块石板上击一掌，可以听到三声回声。

回音壁

回音壁就是皇穹宇的围墙。墙壁是用磨砖对缝砌成的，墙头覆着蓝色琉璃瓦。围墙的弧度十分规则，墙面极其光滑整齐，对声波的折射是十分规则的。只要两个人分别站在东、西配殿后，贴墙而立，一个人靠墙向北说话，声波就会沿着墙壁连续折射前进，传到一两百米的另一端，无论说话声音多小，也可以使对方听得清清楚楚，而且声音悠长，堪称奇趣，给人造成一种“天人感应”的神秘气氛。

丹陛桥

丹陛桥以白石筑成。丹陛桥北连祈谷坛，南接圜丘坛，长360米，宽29.4米，南低北高，整个桥体由南向北逐渐升高，南端高约1米，北端高达3米左右。如此设计建造，一则象征皇帝步步高升，寓升天之意；二则以表示从人间到上天有遥远的路程。路面中为“神道”，左为“御道”，右为“王道”（陪臣走的路）。大道下有一东西走向的券洞，叫进牲门。每

次祭祀，都用黄绒线将“牲”捆好，用木盆盛活鱼，击鼓奏乐穿门而过，因此此洞也叫鬼门关。

明明是一条笔直坦荡的大道，为何又称“丹陛桥”呢？原来，道路下辟有一个券洞，与上面的大道正好形成立体交叉，故称为桥。

(2) 地坛

北京地坛坐落在京城安定门外，是明、清两代皇帝祭祀地祇的所在，也是中国历史上连续祭祀时间最长的一座地坛。公元1531～1911年，先后有明、清两代的15位皇帝在此连续祭地长达381年。

地坛分为内坛和外坛，以祭祀为中心，周围建有皇祇室、斋宫、神库、神厨、宰牲亭、钟楼等。它的面积不大，占地为37.3公顷，仅有天坛的1/8左右。举行祭地大典的方泽坛平面为正方形，上层高1.28米，边长20.5米，下层高1.25米，边长35米。初看上去，似乎给人以矮小、简单的感觉。但是，就在这看似一无所有的表象下面，却隐含着象征、对比、透视效果、视错觉、夸大尺度、突出光影等一系列建筑艺术手法，隐含着古代建筑师们的匠心构思。

在古代中国，“天圆地方”的观念源远流长，因此作为祭祀地祇场所的地坛建筑，最突出的一点，就是以象征大地的正方形为几何母题而重复运用。从地坛平面的构成到墙圈、拜台的建造，一系列大小平立面上方向不同的正方形的反复出现，与天坛以象征苍天的圆形为母题而不断重复的情形构成了鲜明的对照。这些重复的方形，不仅具有强烈的象征意义，而且还创造了构图上平稳、协调、安定的建筑形象，而这又与大地平实的本色十分一致。

按照古代天阳地阴的说法，方泽坛坛面的石块均为阴数，即双数，中心是36块较大的方石，纵横各6块；围绕着中心点，上台砌有8圈石块，最内者36块，最外者92块，每圈递增8块；下台同样砌有8圈石块，最内者200块，最外者156块，亦是每圈递增8块；上层共有548个石块，下层共有1024块，两层平台用8级台阶相连。凡此种种，皆是“地方”学说的象征。

方泽坛建筑艺术上的又一突出成就体现在空间节奏的完美处理。建筑设计上采用了加大远景、缩小近景尺寸的手法，大大加强了透视深远的效果。这样的安排还造成了祭拜者的一种特殊的心理节奏：当他沿着神道向祭坛走去时，越向前走，建筑就越是矮小，而祭拜者本人就越是显得高大，当他最终登上祭坛时，自然会有一种凌空抚云、俯瞰尘世之感。

如果说，帝王祭天是为了表现自己是天之骄子，是受命于天的话，那么他们在祭地之时，所要强调的是自己君临大地、统治万民的正统。因此，天坛建筑以突出天的至高无上为主，祭天者被放到了从属地位，而地坛建筑则不然。它虽然也要表现大地的平实与辽阔，但更要突出作为大地主人的君王的威严，要唤起帝王统治万民的神圣感和自豪感。所以，营建地坛的古代中国建筑师们才煞费苦心地做了上述构思与设计。

方泽坛的建筑色彩只用了黄、红、灰、白四色，祭台侧面贴黄色琉璃面砖，既表明其皇家建筑规格，又是地祇的象征。在黄瓦与红墙之间以灰色起过渡作用，整个建筑以白色为主并伴以强烈的红白对比，给人以深刻的印象。红墙庄重、热烈，汉白玉高雅、洁净；红色在视觉上近在眼前，象征尘世，而白色则透视深远的效果，远方苍松翠柏的映衬，又使祭坛的轮廓十分鲜明，更增添了神秘、神圣的色彩。

(3) 月坛

北京月坛又叫夕月坛，明朝嘉靖年间为皇家祭月修造。坐落在北京市西城区月坛北街路南。月坛坐西朝东，祭坛为中心建筑，坛台一层，全部用白石砌成，高 1.5 米，周长 56 米。

月坛的祭坛四周有矮墙环护，西、北、南各有棂星门 1 座，东边为正门，有 3 座棂星门。每年秋分之日都要在这举行祭月典礼，凡丑、辰、未、戌年份，皇帝要亲自参加祭礼，其他年份由大臣代祭。

第四节　庙祠建筑

庙祠与民间的“寺庙”其实是两个概念。庙，是中国古代的宗法礼制性的建筑；寺，是佛教建筑，所以真正意义的庙里没有和尚，只有庙祝（管理守护庙的人）。把寺叫做“庙”，只不过是从俗称而已。

庙祠，一般可以分为古代帝王皇族的家庙（太庙）、古代诸侯的祖庙（宗庙）与黎民百姓祭祀祖先的宗祠，现在基本将宗庙与宗祠祭祀合称为宗庙祭祀。庙祠是古建筑中占有相当重要地位的建筑，古代无论是统治阶级还是平民百姓都十分重视宗庙的营建。《礼记·曲礼》中说："君子将营宫室，宗庙为先，厩库为次，居室为后。"可见，中国人将庙祠建筑置于重要的地位。

1. 庙祠建筑的理念

庙祠等祭祀建筑在早期称为"明堂建筑"。西安半坡、秦安大地湾等仰韶文化建筑的"大房子"，是中国古代最早具有真正建筑意义的祭祀建筑，可视为最早的"明堂建筑"。

商周时期，明堂建筑又称辟雍，发展为周围环绕圆形水渠的十字轴线对称建筑，用"井"字形分隔相邻为九、间隔为五的空间模式。辟雍是商周时期最高等级的礼制建筑，也是象征王权的建筑，诸侯在明堂中朝见天子。天子则在明堂颁布政令，宣讲礼法，祭祀祖先和天地。

春秋战国时期，"礼崩乐坏"，商时期形成的明堂建筑渐趋式微。进入汉朝时期，尤其是东汉因儒学的兴起，明堂被重新重视。东汉的明堂建筑对称性很强，中心极点尤为突出，借以强调皇权的绝对权威和儒学的唯一正统，并融会了阴阳、八卦、五行等内容，增添了神学的象征含义。"明堂辟雍"成为一座建筑两种含义的名称，它是中国古代最高等级的皇家礼制建筑之一。明堂是古代帝王颁布政令，接受朝觐和祭祀天地诸神以及祖先的场所。辟雍即明堂外面环绕的圆形水沟，环水为雍（意为圆满无缺），圆形像辟（辟即璧，皇帝专用的玉制礼器），象征王道教化圆满不绝。

中国西汉元始四年（公元前150年）建造的明堂辟雍，位于长安南门外大道东侧，符合周礼明堂位于"国之阳"的规定。它是一座重要的早期坛庙，外围方院，四面正中有两层的门楼，院外环绕圆形水沟，院内四角建曲尺形配房，中央夯土圆形低台上有折角十字形平面夯土高台遗址。据复原后得知，中央建筑下层四面走廊内各有一厅，每厅各有左右夹室，共为"十二堂"，象征一年的十二个月；中层每面也各有一堂；上层台项中央和四角各有一亭，为金、木、水、火、土五室，祭祀五位天帝。五室间的四面露台用来观察天象。全体各部尺寸又有许多繁琐的数字象征意义。整群建筑十字对称，气度恢弘，符合它包纳天地的身份。

2. 太庙祭祀建筑

庙祠祭祀文化最隆重者莫过于太庙祭祀。太庙是皇家祖庙，其建筑文化源于古时的明堂。明堂是古代天子祭祖敬神、布政施仁的场所，是政教弥合、鬼神观念与人伦纲常思想的特殊产物。它不等于天子宗庙，却具有宗庙祭祀文化的作用；它不同于南郊、北郊、圜丘、方泽之事，却具有祭天祀地、驯良教化的神明功能；它不同于天子宫室大殿，却包含有行政宣治的功用。

商周庙祀实行七庙“昭穆制”，据《礼记·王制》记载：“天子七庙，三昭三穆，与大祖之庙而七。诸侯五庙，二昭二穆，与大祖之庙而五。大夫三庙，一昭一穆，与大祖之庙而三。士一庙。”这里的七、五、三，即指建筑的间数，庶人则无庙，仅在家中供一神龛之位。而“昭穆制”即从太祖计算世系，第二、四、六世为昭，第三、五、七世为穆，太祖居中，左边排列昭庙，右边排列穆庙，太祖百世不迁。七世以上远祖的神主，则需移入太祖庙中专设的夹室中享受合祀，以便让后来死去的人进入宗庙奉祀。

现存下来的皇家祭祀祖先的宗庙——北京太庙，是明、清两代皇帝祭祀祖先的家庙，位于紫禁城的东边，与西边的社稷坛左右相对，形成了“左祖右社”的封建帝都设计格局。它始建于明永乐十八年（公元1420年），占地200余亩，是根据中国古代“敬天法祖”的传统礼制建造的。

明代中期，嘉靖皇帝曾改变太庙合祀的制度，于嘉靖十四年（公元1535年）把太庙一分为九，建立9座庙分祭历代祖先。可是天不遂人意，嘉靖二十年（公元1541年），其中8座庙遭雷火击毁，皇帝和大臣们认为这是祖先不愿分开，通过上天来警告他们。于是，在四年后重建太庙，恢复了同堂异室的合祀制度。

清入关以后，继承了汉族“敬天法祖”的传统礼制，一进入北京城，就把清太祖、太宗等神主供奉在太庙中，原来明朝历代帝王的神位被移送到了历代帝王庙，同时重修了太庙。乾隆即位后，为了自己死后神主能进入太庙奉祀，把明代所修面阔9间的正殿扩建为11开间，把原先为面阔5开间的后殿扩建为9开间，同时添建了一些墙、门及辅助性建筑，形成了今日人们所看到的太庙的规模。

太庙坐北朝南，围墙两重，外垣正面辟正门，门前建石桥。内垣正门为戟门，门前有单孔白石桥5座，桥南左为神库，右为神厨。进戟门至前殿，为太庙正殿，面阔11间，黄琉璃瓦重檐庑殿顶，汉白玉石砌须弥座台基，分三层，俱围以汉白玉护栏，前出宽阔月台，台前御路，殿内金砖墁地。正殿是祭祀先祖列帝之处，东配殿祀配享王公，西配殿祀配享功臣。前殿之后为中殿，面阔9间，黄琉璃瓦庑殿顶，为清代供奉历代帝后神位之处，两厢配殿储存祭器。后殿又称祧庙，是供奉清代远祖神位之所，殿前有墙与中殿相隔，自成院落。太庙西垣共有3座门，分别通天安门、端门、午门，以方便皇帝由紫禁城出入太庙。太庙虽历经修葺，仍大部分保持了明代的建筑法式，是现存最为完整的明代建筑群，其历史和艺术价值极为珍贵。

3. 先圣祭祀建筑

中国是具有人格神崇拜传统的国家，先圣、前贤成了敬奉的对象，文武忠义、孝节贤仁均为祭祀的核心。中国现存的著名先圣祭庙，是祭祀文圣的孔庙和祭祀武圣的关羽庙（又称关帝庙、武庙）。

孔庙以曲阜孔庙和北京孔庙最为著名；关庙以关羽的老家山西解州的关帝庙规模最大，建筑最为壮丽。现存北京的孔庙，是最高等级的文庙，供天子或礼部在这里进行祭祀。北京孔庙旁是最高学府国子监，古称之为太学。其中心的一个建筑叫做“辟雍”，是皇帝讲学之处。除帝都孔庙之外，各州、府、县也均建有孔庙。

一个城市如果既是州府治所，又是县衙所在，那么这城市就有几个等级的文庙。古代一般在孔庙旁边设学堂，学堂也分等级，所谓府学、州学、县学。著名先圣祠庙建筑除北京孔庙、山东曲阜孔庙外，还有云南建水文庙、苏州文庙、山东邹县孟庙、太原晋祠、成都武侯祠、湖南汨罗屈子祠、陕西韩城司马迁祠、杭州岳王庙、四川眉山三苏祠等。

山东曲阜孔庙是祭祀孔子的本庙，是分布在中国、朝鲜、日本、越南、印度尼西亚、新加坡、美国等国家2000多座孔子庙的范本，始建于公元前478年，历经2400多年而从未放弃祭祀，是中国使用时间最长的庙宇，也是中国现存最为著名的古建筑群之一。

孔庙的总体设计是非常成功的。前为神道，两侧栽植松柏，创造出庄严肃穆的气氛，培养谒庙者崇敬的情绪；庙的主体贯穿在一条中轴线上，左右对称，布局严谨。前后九进院落，前三进是引导性庭院，只有一些尺度较小的门坊，院内遍植成行的松柏，浓荫蔽日，创造出使人清心涤念的环境。而在高耸挺拔的苍松古柏间辟出的一条幽深的甬道，既使人感到孔庙历史的悠久，又烘托了孔子思想的深奥。一座座门坊高揭的额匾，极力标榜孔子的功绩，给人以强烈的心理冲击，使人敬仰之情不觉油然而生。第四进以后庭院，建筑雄伟，黄瓦、红墙、绿树，交相辉映，喻示着儒家思想的博大精深、源远流长。孔庙共有建筑 100 余座 460 余间，古建面积约 16000 平方米。主要建筑有金元碑亭、明代奎文阁、杏坛、德佯天地坊等、清代重建的大成殿、寝殿等。金牌亭大木做法具有不少宋式特点，斗拱疏朗，瓜子拱、令拱、慢拱长度依次递增，六铺作里跳减二铺，柱头铺作与补间铺作外观相同等。正殿庭采用廊庑围绕的组合方式是宋金时期常用的封闭式祠庙形制少见的遗例。大成殿、寝殿、奎文阁、杏坛、大成门等建筑采用木石混合结构，也是比较少见的形式。斗拱布置和细部做法灵活，根据需要，每间平身科多少不一，疏密不一，拱长不一，甚至为了弥补视觉上的空缺感，将厢拱、万拱、瓜拱加长，使同一建筑物相邻两间斗拱的拱长不一，同一柱头两边拱长悬殊，这是孔庙建筑的独特做法。

孔庙保存汉代以来历代碑刻 1044 块，有封建皇帝追谥、加封、祭祀孔子和修建孔庙的记录，也有帝王将相、文人学士谒庙的诗文题记。文字有汉文、蒙文、八思巴文、满文，书体有真、草、隶、篆，是研究封建社会政治、经济、文化、艺术的珍贵史料。孔庙著名的石刻艺术品有汉画像石、明清雕镌石柱和明刻圣迹图等。汉画像石有 90 余块，题材丰富广泛，既有人们社会生活的记录，也有历史故事、神话传说的反映。其雕刻技法多样，有线刻、有浮雕，线刻有减地、有剔地、有素地、有线地；浮雕有深有浅，有光面、有糙面。雕刻风格或严谨精细，或豪放粗犷，线条流畅，造型优美。明清雕镌石柱共 74 根，其中减地平镌 56 根，高浮雕 18 根。减地平镌图案多为小幅云龙、凤凰牡丹，清雍正七年刻，崇圣祠刻牡丹、石榴、荷花等花卉，构图优美，是明弘治十七年的遗物。石雕的精品是浮雕龙柱：大成殿前檐十柱，每柱高达六米，最为高大；崇圣祠两柱龙姿矫健，云形活泼，水平最高。另外，圣时门、大成门、大成殿的浅浮雕云龙石陛也有很高的艺术价值。圣迹为明万历二十年（公元 1592 年）据孔庙宋金木刻增补而成，由曲阜儒学生员毛凤翼汇校、扬州杨芝作画、苏

州石工章草上石，共120幅，形象地反映了孔子一生的行迹，是我国较早的大型连环画之一，具有很高的历史价值和艺术价值。

两千多年来，曲阜孔庙屡毁屡修，在国家政权的保护下，由一座私人住宅发展成为规模形制与帝王宫殿比肩的庞大建筑群，延时之久，记载之丰，可以说是人类建筑史上的孤例。

4. 神灵祭祀建筑

神灵祭祀是祭祀神话传说人物来寄托自己的良好愿望，各地的城隍庙、妈祖庙等祠庙，均属于此类建筑。著名的神灵祠庙，有上海城隍庙、中国台湾妈祖庙、都江堰二王庙等。

在祖国的宝岛台湾省，几乎每个县都有几座甚至十几座妈祖庙，福建、广东、港澳乃至南洋、日本也到处都有。妈祖庙又称天妃宫，康熙时将天妃改成天后。据说，妈祖原是北宋莆田湄州屿的孝女，姓林，名默娘。默娘从小聪明颖悟，8岁开始读书，10岁焚香礼佛，13岁得老道指点，顿悟经典真义。28岁时在湄州岛极顶上落海而死。其死后常穿红衣，乘云在岛屿间遨游，拯救遇难船舶。南宋时，默娘的传说在福建沿海极为流行，沿海居民称她为"护海女神"和"妈祖"。元世祖赐封号为"护国明著灵惠协正善庆灵济天妃"。天妃便成为闽人的乡土神祇，随着闽人的足迹传到沿海和南洋各地。

中国台湾最古老的妈祖庙建于明万历年间，在澎湖岛马公镇。云林县北港镇的朝天宫，北港是古笨港的一部分，清代时曾是繁荣的港口，直到光绪末年，因云嘉海岸淤积严重，北港失去港口的优势，才不再作为贸易港口。因镇上的朝天宫为全台妈祖庙的总庙，位尊第一，香火极盛，使得北港在妈祖的庇护下百年不衰，俨然一方宗教胜地。这座庙屋脊上布满"剪粘装饰"的造型，即利用碗片的彩绘和弧度，剪下适用的部分，黏接在各种塑造的物像上，把结构精巧的雕塑装饰得五彩缤纷，富丽堂皇。整座建筑集中国台湾地方艺术之精华，体现了民间艺术和建筑工艺相结合的特点，是中国古建筑中别具特色的一枝奇葩。

5. 祠堂建筑

祠堂建筑是一个家族的象征和中心，又是团结家族、教化族民的“神圣物体”。因此，“人必归族”，“族必有祠”，“效法先祖，不违祖训”，敬厚祖宗的礼制观念也就成为旧时代人们最深刻的社会伦理风尚。

（1）祠堂建筑的起源与发展

建庙祭祖的始源甚远。早在先秦之世，中低等贵族便可在私家领地内设家庙祭祖，但庶民百姓则无权建筑祖庙，只能在自家居室内致祭。

战国以后，社会逐渐发展起“墓祀”，即在墓葬之所祭祀先人的风尚，所以从西汉中期开始，出现了当时称为“祠堂”的墓前建筑。

魏晋至隋唐时期，臣民又以建家庙奉祀为主，至北宋时期仍然盛行。自南宋朱熹著《家礼》以后，臣民家庙改称为祠堂。

入明以来，民间兴建祠堂之风大为盛行。嘉靖帝“许民间皆得联宗立庙”，不仅导致了宗祠遍天下的局面，而且也使民间祭祖不得逾越高祖以下四代的限制被突破。

清代以后，民间建祠依然迅猛发展，在山东、安徽、广东、福建等许多地方都出现了一些规模宏大、建筑精美的祠堂。

（2）祠堂建筑的布局

家祠建筑是祖先的象征，是宗族家室祭祀先祖的地方，是先人的精神象征。家祠祖庙一般的位置是在住宅之东，成“左庙右寝”家庙礼制规范。祠堂用血缘文化的纽带把同族人牢固地联结在一起，形成了一个严密的家族组织体系，是封建中国的“家国”文化与“家族”文化的体现。

家祠建筑一般高大、气派，与各宗族在祭祀上追求隆重的场面相适应，使人在它面前产生肃穆和敬畏之情。参加祭祀有严明的规定，包括与祭人员要穿戴与身份相应的衣冠等。通过参加这种场面宏大、礼节繁多的仪式，可以增强族众对所在宗族的自豪感。有的家族还规定，年龄稍长之后的男孩子都要参加宗族内一些礼义和祭祀活动，让他们从小掌握做人的规范，懂得各种礼节，形成特定的思维模式。祠堂实质上是一个家族精神

教化的圣殿。

通过祭祖，可以促进家族成员之间的情感，强调血缘亲情。参加祭祖活动既是族人的权利，又是族人的义务。这种活动，增强了宗族血缘关系，加深了家族内的相互依附，形成共同的精神和文化寄托。祭祖使人感到了约束与限制，同时获得的是心理上的某种满足感与荣誉感。

祠堂的建筑布置，一般分为三种形式：

第一种，由先祖故居演变而来的祠堂。它主要为祭祀分迁始祖及各门别祖的祠堂，其平面布局依各地民居模式的不同而不同。

第二种，以朱熹《家礼》为蓝本的祠堂。即在正寝之东设置四龛以奉高、曾、祖、考四世神主，这种布局基本上是唐宋时期三品官家庙的形制。宋元及明初的大部分祠堂均属此类。

第三种，独立于居室之外的大型祠堂。其中轴线上，一般布置为“大门—享堂—寝堂”。享堂，是祭祀祖先神主、举行仪式及族众聚会之所；寝堂，则为安放祖先神主之所。一些名宦世家或富商巨贾，往往还在祠堂前增建照壁、牌楼，精美壮观。

(3) 祠堂建筑的典范

祠堂建筑一般都比民宅规模大、质量好。越有权势和财势的家族，他们的祠堂往往越讲究，高大的厅堂、精致的雕饰、上等的用材，成为这个家族光宗耀祖的一种象征。目前尚存的、比较知名的祠堂建筑有南屏祠堂群。

南屏祠堂群

南屏本名叶村，因村西南背倚南屏山而得名。自元朝末年叶姓从祁门白马山迁来后，村庄迅速扩展，明代已形成叶、程、李三大宗族齐聚分治的格局。特别是清代中叶以后，由于三大姓之间的相互攀比，竞争进取，促使南屏村步入鼎盛时期。全村一千多人，却有 36 眼井，72 条巷，300 多幢明清古民居，且村中至今仍保存有相当规模的宗祠、支祠和家祠，被游客誉为“中国古祠堂建筑博物馆”。

位于南屏村心的叶氏宗祠“叙秩堂”，始建于明成化年间，坐东朝西，占地近 2000 平方米。当年大门上端挂有“钦点翰林”、“钦赐翰林”、“钦取知县”等金字匾额，门联为：“石林派衍家声远；武水澜回气象新。”大门两侧有一对用黟县青石精雕细刻的石鼓，非常威严。祠堂共由 80 根粗大的圆柱支撑，分上、中、下三进大厅。大厅为享堂，中厅为祀堂，下厅是吹鼓奏乐之地，也可搭台演戏。

南屏村的支祠与家祠，大多因做官、发财者而建造。建于明弘治年间的叶奎光堂，是当年叶姓祭祀其四世祖叶圭公的会堂，现为县级重点保护文物。圭公名文圭，字天瑞，号南屏，明成化二年岁贡，曾任山西太原府岚县知县。李氏支祠则是祭祀晚清徽商巨贾李宗眉的。

第十二章

都城、城防、关隘建筑

中国古代都城，是历代王朝的政治、经济、军事、文化中心，是历代王朝历史的缩影，是中华文化最为重要的物化载体。在长期发展中，中国都城逐渐形成了“择中而立”、“辨正方位”、“五方为体”的布局原则和“方位在天，礼序在人”的规划准则，将文化观念寓意于城市整体布局之中，形成了中国都城丰富的文化内涵。

城防建筑主要是指城市城垣建筑和长城建筑，作为一种古老的防御工事，尤其能反映各个时期的军事、经济、科技、文化状况，是中华建筑文化的一种独特的物质载体。

第一节　都城建筑

从河南淮阳平粮台中国最古老城市的出现，到春秋战国“筑城以卫君，早郭以守民”，有城、郭之分；从有南北二宫构成轴线，城郭周正，布局较为对称的汉洛阳城的出现，到隋唐郭城、皇城、宫城相套组合，皇城北部为宫城，南部只列衙署和祖、社，规整对称、分区明确的城市的形成；从北宋汴梁城在宫城正门与内城正门之间规划丁字形宫前广场，丰富了宫殿与城市的空间序列，以及里坊制的取消，建筑密集，融政治和商业为一体的城市的出现，到元大都有意识地依据《考工记》的记述进行规划，形成“前朝后市，左祖右社”的中国古代城市的典型式样。中国的城

址都是经过精心选择以后才建城的，而大多数城市的平面布局也是经过了专门规划，因此显得整齐大方，宏伟壮观。

1. 都城建筑的规划理念

中国古代都城的规制、布局，既受政治关系的制约，也受宗法关系的约束，但将整体环境的经营放在建筑设计的首位，是中国建筑的首要特色，成为等级社会的“礼法”制度的一个重要组成部分。考古资料表明，至少从周代起，中国就有了建筑环境整体经营的自觉观念。

《管子·乘马》中说：“凡立国都，非于大山之下，必于广川之上。”说明城市选址首先要考虑到环境这一要素。《周礼》中关于野、都、鄙、乡、里、闾、邑、丘、甸、市等的规划制度，说明当时已有了整齐的大区域规划构思。

除了环境的重要性之外，古代都城从选址、规划到建筑，无不体现了皇权至上的思想和“天人合一”的经营理念。据《周礼·考工记》记载，周朝制度，都城要辟十二座城门：“匠人营国，方九里，旁三门，国中九经九纬，经涂九轨，左祖右社，面朝后市。”“十二”，被古人视为“天之大数”。城门取数十二，正应十二辰之数，而十二辰是具有神秘意义的。

中国古代城市的平面一般为正方形，四面各设三座城门，每座城门又有三个门洞。城里的主要街道或东西向，或南北向，直通这些城门洞，形成经纬交叉状。这样一来，城中干线道路与城市的出入口衔接一体，城门不仅同城墙互为依存，还做了道路塞、行的卡口。这成为历代尊崇的古制。

总之，我国古代都城规划的主要内容可归纳为：“正朝夕”、“水地以县”，而天子之国尤为应该“方九里”、“旁三门”、“有沟树之固”、“前朝后市”、“左祖右社”、“九经九纬”、“经涂九轨”、“市朝一夫”、“王宫门阿五雉”等。这一系列要求正是“礼制”的体现。根据这些要求所营建的都城，一般具有方正严谨、左右对称、棋盘式布局等特点。帝王幽居深宫，体现出九五之尊与天下归一的愿望。例如，北京古城，中间有一条笔直的中轴线，中轴线两侧是对称的街区，城中部有紫禁城宫殿群。整个北京犹如一个完整的协调的艺术品，结构严整，层次分明，布局井然，设计匀称，棋盘状街区格外古朴、完整、协调，还有大量方便舒适的传统住宅四

合院与静谧、优美、凝聚着古老历史的胡同。北京的这一古都风貌，被国外建筑学家称为“世界奇观之一，是一个卓越的纪念物，一个伟大文明的顶峰”。

2. 都城建筑的起源与发展

都城作为一种特殊类型的城市，它的产生是聚落演进的结果；作为政治活动的中心，它又是国家演进的产物。中国古代自有了国家开始就有了都城。中国古代都城有历史文献的记载，从中国第一个王朝——夏王朝以来，大约有 217 座。在中国这 217 座都城里，年代最长的就是西安，其建都大约在 1000 年以上；其次就是接近于西安的建都在 900 年以上的北京，这是建都时间第二长的；第三个就是洛阳，洛阳建都也在 800 年以上。这三大古都在中国历史上具有着特别重要的地位，而且一向是考古工作者特别重视的考察地区。

(1) 夏朝都城

于公元 1959 年在河南省偃师市翟镇乡二里头村发现的二里头遗址，是中国第一个王朝夏朝的都城。该都邑布局严整、缜密规划，开中国古代都城规划制度之先河。后世中国都邑营建制度的许多方面都可以追溯至二里头，如纵横交错的道路网、方正规矩的宫城、宫城内多组具有中轴线规划的建筑群、建筑群中多进院落的布局、坐北朝南的建筑方向以及许多土木建筑技术等。

(2) 商朝都城

到了商代，统治者又在河南郑州建立了更大规模的都城——偃师商城。偃师都城的外圈是一个大的城墙，中间有座小城，是为宫城。

商代的另一个重要都城是安阳殷都。该城沿洹水而建，便于用水和防卫。紧靠洹水南面是宫殿、宗庙区，迄今考古学家们发掘了 50 多座宫殿、宗庙遗址。这些遗址比较集中地分布在小屯东北。它的东面、北面毗邻洹水，且地势较高，不仅在水源上占据有利地位，而且可以防御洹水泛滥。宫殿区的西面、南面挖掘了环绕宫殿的壕沟，既可以分流洹水，又可与洹水连成一体作为防御设施。

在安阳殷墟宫殿区的西北部，有一个叫西北岗的地方，这里发掘了13座大型墓葬，其中有近10座王陵。有了统治者生前活动的中心，有了统治者死后埋葬的中心，那么作为都城安阳殷墟应该是最完整的。这也是迄今为止，在中国古代先秦都城里最完整的都城。

（3）周朝都城

西周的丰镐，位于今天的西安市西南沣河的两岸。考古发现，丰京和镐京的具体范围已经确定，证明丰、镐二京相距甚近，丰京在西，镐京在东，以一桥相通，是一个城市的两个不同功能的分区，完全可以以丰镐相称。

关于丰镐的布局，《周礼·考工记》中记载得十分具体，可以看作是对中国城市平面布局的最早、最完整的记录，它指导了中国都城的平面布局，被视作中国都城平面布局的经典。

《考工记》中说，周朝国都："匠人营国，方九里，旁三门；国中九经九纬，经涂九轨；左祖右社，面朝后市，市朝一夫。"这里的国也就是国都。它是一座方形的城，即方方九里之城。其总体布局为城的每面有3个城门，即都城12门。有南北向的街道9条，东西向的街道9条，即九经九纬。也就是说，通向每个城门的有3条平行的街道，构成左出右入，车从中央的街道格局。经涂9轨，指经纬之途皆"容方九轨，轨谓辙广……凡八尺……积七十二尺，则此涂十二步也"。一步按1.4米计，则每条街道的宽度为16米左右，也是相当宽敞的。左祖右社，指祖庙建在东边，社稷坛建在西边，左右对称。面朝后市，指朝廷要建在王宫南面，或指宫殿大门向南，市场要建在王宫北面，即朝廷在前，市场在后。市朝一夫，指市场的大小如一夫之地，即方百步，东西、南北各长140米左右。由此证明，周代对市场的设置已极为重视，划出一定区域作为交易市场。

丰镐的平面布局是否如此整齐，还有待于考古学家发掘、证实。不过，从东周王城的平面布局和后来中国都城总体布局的特点看，《周礼》的记载应该是可信的。所以，丰镐应该是中国历史上第一座规模宏大、布局严整的都城。

(4) 春秋战国都城

春秋时代，人口是不多的，国都的幅员一般不超过九百丈。卿大夫的都邑只有国都的 1/3、1/5，甚至 1/9 大（见《左传》隐公元年）。卿大夫都邑不能超过规定的规模，否则，将被视为一种越轨行为，是对国君的不敬和威胁。

到战国时代情况就不同了。当时，“城虽大，无过三百丈者，人虽众，无过三千家者”，而到战国，“千丈之城、万家之邑相望也”（《战国策·赵策三》赵奢语）。“三里之城、七里之郭”，已普遍出现。“万家之县”、“万家之邑”也已到处存在。春秋战国期间，晋国知氏迫使魏氏、韩氏共同进围赵的晋阳时，韩康子、魏宣子都被迫送“万家之邑”给知伯；而知过也曾劝知伯和魏、韩相约，在破赵后封其谋臣赵霞、段规以“万家之县”（《战国策·赵策一》、《韩非子·十过篇》）。可见，“万家之都”这个名称，在战国时代也常见了。从这里，可知战国时代都市的人口的确有显著的增加。

在各国的国都中，以齐国都临淄（今山东临淄北）规模为最大，也最繁华。有人曾这样描写临淄的繁荣情况：临淄城中共有 7 万户人家，每家有 3 男子，就有 21 万男子。居民都很富裕。城市中的娱乐，有吹竽、鼓瑟、击筑、弹琴等音乐活动，有斗鸡、走犬、六博、蹹鞠（踢球）等娱乐活动。马路上来往车辆很拥挤，常常车轮和车轮相撞，来往的行人也是肩膀碰着肩膀。人们的衽（衣襟）连起来可以合成帷（围帐），人们的袂（衣袖）举起来可以合成幕，大家一挥汗就好像下雨一般。人们都“家敦而富，志高而扬”（《战国策·齐策一》、《史记·苏秦列传》）。这显示了热闹非凡的一个商业城市的典型特征。临淄城中最繁华的街道叫做庄，是一条直贯外城南北的“六轨之道”。这条街道附近最热闹的市区叫做岳，在北门以内，是市肆和工商业者聚集之所。所谓“庄岳之间”，是战国时代齐国人口最密集且最繁华的地方。

楚国的国都郢也很是热闹。有人这样描写郢的繁荣景象：来往的车辆是车轮碰车轮，行人是肩碰肩，在市中道路上你推我，我挤你，早上穿的新衣服，到晚上就挤破了。

（5）秦汉都城

春秋战国是一个百花齐放、百家争鸣的时代。思想上的百家争鸣，也给都城建筑造成了一种规划上的、归制上和社会形态上的丰富多彩。秦始皇统一六国，结束了这一时期，统一思想，建设了秦咸阳城。秦代所建的都城，规模宏大，在中国古代的都城建设历史上，创造了一个很重要的高峰。

西汉长安城是当时世界上最大的都城。它是围绕渭水南岸秦代旧宫而建，受已有宫殿和渭河走向的限制，轮廓不清楚。全城面积 36 平方公里，开十二座城门，每面三门。城内辟八条纵街、九条横街，已经形成中国古代所谓“豆腐块型”的城市结构，用道路把城市切成一块一块豆腐块形式。在它南面有宗庙，来祭祖；在西南角的下方有社稷，来祭天，祈求农业丰收。

东汉时期，都城迁到洛阳。东汉洛阳城共有十二个城门，东边三门，北边二门，西边三门，南边四门。南北纵行的大街共有五条，东西向横行的大街也是五条，这些大街分别与十二座城门连接。洛阳城有一个特点，在洛阳城的规划里，南北各有一个皇宫。南、北两宫并未形成共同的南北轴线，两宫之间和宫内重要宫殿间用架空的阁道相连。这个时期的都城建设又进入了中国古代都城发展的一个新的时期。从这个时期开始到北魏时代，中国封建社会政治开始从多宫城转为单一宫城，皇权集中制度开始逐渐走向成熟。

（6）魏、晋、南北朝都城

三国时，中国分裂为三个政权，其建筑是东汉之延续。值得注意的是曹魏都城邺城（洛阳）把宫室建在城北，官署居宅设在城南，有一条南北轴线自南而北正对宫殿。它是中国历史上第一座轮廓方正、分区明确、有明显中轴线的都城，对后世都城的发展颇有影响。

两晋南北朝时，北魏统一北方，在洛阳建都。北魏洛阳在西晋洛阳的废墟上重建，建设工程参照西晋洛阳都城宫室遗迹，营造 1 年余，规模初具。7 年后，于京城四面筑居民里坊及外郭。

（7）隋唐都城

隋王朝建立以后，对原来的汉长安城有很多的不满，主要是水质差、水量又少，并且又比较狭小、破旧。于是，就在开皇二年（公元 582 年）由著名的建筑大师宇文恺规划、负责兴建新都城。新都城建在汉长安城的东南，南对终南山与子午谷，北临渭水，东濒浐水和灞水，西眺一片平原与沣河。东北部较高，是龙首原。

隋都城的规模极大，东西长 9721 米，南北长 8651 米，周长 36.7 公里，面积 84 平方公里。如此之大的规模，在当时可算是屈指可数。都城开有 13 座城门，东、南、西各 3 座，北面 4 座。以南面的正门明德门最大，有 5 个门道，中间的门道只供皇帝通行，其他各门只有 3 个门道。城内中轴线北端建宫城，宫城前建中央官署专用的皇城。在中轴线上有一条长 8 公里，宽 150 米的主街，经外城、皇城，直抵宫城正门，北指宫中主殿，气势之壮，前所未有。主街左右用纵横街道分全城为一百零八坊和两市。它是吸收北魏洛阳经验创建的，城市之规整，街道之方正宽阔，宫殿、官署之集中，功能分区之明确，均超过此前之都城。

唐代是中国古代建筑发展上的第二个高峰。唐长安城是在隋大兴城基础上改建、扩建而成，主要是在城郭外的龙首原高地上增建一座大明宫，取代隋的旧宫殿区。大明宫内有宫殿三十多座，其中麟德殿的规模最大。后来又对南部的曲江皇家风景区进行了修整。为了交通的方便，又从大明宫沿东城墙修了夹道，全长达 7970 米。其他还有一些改动，但都不怎么大。

盛世下的隋唐都城，是当时的政治、经济、文化中心，规模宏大，人口众多，万方云集，四海来宾，最兴旺时人口超过了百万以上，成为中世纪时世界上最大的城市。隋唐都城的建设，还影响到了邻国的城市建设，如日本的平城京与平安京都是仿照长安城兴建的。

（8）宋元都城

北宋都城汴梁（今开封）的城市设计和布局，在中国古代城市发展史上举足轻重。它不仅完成了自先秦经汉唐到北宋的都城中轴线的发展，而且经济活动的繁荣冲破了自古以来封闭式的里坊制度，让商业和民居完全走向了融合，这是中国古代城市发展的一个巨大变化，是中国古代城市制度的重大变革。宋代打破唐代都城棋盘式格局的界限，把里坊制的围墙，统统改变成开放式的街道。居民们面街而居，把工商业的经营范围扩大到各个角落，逐渐形成了瓦市和定期市场贸易。

元朝统一全国后，在金中都的基础之上建都城大都。大都城平面成纵长矩形，面积 49 平方公里。大都也在城内建皇城、宫城，但和长安不同，皇城并非放在宫城之前，而是包在宫城周围。大都城东、南、西三面各三门，北面二门。元大都是中国古代最后一座按完善规划平地新建的都城，也是唯一的一座按街巷制创建的新都城。

(9) 明清都城

明朝开国之初的五十三年（公元 1368～1420 年）建都在长江下游的南京。永乐十八年（公元 1420 年）迁都北京后，南京成为明朝的留都。

明代北京城是在元大都基址上稍向南移并新建而成。街道、胡同沿用元大都之旧，皇城、宫城、宫殿则全部新建。北京有一条长 7 公里的南北中轴线，外城的正南门——永定门，就成了北京城中轴线的新起点。中轴线仍然是用于设计北京都城格局的依据，紫禁城内象征皇权的前后六大殿也都在这条中轴线上。皇城、宫城在城内中轴线上稍偏南部。中轴线穿过皇城、宫城的正门、主殿，出皇城墙北以钟鼓楼为结束。“左祖右社，前朝后市”的两个基本点依然保持为都城格局的要点。明朝北京城设有 36 坊，其中，内城有 28 坊，外城 8 坊。坊内外棋盘式的道路网络仍是北京城交通体系的整体格局，仅有个别地方因为自然条件的局限或历史发展的要求形成一些斜街。明在元大都基础上改建成明北京，保存至今，成为 2000 多年中国封建王朝保存下来的唯一都城。明朝北京城对于元大都城的继承与改建，终于将北京城建设成为中国古代历史上最突出的都城范例。北京紫禁城宫殿、太庙、天坛等都是现存最完整、最宏伟的古建筑群，是表现院落式布局的最杰出的范例。

清入关之后，继续定都北京，基本延续了明北京城的格局，未作重大的改变。

3. 都城建筑的布局

中国古代城市大都是方形的，以正方形为主，兼之有长方形，或不等边形。无论怎样，城市的取形基本原则都是方形为主。这与中国的传统文化有密切的关系，中国人崇尚中正，任何情况下都要居中。

《周礼·考工记》中有“匠人营国，方九里，旁三门，国中九经九纬，经涂九轨，左祖右社，前朝后市，市朝一夫”的记载，因此我国从周代起就严格按照这个制度来建造城池，其中有一幅图，名曰“王城图”，成为历史建城的蓝本。

在中国长期的宗法社会中，人们不愿意违反先人的定制，世代相传。在人们的心目中，若是造城，必然采取这个方式。上至首都、皇城，下至州城、府城、县城、镇城等没有不遵照这个制度的，年代久了就成为一种文化。

从西周时代开始，城市是正方形，四面城墙，每面都是三个城门，三条道路通过城门，东西南北都是这样，四周有一条护城河包围全城。这是西周时代规定的制度，后来流传下来。而在沿海沿河、军事用地等建城池，一般都会因地制宜，但“方正”思维仍或多或少会有所体现。

（1）井田制与都城布局

井田制是中国殷周时代实行的一种土地制度，因其把土地画成井字形，故得名。《孟子·滕文公上》上有“方里而井，井九百亩，其中为公田。八家皆私百亩，同养公田。公事毕，然后敢治私事。”的记载。而《诗·大田》上说：“雨我公田，遂及我私。”其他古籍如《周礼》、《汉书·食货志》、《左传》、《韩诗外传》等均有较为详细的记载，其基本内容与孟子所记大致相同。

井田的正中为公田，在公田里有水井，组合为灌溉用。我们常说的一个词叫做“市井”，可见城市与“井”有着极深的渊源。在中国人的观念里，城市是具体而微的宇宙，而房宅是城市的象征。传统四合院建筑的中庭位于建筑物中心，称为“天井”。

井田棋盘方格形式对中国古代城市的布局产生了深远影响。《周礼·考工记》在谈到帝王之都的设计时，描述的就是这种布局。在《考工记》

中认为，国都应是一个正方形的大城，四面各有三座城门，门内有九条宽阔的大道纵横交错；每条路可容九辆车并行。在大城之内，中央部位的南面是朝廷，北方是市场，在朝廷的东面是太庙，西面是社稷坛。

由此，棋盘方格状的布局成为中国古代都城规划的一大特征，成为历代中原王朝都城规划建设中的一大特色。直到今日，许多城市仍采用了这一形式，可见，井田思想影响之深远。

(2) 都城选址的风水考量

中国古代的风水学说，可以说是掺杂了迷信成分的“建筑环境学”，是中国传统建筑理论的重要组成部分。这种风水理论，千百年来一直指导着中国古代的都城规划。

一座城市的建设，首先要选址。中国古人为都城选址的一个重要依据是风水学说。中国历代都城选址的条件是：有充足的水源，以满足生产和生活的用水需要；地区经济繁荣，交通便利，故多位于平原、盆地；具有可防可攻的地理优势，如南京有“龙盘虎踞”之势，北京有“背山带海”的形胜等。

都城附近的山岗，有的是半个山，这样非常忌讳，要有必须是完整的山，圆润的山，绝不可有开崩的半山头。看山时要看是否是山连山，一个接一个，有高有低，如山西天龙山那样，犹如天龙下降，起伏而来，这就是“龙”，有气势，预示这个城市中可能出现大人物或者是大学问家。

根据风水学说，都城南门要远观一马平川，一望无垠，这样气势最佳；出南门远观有山时要有双峰对峙，要在两山之间缺口处，中心线正对南城门，这样出门看双阙，依然一望无际；全城要背部依山，山也不必太高，这样有依靠，一定万年。这在风水学上说“前平后靠”，傍山侧水，都是极佳的地势。

一般来讲，都城背部依山为最佳；否则，后任县官上任之后，看到城市的选址有问题还要进行弥补，如东北角缺山，后空，在那个地方修一个塔，常建文峰塔。文峰塔，又称文塔、文风塔、文星塔、文兴塔、文奎塔、文昌塔等，名称不一。兴建文峰塔的目的是为了振兴当地科举。如果县里几年中没人中举，不出一个人才，那么就要在这个县城的东南角修一座文峰塔。这样，全城才能出人才。

(3) 宫殿和都城的关系

春秋以前宫殿同都城的关系尚待进一步考证。自春秋起，从遗址和实物看，大体分两个阶段。自春秋至唐代，宫城大多在都城中，宫城的一边或两边靠近城墙；唐之后，开始出现宫殿在都城外的情况，甚至有分建两城的。例如，明南京宫殿，今只存午门和东西华门的基座，附着一边城墙或一个城角。

与唐前每朝各为一所独立宫院不同，从北宋起，如北宋开封城、金中都、元大都城、明中都、明清北京城，它们都以外朝三殿比附三朝，宫城处在都城之中，四面为城区所包围。

自春秋至汉代，有些都城内远不止一座宫殿，宫殿之间为居民区，宫内中轴线上前后建两组宫殿。自曹魏邺城起，宫殿集中于都城北部，过桥经承天门、端门，同居民区隔开，御道北端有外五龙桥，宫前干道两侧布置衙署，形成都城的南北轴线。至唐长安城发展成宫城在全城中轴线上，也无官署与民居杂乱交混的弊病。后来宋汴梁城、元大都城、明清北京城继承了这种格局。

4. 都城建筑的典范

中国有着悠久灿烂的历史，曾经出现过许多伟大的都城。如今，有些都城仍然存在，并发挥着各种功能；而有些已经湮灭，我们只能根据残存的地基与文献来还原它们的样貌。

(1) 汉长安城

2200 多年前，西汉定都长安，即现在的陕西省西安市西北部，并在此延续了二百余年的统治。西汉是中国古代最繁荣的时期之一，都城长安曾与古罗马并列为古代东西方两大都会。

都城历史

汉高祖五年（公元前 202 年），刘邦开始在渭河以南、秦兴乐宫的基础上重修宫殿，命名为长乐宫。高祖七年（公元前 200 年）命萧何建造了未央宫，同一年由栎阳城迁都至此，因地处长安乡，故命名为长安城。

汉惠帝元年（公元前194年）起修筑城墙。惠帝三年春（公元前192年），修筑达到高潮，先后征发了14万人筑墙，到五年秋（公元前190年）建成。汉武帝继位后，对长安城进行了大规模扩建，兴建北宫、桂宫和明光宫，在城南开太学，在城西扩充了秦朝的上林苑，开凿昆明池，建筑建章宫等。至此，经过近一百年的兴建，汉长安城的规模始告齐备。

在西汉的二百余年历史里，长安一直是全国的政治、经济和文化中心，也是丝绸之路的东端起点，繁盛一时。汉平帝元始二年（公元2年）时，城中有8.8万户，24.6万人，成为中国历史上第一座规模庞大、居民众多的城市。西汉末年，长安城毁于战火。东汉定都洛阳，以长安为西京。汉末，洛阳被董卓纵火烧毁后，汉献帝曾迁回长安居住。此后的西晋末年、前赵、前秦、后秦、西魏、北周等政权也都将首都设在这里。隋朝初年，隋文帝认为汉长安城过于狭小和破旧，于是命宇文恺在东南方兴建新的都城。自开皇三年（公元583年）迁都大兴城（即唐长安城）后，有着近八百年历史的汉长安城便被永久地废弃了。

都城布局

据考古发现，汉长安城分11个区、8条大街及12个城门。8条大街宽度基本相同，都在45～55米左右。这显然是出自统一规划。

汉长安城的平面呈方形，但并不规整。由于城墙在长乐宫和未央宫建成之后才开始兴建，因此为了迁就二宫和河流的位置，形成南墙曲折如南斗六星，北墙曲折如北斗七星的形状，有“斗城”之称。城墙全部用黄土夯砌而成，高12米，基宽12～16米，墙外有宽8米、深3米的城壕沟。据实测，东墙长6000米，西墙长4900米，南墙长7600米，北墙长7200米，合计25700米。城内面积约36平方公里。

城墙四面各开3座城门，每座城门都有3个门道，合计12门、36门道，与张衡《西京赋》所述“方轨十二”、“三涂洞开”等相吻合。门道一般宽约8米，恰好相当于当时4个车轨的距离。城门上原有木构门楼，西汉末年被焚毁。

城内的大街都与城门相通。主要街道有8条，相互交叉。其中最长的安门大街长5500米，其余多在3000米左右。道路一般宽约45米，路面以水沟间隔分成3股，中间的御道宽20米，专供皇帝通行，两侧的边道各宽12米，供官吏和平民行走。为美化环境，路旁还栽植了槐、榆、松、柏等各种树木。

当时城内人口约有24万，如果连周围的卫星城镇计算在内的话，人口可达120万。城内不同的区域，包括宫殿政治区、贵族豪宅区、普通居民区、手工作坊区、商业区等，与现代城市布局有几分相似。

汉长安城的布局和形制与《周礼·考工记》基本相符。它一改战国时期大小城相套的格局，把居民区、工商业区和宫殿区集中在一座城市里，后世的都城都沿用了这一体系。

都城城郊

上林苑是一组巨大的宫廷御苑群，位于长安城西，秦代时已有，汉武帝建元三年（公元前138年）经扩充和改建后，有离宫别馆数十处，周长达100多公里。据《汉旧仪》和司马相如《上林赋》的记载，苑内豢养百兽，“长安八水”也尽在其中。此外，还有训练水军的昆明池、种植蔬菜的温室等。

上林苑最主要的建筑是建章宫，与未央宫隔衢相望，有飞阁相连。因为不受城墙的限制，所以宫城规模特别庞大，豪华程度也更甚于未央宫。宫墙周长10余公里，南面开正门阊阖门，门内有别凤阙。北门和东门外也分别有阙，名北阙和凤阙，后者的遗迹至今尚存。宫城由36座殿宇组成，号称“千门万户”。此外，宫域北部还有太液池，池中起高台，并有蓬莱、方丈和瀛洲三岛。西汉末年，王莽为建造宗庙，拆毁了此宫以及附近宫室多处。

汉武帝为训练水军，在上林苑内开凿了昆明池。目前其遗迹是一片洼地，面积10余平方公里。池中有一高地是当时的岛屿，应为豫章馆之所在。东西两岸有牵牛、织女石像，高3米多，至今保存完好。池畔还有多处建筑物的基址，为宣曲宫、白杨宫、细柳宫等的遗址。

王莽执政时，将长安改名为常安，并在城南郊按儒家传统的礼制观念和汉代流行的阴阳五行学说兴建了辟雍、灵台、泰一和九庙等礼制建筑。目前能明确辨认的是辟雍和九庙的遗址。辟雍的平面外圆内方，中为一圆形夯土台，上有平面呈“亚”字形的主体建筑。其周围是边长235米的夯土围墙，四周辟门，墙外还有直径360米的圆形圜水沟。九庙遗址有12处基址，其中11处被一堵边长1400米的方形围墙包围，另一处在南墙的外侧中部。所有基址的形制相同，中央为平面呈“亚”字形的主体建筑，四周是方形围墙，墙上四面辟门。

汉长安城周围尤其是北墙附近分布着不少制陶、铸钱和冶炼的作坊。

其中规模最大的是 1994 年发现的上林苑兆伦铸钱遗址，也就是西汉时的国家造币中心“上林三官”。其遗址位于今陕西省户县大王镇南兆伦村，南北长约 1500 米，东西宽约 600 米，面积达 90 万平方米。遗址的南部多瓦砾，其北有坩埚残块、铜渣、灰堆等堆积。遗址中北部有许多铸钱残范坑和废弃钱范堆积，其中还出土有陶拍、定位销、青铜工具等文物。据文献记载，“五铢钱”即诞生于此。

(2) 北魏洛阳城

洛阳是我国七大古都之一，由于地理位置适中，在经济、军事上都占有重要地位，因此多朝均建都于此。洛阳成为全国或北方的政治中心达 300 年之久。

总体布局

北魏洛阳城平面近于长方形，南北约合汉代九里，东西约合汉代六里，俗称“九六城”。东西北三面城垣至今尚存，南垣毁于洛水。城周长约 13 千米。洛阳城共设 12 个城门，东西各 3 门，北有 2 门，南面 4 门。城内主要街道纵横交错，共 24 段，宽 20～40 米不等，均 3 道并行，公卿尚书等走中道，一般行人走左右道。城内有南北二宫，中间有复道相连。

宫城位于京城偏北，京城居于外郭的中轴线上。官署、太庙和永宁寺 9 层木塔，都在宫城前御道两侧。城南还设有灵台、名堂和太学。市场集中在城东的洛阳小市和城西的洛阳大市两处，外国商人则集中在南郭门外四通市。据《洛阳伽蓝记》记载，北魏洛阳居民有 10 万 9000 余户，加上皇室、军队、佛寺等，人口当在六七十万以上。城郭之间采用里坊制，里坊的规模是 1 里 300 步见方，每里开 4 座门，每门有里正 2 人，吏 4 人，门士 8 人，管理里中住户，可见当时对居民控制是很严的。

北魏洛阳城内树木也是很多的，登高而望，可以看到“宫厥壮丽，列树成行”。洛水所经，两岸亦多植柳树。

都城毁灭

从晋惠帝末年至北魏统一北方的 130 多年间，北方陷入长期分裂割据的局面，历史上称这一时期为“五胡十六国”。公元 318 年，司马睿在建康（今江苏南京）称帝，即晋元帝，史称东晋。因此，这一时期又称为“东晋十六国”时期。

十六国时期对洛阳造成毁坏最为严重的是刘渊建立的汉国和其后刘曜

建立的前赵及石勒建立的后赵。刘渊曾两次大举进攻洛阳，刘渊死后，刘聪做了汉皇帝。公元 311 年，王弥、刘曜率兵攻克洛阳城，西晋王朝消亡。后来，在石勒与刘曜对垒时，洛阳又是主要战场，对洛阳的破坏是极为严重的。

东晋之后，南方先后出现了宋、齐、梁、陈四个朝代，史称“南朝”；北方是北魏，后来又分裂为东魏、西魏和北齐、北周，史称“北朝”。所以，这个时期又称“南北朝”时期。北魏太和十九年（公元 495）孝文帝迁都洛阳，对汉魏故城进行了大规模改造与扩建，至宣武帝时建成规模宏伟的北魏洛阳城，使这个惨遭倾覆的都城再度繁荣起来。

东魏天平元年（公元 534 年），迁都邺城，拆毁洛阳宫殿。元象元年（公元 538 年）在东、西魏邙山之役中，北魏洛阳城化为废墟。遗址在今洛阳市区东 15 千米处。

（3）北宋汴梁

汴梁，又称东京，是中国北宋的都城，在今河南省开封市。其历史可上溯到战国魏惠王“徙治大梁”。唐建中二年，宣武军节度使李勉筑汴州城。五代时，后周在汴梁建都，在原来城市的基础上进行了较大的改建和扩充。公元 955 年建新城，把原来旧城保留在内，形成了相套起来的城郭，称为“罗城”。同时，对旧城进行改造，开拓街坊，这些建设为北宋汴梁奠立了基础。金代后期也曾以此地为都。因历年来黄河泛滥，古代城址现已深埋于地下。

都城特点

汴梁的外城“方圆四十余里”，是 10 世纪至 12 世纪间世界上最大的城市。这个城市是当时全国的政治、经济和文化中心。它的对外交通运输主要是靠汴河。汴河是隋代大运河的一段，宋代《东京梦华录》记载：“汴河自西京（洛阳）洛口分水入京城，东去至泗州入淮，远东南之纹，凡东南方物，自此入京城，公私仰给焉。”可见它的重要性。漕运在当时的作用超过陆运。

汴梁由于在政治、经济上的重要地位，商业和手工业特别繁盛，人口不断增加，引起了城市结构很大的变化。除了封建统治阶级的奢侈生活消费品需要从市场获得供应外，一般市民也和商品市场发生越来越密切的联系。商业活动是早晚不息，出现了经常的“夜市”。这样，城区内比较集中的市场已经不能适应商业发展的需要。汴梁及当时的扬州、杭州都出现了商业建筑和商业街道，城市的基本布局不再沿袭汉、唐长安城那样以封闭的里坊为主的规划结构。

都城布局

在城市结构上，北宋汴梁城市的特点之一是有汴河、蔡河等“四水贯都”。河上和城市街道交叉的地点都建造有各式的桥梁。宋朝张择端绘的《清明上河图》部分地反映了这时城市的面貌和居民的生活情况，对城郭、河桥及民居、商店建筑也作了真实的表现。据《东京梦华录》记载汴河上“有桥十三，从东水门外七里曰‘虹桥’，其桥无柱，皆以巨木虚架，饰以丹雘，宛如飞虹”。两者可以互相补充和印证。

市内人烟稠密，房屋以两三层高的为多。所谓“三楼相高、五楼相向”，促使多层建筑的发展。特别是大酒店等，临街修楼、后面建“露台”；金银彩帛交易之所，“屋宇雄壮、门面广阔”。望火楼等新类型建筑，也因城市防火的要求而产生。《东京梦华录》记载：“每坊巷三百步许，有军巡铺屋一所。又于高处砖砌望火楼，楼上有人卓望，下有官屋数间，屯驻军兵百余人。”

汴梁城中有很多河道。修在河埠上的桥梁，如“虹桥”高耸是为便利行船；修在主干道上的桥梁，如正中“御街”上的大石桥，桥形低平，便于行人车马的往来。一些石桥的工程和形式、装饰处理都很讲究，梁柱、栏杆都采用很好的石材，近桥两岸砌石壁，雕刻海马、水兽、飞云等。

北宋汴梁城中的宫殿在内城，据《东京梦华录》记载，它的范围“方圆约二十里许，南壁正南曰朱雀门，大内正门宣德楼。御街，自宣德楼一直南去，两边乃御廊，中心御道。有砖石瓷砌御沟水两道，宣和间尽植莲荷，近岸植桃李梨杏，杂花相间，春夏之间，望之如绣”。布局的特点就是在宫门前布置廊厢，开辟出类似广场的空间。这种形式对后代元、明、清宫城前的“千步廊”有明显的影响。

根据很多文献记载，北宋汴梁“不似隋唐两京（长安、洛阳）之预为布置，官私建置均随环境展拓”。实际上到了北宋末年，城市建设中产生更为严重的情况是，官府或官僚、地主、富商在城市中扩大修建，常一次拆移百、十户的民宅，而使他们流离失所。

城市结构

北宋的东京城因袭五代旧城，从开始就没有封闭的里坊。以坊巷为骨

架的东京，城市面貌颇具特色，有诸多变化：其一，主要街道成为繁华商业街，皇城正南的御道两旁有御廊，允许商人交易，州桥以东、以西和御街店铺林立，潘楼街也为繁华街区。其二，住宅与商店分段布置，如州桥以北为住宅，州桥以南为店铺。其三，有的街道住宅与商店混杂，如马行街。其四，集中的市与商业街并存，如大相国寺，被称为“瓦市”，其“中庭、两庑可容万人”，“每一交易，动计千万”。在一些街区还存在夜市，如马行街“夜市直至三更尽，才五更又复开张”，有许多酒楼、餐馆通宵营业。《清明上河图》真实地反映了东京商业街的面貌。此外，随着经济的发展和文化的繁荣，出现了集中的娱乐场所——瓦子，由各种杂技、游艺表演的勾栏、茶楼、酒馆组成，全城有五六处。

北宋时期，汴梁人口近百万。城三重相套，第二重内城即唐时州城，史载“周二十里五十步”，内城中心偏北为州衙改建成的宫城，最外的郭城为后周显德二年（公元 955 年）扩建，周长 40 余里。由宫城正门宣德门向南，通过汴河上的州桥及内城正门朱雀门到达郭城正门南薰门，是全城纵轴；州桥附近有东西向的干道与纵轴相交，为全城横轴。这些都和汉魏邺城以来都城的布局相似。在宫城外东北有皇家园林艮岳，城内有寺观 70 余处，城外有大型园林金明池和琼林苑，这些都丰富了城市景观。汴梁首次在宫城正门和内城正门间设置了“丁”字形纵向广场。这些，都对以后直至明清的都城布局产生了很大影响。

汴梁城内的宫殿，如正朝的大庆殿、文德殿和紫宸殿及正宫的福宁宫，都在中央的南北轴线上，保持一定的纵深部署。其中，大庆殿前侧分设两楼，这样以东西配楼来加强中轴线的建筑格局是前代所没有的。

北宋宫殿修建，规模不如隋唐，但“朝寝丽若琼瑶”，并且在“艮岳”造园中从遥远的太湖湖区取大量的花石。历史记载所谓转运“花石纲”的情况：“朱勔于太湖取石，高广数丈，载以大舟，挽以千夫，凿河、断桥、毁堰、拆墉，数月乃至。”从这片段的记载中可以看出这些奢侈的修建，劳民伤财。历史上统治阶级役使劳动人民修建宫殿、苑囿，实际在材料转运中所耗费的劳力比直接用在修建上的更为浩大繁重。

北宋汴梁在城防工程上也较前代更为严密。《东京梦华录》说明城防的情况：“外城城壕阔十余丈，城门皆瓮城三层，屈曲开门；跨河有铁闸门；新城每百步设‘马面’、战棚、密置‘女头’；城里，‘牙道’，各植榆柳成荫；每二百步置一防城库，贮守御之器。”

宫殿建筑，实际上是取材于全国，集中全国的技术，配合各种艺术和工艺。在北宋宫殿修建中，当时有名的人物如丁谓（曾作宰相）和刘文通（画家）等都参加了设计、施工及装饰、壁画等工作。北宋时城垣等的营建和修缮还设有专门的修造司。宋《营造法式》中也有“筑城功限”的规定。

（4）元大都

蒙古灭金后，建立元朝，在金中都旁边另建新都。大都城设计时曾参照《周礼·考工记》中“九经九轨”、“前朝后市”、“左祖右社”的记载，规模宏伟、规划严整、设施完善。

都城结构

元大都因系择址新建，城市规划不受旧格局约束，所以其居民区与金中都新旧坊制混合形式不同，全部为开放形式的街巷。

元大都城的主要街道呈南北向，与东西干道共同构成了50个坊。元大都的坊皆以街道为界线，虽有坊门，但无坊墙，坊门只不过是标志而已。坊内的住宅坐北朝南，用于通行的胡同和小街则沿着南北大街的东西两侧平行展开。相对的城门之间均有宽敞平直的大道。纵横交叉的街道宽窄有明确的规定：胡同六步阔，小街十二步阔，大街二十四步阔；规划整齐，经纬分明。《马可·波罗游记》写道：“全城的设计都用直线规划。大体上，所有街道全是笔直走向，直达城根。一个人若登城站在城门上，朝正前方远望，便可看见对面城墙的城门。城内公共街道两侧，有各种各样的商店和货摊……整个城市按四方形布置，如同一块棋盘。”今北京东直门（元崇仁门）至朝阳门（元齐化门）之间仍保存的东西向胡同也是元大都城规划的统一格式。今北京东西长安街以北的街道，因同在元大都和明北平（北京）城内，所以改动不大，至今仍多保留元大都时期的格局。元大都城街道的布局，奠定了今日北京城的基本格局。

元大都城有中心台，是城市东西南北的中心，这在中国城市建筑史上尚属首创。实际情况是，中心台距元大都南北城垣相等，但距城东垣比西垣略近些。中心台占地一亩，其旁有中心阁。《析津志》载：“中心台在中心阁西十五步。”在中心台正南有石碑，刻“中心之台”四字。中心阁在中心台之东，正位于大都城的中轴线上。《析津志》又载：“齐政楼，都城之丽谯也。东中心阁。”齐政楼即元大都城的鼓楼，其在中心阁西，亦即大都中轴线西，位于今北京旧鼓楼大街。明代时，将鼓楼和其北的钟楼向东移至今北京鼓楼、钟楼位置，亦即城市中轴线上。元大都鼓楼上置有壶漏、鼓角等计时、报时工具；钟楼上有阁楼，飞檐三重，内置大钟，声响洪亮，全城遍闻。

钟、鼓楼是元朝统治者控制大都的工具之一。《马可·波罗游记》写道："新都的中央，耸立着一座高楼，上面悬着一口大钟，每夜鸣钟报时。第三次钟响后，任何人都不得在街上行走。除非遇有紧急事务，如孕妇分娩或有人生病，非出外请医生不可者可以例外。但是，如果遇到这种情况，外出的人必须提灯。""夜间，有三四十人一队的巡逻兵，在街头不断巡逻，随时查看有没有人在宵禁时间——即第三次钟响后——离家外出。被查获者立即逮捕监禁。"

都城布局

中国古代都城布局，大多依据《考工记》所提出的规划方案，都城为方形形制，四壁各设三门。

实际上历代兴建都城之际，都要根据实际需要对《考工记》方案作出适当的调整，完全按《考工记》规定建造的都城并不存在。虽然元大都是体现《考工记》规划思想最为彻底的一座都城，但也有与《考工记》不相合的地方，北墙不依"旁三门"，只开安贞、健德两门即为一例。元大都北墙只开两门的原因很可能是风水学说在起作用。

古代建筑布局讲究"气"，世间万物和人的生存环境都与气有关。对这种"气"，《葬书·内篇》中说："聚之使不散，行之则有止，故谓之风水。"正因为如此，古人建城，安居择墓，必先选择"藏风聚气"的兴旺之地，"求其城郭密固，使气之有聚"。依风水之观点，南属阳，北属阴。元大都是一座规整而对称的城市，如南北两垣均辟开三门的话，因城门南北相对，那么阳气从南门进入大都城后，沿中轴线北行，经皇城、宫城至北墙，气即由中门而泄，乃属不吉之形。为防"气泄"之弊端，由是设计者将北墙改为二门，以实现"挡气"之目的。

元大都北墙只开二门在风水上还有一种含义。我国古人认为：在一至十这几个数字当中，一、三、五、七、九五个奇数为阳数，二、四、六、八、十五个偶数为阴数。而南为阳，北为阴，故大都南垣取阳，辟建三门，北门就阴，只设两门，此即大都城北墙只开两门之缘由。

都城特点

元朝统治疆域十分广阔，作为京师的元大都城，因为是政治中心和文化中心，所以人烟稠密，商业经济十分繁荣。仅《析津志》所载，元大都城内外的商业行市即达30余种。其中，米市、面市、缎子市、皮帽市、帽子市、穷汉市、鹅鸭市、珠子市、沙剌市（即珍宝市）、柴炭市、铁器市，皆在今北京积水潭北的钟、鼓楼一带，这是因为南方来的漕运船只皆停泊在积水潭上的缘故。

《析津志》描述其地盛况时说："钟楼之东南转角街市俱是针铺。西斜街（今北京积水潭东北）临海子，率多歌台酒馆，有望湖亭，昔日皆贵官游赏之地。楼之左右俱有果木饼面柴炭器用之属。"又云："钟楼……本朝富庶殷实莫盛于此。"

大都钟、鼓楼一带是元大都最繁华的商业区，因这里沿积水潭北岸是一条斜街（今北京鼓楼西大街），所以又称斜街市。顺承门内羊角市也是大都城内繁华之地，有羊市、马市、牛市、骆驼市、驴骡市、穷汉市，买卖奴隶的人市也在此处，其址大约在今北京西城区甘石桥至西四一带。

此外，和义门、顺承门、安贞门外各有果市，中书省前（今北京南河沿大街以东）有文籍市、纸札市，翰林院东（今北京旧鼓楼大街东北）有靴市，丽正门外三桥、文明门丁字街、和义门外各有菜市等。市场上出售的商品，除一些日常生活用品为当地产品外，很多商品来自全国各地。当时，海运大开，河运通畅，"川陕豪商，吴楚大贾，飞帆一苇，径抵辇下"，为大都城提供了丰富商品。当然，这些商品中，更多的是供达官显贵享用的珍贵皮毛、奇珍异宝。据《马可·波罗游记》记述：在大都市场上做生意的不但有中国境内南北的豪商巨贾，而且还有远自中亚、南亚的商人，"凡世界上最为稀奇珍贵的东西，都能在这座城市找到，特别是印度的商品，如宝石、珍珠、药材和香料"。"根据登记表明，用马车和驮马载运生丝到京城的，每日不下一千辆次。"

元大都城和境内外其他地区的这种经济关系，也从一个侧面反映出其作为封建社会都城的经济特点。

(5) 明清北京城

北京是中国历史上最后两代封建王朝明和清的都城，而明清北京都城又是在元大都的基础上建立的。其设计规划体现了中国古代城市规划的最高成就，被称为“地球表面上，人类最伟大的个体工程”。

明代北京城

明清北京城的前身为元大都城。1368 年（洪武元年）8 月，明朝将军徐达攻陷元大都。由于元顺帝不战而逃，徐达拆毁了元大都城的皇宫“以杀王气”，另行建造了皇宫紫禁城。都城并未受到破坏，完整地保留了下来。但是由于城池过大，不利于防守，于是徐达决定将北城墙向南移 2.8 公里，放弃城北的城市建设预留用地。同时，用城砖将城墙外侧包砌起来，以提高其防守能力。

1403 年，明成祖朱棣夺取王位后，为阻击北方游牧政权向南方的渗透，下令把国都从南京迁到北京。在元大都的基础上，集中中国历代城市建设的经验，进行了大规模的改建和扩建，建成紫禁城宫殿、太庙、太社稷、万岁山、太液池、十王府、皇太孙府、五府六部衙门、钟鼓楼，同时将南城墙南移 0.8 公里，以修建皇城。1421 年（永乐十九年）正式迁都北京。此后又在北京南郊修建了天地坛和山川先农坛。

北京城建成后，曾多次面临蒙古瓦剌部的入侵，1476 年（成化十二年）有人提出在京城外加筑外城的建议。1550 年（嘉靖二十九年）开始修筑前三门外的关厢城（三座独立于城门之外的小城），但由于需要拆迁的店铺、民房甚多，民情汹惧，工程不久便停止了。

1553 年（嘉靖三十二年）又决定利用元大都土城遗址，四面环绕修筑京城外郭城。最初规划的外城长 70 里，东西 17 里，南北 18 里，设城门 11 座、敌台 176 座，西直门外和通惠河设置水闸两处，其他低洼地带设置水关八处。

明代的北京城设计布局严整，以紫禁城为中心，城城包围，每城都有既宽又深的护城河，紫禁城（宫城）、皇城、内城、外城四重城市布局形制代替元代里、中、外三重城建规制。

紫禁城南北长约 960 米，东西长约 760 米，由数个院落组成，殿宇数千间，矩形平面，建筑面积约 15 万平方米，占地 72 公顷，四周城墙高 10 余米，长约 3 公里，并有 50 多米宽的护城河。皇城南为大明门（今天安门），北为北安门（今地安门），东为东安门，西为西安门。皇城前，左有祭祖的太庙，右有社稷坛，符合《考工记》中“前朝后市，左祖右社”的规制。皇城的两侧和背后布置住宅和市场。

内城开 9 个门，即东直门、朝阳门、崇文门、正阳门、宣武门、阜成门、西直门、德胜门、安定门，城墙外有护城河。外城开有东便门、广渠门、左安门、右安门、永定门、广安门、西便门 7 个城门，也修有护城河。

北京城中有一条举世闻名的中轴线，从南端的永定门向北，经正阳门、紫禁城、景山到鼓楼、钟楼，最后收尾于北城墙，长达 7.5 公里，纵贯城市南北，成为城市的骨干。城中的大小宫殿和最重要的建筑都沿这一轴线布置，组成一体，其他建筑则基本上均衡地摆放于轴线两侧。街巷、道路大体沿用元大都格局，除局部地区因水系地形而灵活布局外，基本上形成互相垂直的格网。

清代北京城

清代北京城基本沿袭明朝北京城的格局，只是将大明门改成大清门（民国时改为中华门，解放后被拆除），把皇城南门承天门改为天安门，北门为地安门，中央各部衙门布置在天安门之南、大清门之北的宫廷广场两侧。

《周礼·考工记》提出的理想城市布局在几千年的城市建设中虽没有完整地付诸实际，但是元大都和明清北京城建筑则基本依照周礼制度布局，是中国古代理想城市建筑的具体体现。

北京的城门有“内九外七皇城四”的说法。这实际上说的是这座古城的三套周边系统。“内九”门，即明代叶盛《水东日记》所言“九门：朝阳、东直、西直、阜成、正阳、崇文、宣武、安定、德胜”。这九门，南面三座，其余三面各两座，围成又一四方周边。这九门对于当年的京都是至关重要的。清代有个要职叫“九门提督”，是掌管京师警卫和九门门禁的高级武官。这九个城门名称，在如今的北京地名称谓中保持着极高的使用频率。内九门由于各自的地理位置似乎各有了“分工”。

正阳门。元称丽正门，俗称“前门”，与地安门（俗称后门）南北呼应。正阳门因皇帝龙车出入此门，又称“国门”。走“龙车”。正阳门位于内城南垣的正中，是皇帝专用的，皇上每年两次出正阳门，一次是冬季，到天坛祭天，另一次是惊蛰，到先农坛去耕地。这两次出行，都要走正阳门。

朝阳门。元称齐化门，朝阳门内多粮仓，是粮道。逢京都填仓之节日，往来粮车络绎不绝。“朝阳谷穗”为南粮北运的第一位喜迎神。所以，朝阳门的城门洞顶上，刻着一个谷穗儿。粮食进了朝阳门，就存放在附近

的粮仓之中。现在朝阳门内的地名还有“禄米仓”、“海运仓”、“新太仓”等，那都是当年存放粮食的仓库。

东直门。元称崇仁门，走砖瓦、木材车。过去的砖窑都设在东直门外，从南方运来的木材也从东直门进城。此门为京华九门中最贫之门，以郊外盆窑小贩、日用杂品占据瓮城为主，但瓮城庙中的药王雕像极为精细，市人称“东直雕像”。

阜城门。元称平则门，与朝阳门东西两方遥遥相对。阜成门离京西门头沟最近，运煤车走此门。故瓮城门洞内由煤栈客商募捐刻梅花一束记之。“梅”与“煤”谐音，每当北风呼号，漫天皆白，烘炉四周之人皆赞：“阜成梅花报暖春。”

西直门。元称和义门，是东直门的姐妹门。过去的皇帝，不喝城里的水，嫌城里水苦，专门喝玉泉山的水。西直门是从玉泉山进城的近路，成了运水车的入城之门。西直门的城门洞上面刻着水的波纹，俗称“西直水纹”。

崇文门。元称文明门，俗称“哈德门”、“海岱门”。崇文门以瓮城左首镇海寺内镇海铁龟著名。崇文门是酒道，当年佳酿美酒多从涿州等地运来，进北京要走南路，这样，运酒的车先进外城的左安门，再到崇文门上税。清代《听雨丛谈》记载：“都城崇文门税课司，俗称税务司，又曰务上。”那时京城卖酒的招牌要写“南路烧酒”几个字，意思是上过税了。清末杨柳青年画中有幅《秋江晚渡》，画上有面酒幌，上面写着“南路”、“干酒”字样，即反映了这种情形。

德胜门。元称健德门，德胜门走兵车。德胜门在京城北边。北方按星宿属玄武，玄武主刀兵，所以出兵打仗，一般从北门出城。之所以取名叫德胜门，寄语于“德胜”二字。

安定门。元称安贞门。此门为出兵征战得胜而归收兵之门。假如吃了败仗仍然要走此门，争取下次“安定”。实际上，安定门走的是粪车，因为以前地坛附近是北京主要的粪场。之所以说成兵车回城，其实是一种名称的雅化，就跟臭皮胡同改成受壁胡同，牛蹄胡同改成留题胡同一样。

宣武门。宣武门居西，西属金，主杀，死刑犯在城门外的菜市口行刑前，由此门押出。宣武门的城门洞顶上刻着三个大字“后悔迟”，可谓意味深长。

1911年清朝灭亡后，对北京城池进行改建，为改善交通和修筑环城铁路，先后拆除了正阳门、朝阳门、宣武门、东直门、安定门的瓮城，皇城城墙和东安门。1924 年在内城城墙上新开和平门，1937 年开辟启明门（建国门）和长安门（复兴门）（这两个其实是豁口）。

目前，北京城池遗存的只有正阳门城楼、箭楼，德胜门箭楼，东南角楼，内城护城河北段，以及北京站和西便门两处城墙残余，另外永定门被重建。

此外，上文提到的“外七”是指西便门、广安门、右安门、永定门、左安门、广渠门、东便门。这七座城门，处于与内城相连的外城。七座城门南面三座，东西各两座，形成拱北之势。“城四”指大清门、地安门、东安门、西安门，这是皇城的出入口，四门连成古城的核心层次。

第二节　城防建筑

中国古代城防建筑主要是指长城建筑和城市城垣建筑，作为一种古老防御工事，尤其能反映各个时期的军事、经济、科技、文化状况，是中华建筑文化的一种独特的物质载体。

1. 城防建筑的规划理念

中国古代建筑，在设计中就考虑到如何进行防御，怎样具有防御保卫性能。大部分建筑、大多数城池都是从军事防御的角度出发修建的。如住宅大墙、望楼、门楼望孔、炮台、角楼等，都是军事防御性的设施；又如万里长城、关门、烽火台、狼烟台、便门、马道、垛口、角楼等。

城防建筑一般建有城门楼。东汉以后，除唐、宋、元的门楼是单层以外，重要的城门楼多是多层建筑，如汉函谷关东门的三层门楼和隋洛阳城的天门二层门楼。城墙上还筑起女墙、雉堞（城垛口）。后来随着筑城技术的发展，又在城墙的外壁增筑向外凸出的敌台（又叫马面）。城门门道，唐以前为过梁式木构城门，宋元因城门跨度大而建成三边形的城门顶。

古代时期的县城在建设中同样会有军事城、军粮城、战城等防御工程。甚至一座佛寺、一座庙宇有时也要为它建造城防。例如，河南垒山寺和青海瞿昙寺也都是为寺而建的城池，都采用方块形作为城墙，相当坚

实，至今保存完整。

2. 城防建筑的起源与发展

中国在殷商时期就已经出现大型城防建筑。1983 年，考古发现的偃师商城遗址西城墙，就是用夯土筑墙法筑成的土城墙。

夯土筑墙法具有原始的古朴气息。城墙是用夯土打实、夯实筑成的，也就是用当地黄土或黑土，用夯打得紧固，一层一层地打，每一层打到 15 厘米的厚度，这就叫作夯层；按层打夯，每层都夯得很紧。为了把城墙做得坚固耐久，就要把城墙的墙面不做成直线的，而是上部墙面向内收起成为“侧脚”。这样做法，城墙墙体十分稳固，不容易倒塌。

一般来说，城墙的厚度，下部为 4 米，上部为 3.5 米，高度 7～10 米，不甚相同。几乎每座城墙基本上都是这样做的。城墙墙体宽大，而且有 7～10 米的高度，所以用土量是相当大的。

修筑城墙的工程是相当浩大的，主要是土工工程量浩大。例如，取土、拉土、运土，把土运到墙上，而且经过夯打。用土做城墙是十分坚固的、耐久的，它的防御性很强。夯土筑城的城门与角楼处，要将城墙宽度放宽，与城墙做法相同，要在下部做一个夯洞（筒券），上部继续夯土，墙的顶上用砖平铺，然后立柱，修建一层房屋，形成城楼。

其实城楼只是一个标志，突出一座房屋是为了从远处便知城之位置。同时，它也是一种防御性设施。一方面可以窥视敌人，另一方面里面有洞眼，可以射箭防御。

到了明代，国势发达，经济繁荣，有能力制砖，城墙开始大量运用砖石结构，大部分城墙与规模巨大的长城都用砖包砌了，夯土围墙的城墙渐渐减少。明清时期，因制砖工艺的提高，筑砖围城迅速发展成主要的建城模式。

城砖比房屋用的砖块尺度宽长，城砖用白灰浆砌筑。凡是砖砌的城墙，其表皮用砖，基座都用石条砌筑，石条高度不甚相等，有的地方 1 米，有的地方 2 米，在石条的顶部再砌砖墙墙体，砌到一定高度时再做垛口、枪眼。城墙的基础、台基之所以全部用石材，为的是防湿。有的县城在建设时，减少对石块之搬运力，用石滚拉入城墙垫底，例如，河南浚县城、舞阳县城在当年都是这样做的。

有许多地方烧的砖质量不佳，土里含大量碱的成分，一遇到湿润或水泡，砖块返碱，砖块随之而成为粉状。所以，在这些部位，当刮风时，吹起地上的土，存入砖槽中，易生长树木。北京城墙、南京城墙以及山西等各地县城的城墙都生长许多树，由小到大，由细到粗，树根错节，伸入城墙墙体之中。这样一来，优点是给全城带来一种古老的气氛，但是对城墙的墙体影响很大，使墙体砖块外涨，影响城砖的平坦。

3. 城防建筑的布局

中国古代的城防建筑，主要由城墙建筑、城关建筑和护城河组成。

城墙建筑、城关建筑是指建筑于城墙边的一种方周形墙体防御工事，墙体上窄下宽，呈梯形，墙体上建有城楼、角楼、箭楼、马面、垛口、宇墙，整体形成完整的城防体系。

护城河是指在城墙防御工事前挖掘出的一道人工水壕，水壕充满水和一些荆棘性阻碍设施，水道两边用吊桥与城门相连，将吊桥拉起时，城成了一座被水壕包围的封闭性区域。在古代短兵器时代，这是防御进攻的最有效的军事工程。

现存的北京城门或者其他地方的城门洞口的式样，基本上都是券门洞。券门洞即是半圆形的门洞，这个式样的券洞发明得很早，一般用于房屋与墓葬，到元代开始才大量地用于城门上。

早期的城门洞口都做成方形或者圭角形，是由木梁来支承建楼，在砖墙上用圆木成排地平铺基础之上，在圆木上往上砌砖，上部再建城楼，这是土办法，也是砖土结合的方式。在这样构造的情况下，挑木即梁与砖打接之处易于腐烂，所以在梁的端部贴城墙洞口是一排木柱，木柱柱头再支承顺梁，梁面贴于排梁之底面，这就加固了其承压力。所以，在门洞口的外观就成为这个式样，出现圭角形城门口的式样。

唐宋时期这种做法十分普遍，到了元朝，砌砖技术更进一步发展，所以城门洞口的木梁、排梁全部取消，改为用砖砌拱的办法，由墙体一直与拱砖门洞口上的顶砖全部连成一体，这样即坚固又耐久，非常稳定。因此，券门建造较普遍并流传起来。元代上都城残址（在内蒙古多伦县境内）残存的城门洞即是券门的式样。

城墙并非一条直线，有的相互错开，有的不直通。虽然用砖砌出，也

同样会砌出弧形。在城墙墙体的侧面还要砌出马面。马面是宋代名词，就是在墙体的外楼建一个方垛，大小为5×8米左右，从外表看与城墙相同，这是为防御敌人攻城、保卫城池的一项设施。宋代时也称为硬楼、软楼等。

马面的使用是为了与城墙互为作用，消除城下死角，自上而下从三面攻击敌人。它的一般宽度为12～20米，凸出墙体外表面8～12米，间距为20～250米（一般为70米）。符合宋陈规《守城录·守城机要》中的记载："马面，旧制六十步立一座，跳出城外，不减二丈，阔狭随地利不定，两边直觑城角，其上皆有楼子。"使用冷兵器的时代，这个距离恰好在弓矢投石的有效射程之内。马面这个名称，首先见于《墨子》中的《备梯》与《备高临》二篇，其中所说的"行城"即"马面"，表明至少在战国时已被用于城市防御了。

从目前考古资料来看，最早在城墙上构筑马面的是燕下都的宫殿区，以后有汉魏洛阳金墉城北壁的"墩台"，但直到北宋才被普遍使用。现存最早的马面实物，见于甘肃夏和县北的汉代边城八角城。它的内城尚存马面五处，西南及西北各两处，东南一处。马面宽12.2～38.5米、长6.7～11.7米不等，为非对称式，是依据需要而设。

中原地区现已发现马面的最早实例是北魏洛阳城，在它的北墙广莫门西侧发现马面一处，平面大体呈方形，凸出城墙外侧11.7米（约相当于城厚的2/3），正面宽度约13米。另外，在西墙北端的承明门北，也发现有马面的残余。在以后的实物遗留及考古发掘中，我们还可以看到北宋汴京外城、元上都等城池，在其外侧均筑有马面。

在城墙的里边还建有马道，这是为人们登上城墙之用。马道建于城台内侧的漫坡道，一般为左右对称。坡道表面为陡砖砌法，利用砖的棱面形成涩脚，俗称"礓"，便于马匹、车辆上下。在古代城防体系中，马道是一项不可或缺的设施。马道连着城里的民、城上的兵，连着城里的人心向背和城上的血雨腥风。待到刀枪入库、马放南山时，马道又成了沟通城乡的首选——扒个豁口好通行。

在军事战略上还有一种是战马城。城墙只修外面，与其他城一样，但在城里边不做墙面而是做斜的土坡。这样做，一方面为了节省城砖，另一方面，主要是为了战争时，人们可从城内四面八方登上城头，不用局部的马道。这种方法，战力、防御性更强。

4. 城防建筑的典范

中国最著名的古城墙遗存，有西安古城墙、南京古城墙、平遥古城墙、赣州古城墙和丽江古城墙，其中以赣州古城墙最具代表意义。

赣州古城墙是唐末客家人卢光稠扩城后奠定的基础，当时是土城，后来因江水岁岁冲坏土城。至北宋嘉祐年间（公元1056～1063年），孔宗瀚任赣州知州，开始用砖修筑城墙。现在全国还有不少保存较好的城墙，如西安、南京等，但是这些地方的砖城墙都是明代洪武年间以后的，包括北京万里长城。唯独赣州的城墙是北宋的。

后来经过南宋、元、明、清、民国，历时900多年的不断修缮、加固，使赣州城形成了一道周长6.5公里，高大雄伟的城墙。而且护城河、墙垛、城楼、警铺、马面、炮城等设施齐全，整个城池开有西津门、镇南门、百胜门、建春门、涌金门5座城门，其中前3座城门还有二重或三重瓮城。

清朝咸丰年间，为了防止太平军攻城，又在赣州城的主要交通要道口兴建了东门、小南门、大南门、西津门、八境台5座炮城。赣州因城池非常坚固，又有江水相助，易守难攻，有“铁城赣州”之称。太平军两次攻城，中央苏区时期红军六次攻城，都没有攻破。

尤为珍贵的是，现在古城墙上仍保留有数以万计的带有文字的城砖，这种砖被称为铭文砖，上面载有不同时代的不同内容，主要的是年代、督造者、窑烧造者等。据调查统计，共有各种不同内容的铭文城砖521种，最早的一种铭文砖记有北宋熙宁二年（公元1069年），最晚的一种铭文砖记于民国四年（公元1915年）。这一传统一直保留到现在，成为赣州的一部历史巨著，记载着赣州古城的兴衰、嬗变。

第三节　长城建筑

在西方人的眼里，长城已是中国古代军事与战争的化身。从南朝刘宋政权时起，“长城”已经不仅仅是一道军事防御工程的实体，“万里长城”已成了保国卫疆将士的借喻，具有了国防上的象征意义。

1. 长城建筑概述

“长城”一词，始见于战国时期的文献，系指齐、燕等国建于其边界的防御工程。汉代人所说的“长城”，则专指秦始皇统一中国后所修筑的万里长城，至于汉代所修筑的长城，则被统称为“塞”。以后各代将前朝与本朝所修的边防工事，统称为“长城”。

因朝代不同，修筑形式的差异等因素，我国古文献中对长城的称谓不尽一致，诸如列城、方城、亭障、塞、堑洛、界壕、边墙等，实际上均指长城。迄至今日，“长城”一词又有广、狭二义：广义的长城是针对中国古代所有的巨型军事工程体系而言；狭义的长城，则特指中国北方防御游牧民族南下的万里长城。

2. 周家寨楚长城

中国城防建筑在商代已初具规模，春秋时期呈蔓延之势，但真正被世人所瞩目者，莫过于春秋时期就开始的长城建筑。经考证，最早修筑长城的是楚国。现存楚长城比较知名的为周家寨长城，位于河南省南召县板山坪镇南3公里处华山（古名金斗关）。

周家寨楚长城实际上是一组石垒城防建筑。石城墙周围六座山峰连接起来形成防御性石城，有内城，并且在石城南部三个崇峻的山峰顶端自东而西排列三个城堡，占地约20平方公里。

南召境内楚长城保存较为完好，从防御方向来看，南召属于东部长城，但南召地形复杂，因此长城是由一个个列城连接而成，形成了点线结合的防御系统，绵绵数百里，构成了古代石垒建筑的奇迹。

楚长城的型制是单护栏型，一边防御，另一边走人，城墙上有雉堞。大部分都有支线式复线，一般在主要山峰上都建有石城堡，并有燧峰台，这是春秋时期楚国疆域变化而形成的。

这个长城的建筑方法有些不同，它是使用粗加工或未经加工的毛石干垒而成，并根据地形的凹凸变化有平垒、斜垒、斜立垒等不同建筑形式。

楚长城的建筑材料皆取山上现成石料，少量有凿迹，大量是毛石，虽然石块参差，但大小石块堆放得体，错落有致。即便是就地取材，建造的工量也非常可观，数万人得要十年的工夫来修建。

楚长城保存至今，历经风雨，已有两千多年的历史，如按春秋长城建筑算，当是地面遗存中较早的建筑，而同期的木构建筑，早已灰飞烟灭。用石头构筑城防、修建军事设施和营房坚固耐用，就地取石、干垒城墙的建筑方式简单易行，原始、粗糙，显然是当时建筑的施工方式，但被永久保留下来了，成为永久的建筑，而楚国华美、崇高的章华台只能留在历史记载当中。

3. 少数民族长城建筑

许多人对秦始皇、汉武帝以及明代所修的长城印象极深，有的甚至还产生了只有汉族统治者才修长城的误会。其实，作为中国古代各个政权之间长期军事斗争的产物，不仅许多中原汉族政权修建长城，而且许多少数民族的统治者，在建立了政权以后，为保卫自己的安全，防御外来的侵扰，也曾大规模地修筑长城。例如，北魏、东魏、北齐、北周和金朝都修筑过长城，而且金朝所修筑的长城还相当长，仅次于秦、汉和明长城。

在一般人的心目中，长城只是东西横亘在中国北方大地上的一条固定不变的防线，更有人把今天所能看到的明长城误认为是秦长城。其实由于地理气候的变化等原因，有些段落的长城比秦长城南移了数百里。我国历代修筑的长城，大大小小纵横数十条，短者数百里，长者万余里，其具体方位和走向是互不相同的，并不是一条固定不变的长城线。从公元前 7～6 世纪的春秋时代开始，直至公元 17 世纪的明朝末年，长城的修筑持续了 2000 余年。在这个漫长的历史进程中，少数民族政权为长城的修筑作出了卓越的贡献。

春秋战国时期是长城的初建期，就其修筑动机而言，此时的长城可以分为各诸侯国相互防范及秦、赵、燕三国为防范北方游牧民族而建的长城两大类，前者的修筑时期早于后者。秦始皇与汉武帝掀起了长城修建史上的前两次高潮，为支持对匈奴的战争，在东起辽东，西至罗布泊的辽阔北疆，出现了两条规模宏大的万里长城。东汉至两晋时期战乱频仍，形成了长城修建史上的间歇期。其后便是北朝诸政权为长城的修建制造了一个高潮，直到隋代，还数次修缮旧有的长城。但在唐、五代、宋、辽的数百年间，长城的修建基本上处于停顿状态。女真人所建的金朝曾费 70 年之功，

把长城的修造第四次推向高潮。蒙古族建立的元朝，疆域广大，大漠南北大部归其所有，因此直到元朝，少数民族修建长城才算暂时告一段落。

4. 明万里长城

明万里长城是中国历史上修筑的规模最大、历时最长、工程最坚固、设备最完善的最后一道长城。明朝因为一直面临着北方瓦剌、鞑靼及女真的威胁，所以在其277年的统治期间，大部分时间都忙于长城的修筑。明代这条中国古史上费时最久的长城，东起鸭绿江畔，西止嘉峪关旁，是横亘在中国北方的第三条万里长城。它以其最为浩大的工程量，最为先进的构筑技术和最为完善的防御体系，把古代长城的修建推至最后的也是最高的潮头。

自明洪武年间开始至万历时止，先后历时100多年。明代长城的主体是城墙，多建筑在分水岭线蜿蜒曲折的山脉上，墙高3～8米，顶宽4～6米，呈现石墙、夯土墙、砖墙的地区特点，一般相距约100米就建有城墙敌楼。敌楼有空心与实心两种，既有瞭望之用又兼击射之功。城墙上还筑有齿形雉堞，用作掩护。明代长城西起嘉峪关，东至山海关，全长6350多公里。沿线分段设立九个重镇：辽东、宣府、大同、榆林（延绥）、宁夏、甘肃、蓟州、太原（在偏关）、固原，亦称为“九边”，派驻重兵，分兵把守，以加强军事防卫。它东起横贯中国河北、天津、北京、内蒙古、山西、陕西、宁夏、甘肃等省、自治区和直辖市。这就是今天的人们所能相对完整看到在秦长城基础上扩建的“延袤万余里”而闻名中外的“万里长城”。

万里长城是世界建筑史上的一个奇迹，其建筑持续时间之长、形制规模之雄伟、分布范围之辽阔、影响之深远巨大为世界古城建筑之最，被誉为世界第七大奇迹。其以雄伟壮观的英姿，雄踞我国北部河山；以2000多年的历史，6350公里的万里防线，一展中华帝国的泱泱大气；以古代举火为号传达军情的军事文化，让世人惊叹不已。修筑万里长城这样庞大而艰巨的工程，反映了当时测量、规划设计、建筑和工程管理的高超水平，表现了中华民族的雄伟气魄和聪明才智，凝聚着古代劳动人民的血汗和智慧，不仅是中国人民的骄傲，而且也是世界文明的宝贵遗产。

第四节　关隘建筑

关，原指门闩、通口，出入的要道；隘，指狭小险要，紧要的卡口。关隘，就是交通要塞、战略重地，更多地具有军事上的意义，即所谓“设险以守，据关以卫”。《易经》中也说“王公设险，以守其国”。

古代军事武器的现实状况，决定了“关隘”在战争中的巨大作用。所以，中国的城防建筑对城关建筑尤其重视。

1. 关隘建筑的规划理念和布局

关隘建筑至少在春秋时期已经出现，战国时期则已大量运用于战事了。关口要隘平时据以稽查行旅，战时用以防御来犯之敌。各朝各代选择建造关隘的地方大同小异，通常选择和构筑在具有重要战略、战术价值和敌我必争的高山峻岭之上，深沟峡谷之中；依山傍水的咽喉之地，或能控制江河海湾的要地。有的就设置在长城之上，有的则在离长城很远的地方。关隘处要建关城、关塞、关堡。

关城、关塞、关堡通常建于关津要隘之处。从地形上说，关城所处位置要能控制内外通路，而且选择建造关隘关城的地势要险峻，应该达到易守难攻的目的。关隘上所构筑的关城，是军事防线上起支撑骨干作用的守御要点，是和长城防线在某一地区的安危直接相关的。关隘的关城，能驻扎和部署较多的兵力，储备足够的兵器、粮食和军用物资，既能直接供应和支援关城所管辖范围内军事战线上的防御作战，又能封锁突破口、保障边境内的国土安全，是组织兵力反击入侵之敌和堵塞突破口的有力支撑。明代长城防线在九边的各个镇内，这种关城、关塞、关堡等很多，其中著名的关城，如山海关、居庸关和八达岭、雁门关和嘉峪关。

2. 关隘建筑的典范

中国古代历朝对关隘建筑都极为重视，至封建后期的明清时，关隘数量犹如天之繁星，遍布全国，其中比较著名的有被称之为“天下第一关”

的山海关和娘子关。

(1) 天下第一关

山海关古称榆关，也作渝关，又名临闾关，建于明朝洪武十四年（公元1381年），距今已有六百年的悠久历史。它北倚群峦叠翠的燕山之麓，南临烟波浩淼的渤海之滨；长城纵贯其间，雄关紧扼要隘，形势险峻如虎踞龙盘；历史上作为著名的军事要塞，自古为兵家的必争之地，素有“天下第一关”之称。

山海关在秦皇岛市以东10多公里处，是明长城东端的起点。据史料记载，山海关自公元1381年建关设卫，至今已有600多年的历史，自古即为我国的军事重镇。山海关的城池，周长约4公里，是一座小城，整个城池与长城相连，以城为关。城高14米，厚7米。全城有四座主要城门，并有多种古代的防御建筑，是一座防御体系比较完整的城关，有“天下第一关”之称。

山海关以山海关城为中心，它包括山海关城、东罗城以及“天下第一关”城楼、靖边楼、牧营楼、临闾楼等。山海关的明代城墙建筑基本完好，主要街道和小巷，大部分保留原样，特别是仍有保存众多的四合院民居使得古城更加典雅古朴。使古城最为增色的是关城东门，“天下第一关”城楼耸立长城之上，雄视四野。登上城楼二楼，可俯视山海关城全貌及关外的原野。北望，遥见角山长城的雄姿；南边的大海也朦胧可见。“天下第一关”城楼南北，还有靖边楼、牧营楼和临闾楼等建筑。“天下第一关”几个字，为明代著名书法家萧显所书，相传，最后的“一”字，不是一起写上去的，而是书者将蘸满墨汁的笔抛向空中点上去的。

(2) 娘子关

娘子关原名苇泽关，位于山西省阳泉市平定县城东北45公里处。娘子关是长城的著名关隘，有“万里长城第九关”之称，为历代兵家必争之地。现存关城为明嘉靖二十年（公元1542）所建。

古城堡依山傍水，居高临下，建有关门两座。东门为一般砖券城门，额题“直隶娘子关”，上有平台城堡，似为检阅兵士和瞭望敌情之用。南门危楼高耸，气宇轩昂，坚厚固实，青石筑砌。城门上“宿将楼”巍然屹立。门洞上额书“京畿藩屏”四字，展示了娘子关的重要性。

相传，唐太宗李世民的妹妹李渊的三女儿平阳公主率娘子军在这里驻防，因而取名娘子关。娘子关东门里，桃河岸边，有处砖砌石高台，这里是传说中的平阳公主点将台。据说，平阳公主在娘子关任帅期间，表现得非常勇敢，常常是身不离鞍鞯，手不离宝刀，就在她与大将柴绍结婚后，也不忘军营生活，是中国历史上有名的女中英豪。娘子关与她的英名并存，一直延续到现在。

第十三章

园林建筑

中国的园林和西方的不同。看西方的园林会发现，其布置通常很简单，就像现代的建筑，只有一个花园，人工把它剪出一个几何图形，种很多花，花团锦簇的，很漂亮，但是人不能进去，因为“绿草青青，脚下留情”。传统的中国园林绝不是这样，它强调“游园”，它可以进去，所谓曲巷回廊，重点是人在游园中可以获得许多美感。同时，中国造园艺术，追求的是一种“虽由人作，宛自天开”的艺术效果，从而达到与自然和谐共生的目的。

第一节　园林建筑的规划理念

园林建筑是中国建筑最重要的组成部分。但园林又不同于宫殿、长城、庙宇、桥梁，它有自身的一些特色。中国园林石求奇、廊求回、水求曲、路求幽，假山叠置，奇花异木，四季更迭。

中国园林区别于世界上其他园林体系的最大特点，在于它不以创造呈现在人们眼前的具体园林形象为最终目的。它追求的是“象外之象”、“言外之意”，即所谓“意境”。意境，实质上是造园主内心情感、哲理体验及其形象联想的最大限度的凝聚物，又是欣赏者在联想与想象的中最大限度驰骋的再创造过程。正如严羽在《沧浪诗话》中所说：“如空中之音，相中之色，水中之月，镜中之相，言有尽而意无穷。”因此，园林景物，取自然之山、水、石组织成景，寥寥几物便使游人大有“所至得其妙，心知口难言”之感。以杭州西湖为例，苏堤犹如飞架在湖面上的一条长虹，连接百花洲、芳华、点翠、浮碧、荔浦和西新各处。它既是重要的景观，又起到分割水面的作用。它能顺应自然，取九天银河置几席间作玩，景色随晴空而变化无穷。旭日东升之前，在苏堤西新桥远眺，湖水似沉睡于梦中，不见涟漪，碧彻清莹；远处群山环抱，近处亭前水清如镜，亭后林密浓荫。正是“茫茫水月漾湖天，人在苏堤千顷边，多少管窥夸见月，可知月在此间园。”而在细雨霏霏之时，纵目湖光山色，云山迤逦，若隐若现，似有似无，恰似一幅淡雅的水墨山水画卷。

西方的建筑师多半把建筑本身孤立起来欣赏，而古代的中国人就不同，他们总要通过建筑物，通过门窗，接触外面的大自然界。“窗含西岭千秋雪，门泊东吴万里船。”诗人从一个小房间通到千秋之雪、万里之船，也就是从一门一窗体会到无限的空间、时间。“山川俯绣户，日月近雕梁”，“檐飞宛溪水，窗落敬亭云”，都是小中见大，从小空间进到大空间，丰富了美的感受。窗子在园林建筑艺术中起着很重要的作用。有了窗子，内外就发生交流。窗外的竹子或青山，经过窗子的框框望去，就是一幅画。颐和园乐寿堂差不多四边都是窗子，周围粉墙上列着许多小窗，面向湖景，每个窗子都等于一幅小画。而且同一个窗子，从不同的角度看出去，景色各不相同。这样，画的境界就无限地增多了。

为了丰富对于空间的美感，在园林建筑中就要采用种种手法来布置空间、组织空间、创造空间，例如，借景、分景、隔景、对景等。其中，借景又有远借、邻借、仰借、俯借、镜借等。无论是借景、对景，还是隔景、分景，都丰富了美的感受，创造了艺术意境。中国园林艺术在这方面的特殊表现，是理解中华民族美感特点的一项重要领域，也是中国古代园林建筑艺术的重要特征。

中国古代工匠喜欢把生气勃勃的动物形象用到园林艺术上去。这比起希腊来，就很不同。希腊建筑上的雕刻，多半用植物叶子构成花纹图案。中国古代雕刻却用龙、虎、鸟、蛇这一类生动的动物形象。至于植物花纹，要到唐代以后才逐渐兴盛起来。

第二节　园林建筑的起源与发展

18 世纪以前，世界各国几乎都有自己的园林。由各种不同风格的园林，逐渐形成了中国、西亚和古希腊三大体系。可见中国园林建筑在世界园林建筑式上的重要性。

中国的园林建筑历史悠久，享有盛名。在历史上，游憩境域因内容和形式的不同用过不同的名称。“园林”一词，最早见于西晋以后的诗文中，如西晋张翰《杂诗》有“暮春和气应，白日照园林”句；北魏杨玄之《洛阳伽蓝记》评述司农张伦的住宅时说：“园林山池之美，诸王莫及。”唐宋以后，“园林”一词的应用更加广泛，常用以泛指以上各种游憩境域。

经过长时间的发展和总结，现在的“园林”是指运用工程技术和艺术手段，通过改造地形（或进一步筑山、叠石、理水）、种植树木花草、营造建筑和布置园路等途径创作而成的美的自然环境和游憩境域。园林包括庭园、宅园、小游园、花园、公园、植物园、动物园等。

园林艺术是我国传统文化宝库中的一朵奇葩，现在中国园林建筑的靓影遍及世界各地，成为中华民族的象征之一。

1. 商、周、秦、汉园林建筑

商周至秦汉时期，中国园林建筑结构形态为置一处自然之地，四面围起来，里面有山水、林木、动物。园林的主要功能是畜养禽兽，供贵族们狩猎和游赏。

早在中国商周时期，就已经出现了供帝王狩猎行乐的宫廷园林——囿。如周武王的“灵囿”，挖有灵沼，筑有灵台，养禽兽和鱼类，栽种各种花木，建造宫殿，可称为真正的园林了。

秦汉时期供帝王游憩的境域称为苑或宫苑；属官署或私人的称为园、园池、宅园、别业等。秦始皇为追求长生不老，在兰池宫中掘长池、引渭水，东西 200 里，南北 20 里，池中筑土为蓬莱山，以期神仙降临。此举开创了我国人工堆山的纪录，这是首次见于史料记载的园林筑山理水之并举；堆山筑岛名为蓬莱山模拟仙境，开启了西汉宫苑求仙活动之先河，从此，皇家园林又多了一个求仙的功能。

汉朝在秦朝的基础上把早期的游囿，发展到以园林为主的帝王苑囿行宫，除布置园景供皇帝游憩之外，还举行朝贺，处理朝政。汉高祖的“未央宫”，汉文帝的“思贤园”，汉武帝的“上林苑”，梁孝王的“东苑”（又称梁园、菟园、睢园），宣帝的“乐游园”等，都是这一时期的著名苑囿。从敦煌莫高窟壁画中的苑囿亭阁，元人李容瑾的汉苑图轴中，可以看出汉时的造园已经有很高的水平，而且规模很大。枚乘的《菟园赋》、司马相如的《上林赋》、班固的《西都赋》、司马迁的《史记》，以及《西京杂记》、典籍录《三辅黄图》等史书和文献，对于上述的囿苑，都有比较详细的记载。汉武帝也是个迷信神仙方术的皇帝，他在上林苑中开凿了太液池，并在太液池中堆砌了三个岛屿，象征传说中东海的三座仙山：瀛洲、蓬莱、方丈。这种“一池三山”的造园手法，对皇家园林的布局产生了深远影响，并成为创作池山的一种模式，一直沿袭到清代。

2. 三国、两晋、南北朝园林建筑

三国到南北朝时期，是中国历史上的战乱时期。由于各地战乱，朝代众多，南北对峙，历时360多年，对民生固然不利，然而却促进了民族的融合和文化的交流。三国、两晋、南北朝时的园林，比较分散，却有相当数量。如曹魏在邺城定都称邺都，不久建了铜爵园。以后的朝代北齐武成帝也曾于邺城建都，改修原有的华林园为仙都苑。

在洛阳，则有魏明帝营造的芳林园和华林园。《宋书·礼志》载：“魏明帝时于天渊池南设流杯沟，宴群臣。”在上流放置酒杯，任其缓缓而下，停在谁的面前，谁即取饮，叫做“流觞”或“流杯”。苑园内设置曲水流觞，大约始于此时。此外，中国古代园林，有“同园异名”和“同名异园”的情况，上述两处提到的华林园，虽然名字相同，却为不同的园林。

孙权于秣陵建都，改其名为建康，以后各代又称之为建邺、金陵、集庆、应天、江宁、南京等名。自吴始，东晋、宋、齐、梁、陈均建都于此，人称六朝。六朝时代，建邺园林有很大发展。

“永嘉之变”以后，北方内乱外患，西晋告亡。士大夫为避战祸，隐逸江湖。文人士大夫和皇室深感江南自然山水之美不胜收，于是就以人工加设，表现自然之美和情景之美，形成了以山水为主的园林形态。

东晋时期，司马奕曾于建康钟川立流杯曲水，宴请众官。曾任右军将军、会稽内史的王羲之，在其名篇《兰亭集序》中明确提到“流觞曲水”，记述了当时会稽文人一次在春天参与修禊春游时的活动。足见当时“曲水流觞”是游园时的一种时尚活动。

除皇家园林以外，达官贵人、地主富商营建的宅园逐渐兴起。东晋顾辟疆在苏州筑宅园名辟疆园，后来王献之曾往游览。该园直至唐时犹存。东晋时，司徒王珣和弟司空王珉在虎丘山下建宅园，苏州园林得到了长足的发展。

南朝时，南京的园林尤为著名。据《南朝宫苑记》记载：“乐游苑处覆舟山南北，连山筑台观，苑内起有正阳、林光等殿。”元嘉十一年（公元434年），宋文帝刘义隆曾禊饮于乐游苑。元嘉二十三年，他还在华林园内筑景阳山，并于乐游苑北修玄武湖，意欲于湖中立方丈、蓬莱、瀛洲三神山，后遭何尚之固谏乃止。大明三年（公元459年），孝武帝仰慕汉上林苑的盛名，于玄武湖北也建了一个上林苑。

永明五年（公元487年），齐武帝于孙陵岗（今南京东郊梅花山）建商飙馆，是年还建新林苑。南齐诗人谢朓《入朝曲》写道：“江南佳丽地，金陵帝王州，逶迤带绿山。迢递起朱楼，飞甍夹驰道，垂杨荫御沟。”据《南齐书》提到：“齐明帝建武三年（公元496年），于阅代堂起芳乐苑，石皆涂以五彩，跨池水立紫阁；并不顾节气时令限制，随心所欲，在盛暑季节，令园内种以好树美竹，未经及日便已枯萎；后竟征求民家，望树便取，毁墙拆屋以移之，朝栽暮拔，道路相继，花药杂草，亦复皆然。”显然，石涂以五彩，俗不可耐，这使园林失却自然美。帝王的奢欲，导致国力衰弱，数年后，齐被梁灭。

梁武帝改修华林园为仙都苑。天监四年（公元505年），在建兴里筑建兴苑。太清元年（公元547年）建成王游苑。昭明太子是梁武帝之子，性爱山水，喜好营建宫馆苑园。建康一带，当时的苑园还有桂林苑、别苑、芳林苑、方山苑、博望苑、娄湖苑、灵邱苑、古东园等，不胜枚举。昭明太子的兄弟湘东王（后登帝位为梁元帝）曾在江陵营建湘东苑。据《诸宫故事》记述：此苑穿池构山，长数百丈，缘岸植莲，杂以奇木，上有通波阁，跨水为之；周围有芙蓉堂、禊饮堂、隐士亭、乡射堂、连理堂、映月亭、修竹堂、临水斋；斋前有高山、石洞，潜行逶迤二百步，山上有云阳楼，楼极高峻，远近皆见之。由此可见，其苑园内的景点，始有具其文化内涵的专有名称。该园池山花木俱全，楼、阁、斋、堂、亭、桥兼备，构筑精巧，富有雅趣。所提的石洞，当为人工构筑；叠洞用于园林，可能从此时开始。

北魏道武帝拓跋珪，鲜卑人，深受汉族文化影响，他称帝后在云中（今山西大同附近）亦修建宫殿苑园。《魏书·太祖本纪》提到，登国六年（公元 391 年），于该地建造河南宫。天兴元年（公元 398 年）起天文殿。次年又于南台北面起鹿苑，北临长城，范围数十里，并凿渠，引武川之水注之苑中，疏为三沟，分注宫墙内外，穿鸿雁池，又作天华殿、京师十二门、西武库、太庙。由此可见，当时的宫苑仍讲求的是大规模。道武帝还注重引水入园，重视动物饲养，让水禽出没池沼之中，使园林富有游牧民族粗犷的特色。

三国、两晋、南北朝以前的苑囿，其主要特点是豪华、宏大，在内容方面尽量包罗万象。而艺术性还处于初期阶级，既不可能富有诗情画意，更不可能考虑韵味和含蓄，也没有悬念。因为没有过多的政治束缚，当时的文化思想领域也比较自由开放，人们的思想比较活跃；加之文学绘画等方面的发展，人们对自然美从直观、机械、形式的认识中有所突破，不再是单纯地追求巨大的花园、崇尚富贵、铺张罗列，而是追求自然恬静、情景交融，这为以后的园林艺术创作是一个崭新的开拓。

3. 隋代园林建筑

隋朝结束了魏晋南北朝后期的战乱状态，社会经济一度繁荣。隋炀帝杨广是我国历史上以荒唐、奢靡著名的皇帝，其在位期间造园之风大兴。

隋炀帝“亲自看天下山水图，求胜地造宫苑”。迁都洛阳之后，“征发大江以南、五岭以北的奇材异石，以及嘉木异草、珍禽奇兽”，都运到洛阳去充实各园苑，一时间古都洛阳成了以园林著称的京都，芳华神都苑、西苑等宫苑都穷极豪华。在城市与乡村日益隔离的情况下，那些身居繁华都市的封建帝王和朝野达官贵人，为了逍遥玩赏大自然山水景色，便就近仿效自然山水建造园苑，不出家门，却能享“主入山门绿，水隐湖中花”的乐趣。因而作为政治、经济中心的都市，也就成了皇家宫苑和王府宅第花园聚集的地方。

隋朝存在时间虽短，但在我国建筑史上却留下了许多令后人眩目的建

筑作品。隋炀帝在洛阳兴建的西苑，是继汉武帝上林苑后最豪华壮丽的一座皇家园林。隋西苑又称会通苑，建于大业元年（公元605年）。据记载：隋西苑位于隋东都洛阳宫城以西，北背邙山，东北隅与东周王城为界，周围一百二十里。苑中造山为海，周围十余里；海内有蓬莱、方丈、瀛洲诸山，高百余尺，台观殿阁，分布在山上。山上建筑装有机械，能升能降，忽起忽灭。海北有龙鳞渠，渠面宽二十步，屈曲周绕后入海。沿渠造十六院，是十六组建筑庭园，供嫔妃居住。每院临渠开门，在渠上架飞桥相通。各庭院都栽植杨柳修竹、名花异草，秋冬则剪彩缀绫装饰，穷奢极欲。苑内还有亭子、鱼池和饲养家畜、种植瓜果蔬菜的园圃。十六院之外，还有数十处游览观赏的景点，如曲水池、曲水殿、冷泉宫、青城宫、凌波宫、积翠宫、显仁宫等，以及大片山林。可泛轻舟画舸，作采菱之歌；或登飞桥阁道，奏游春之曲。

隋西苑的布局，继承了汉代“一池三山”的形式，反映了王权与神权的统一以及享乐主义思想，具有浓厚的象征色彩。十六组建筑庭园分布在山水环绕的环境之中，成为苑中之园，不像汉代宫苑那样以周阁复道相连。这是从秦汉建筑宫苑转变为山水宫苑的一个转折点，开北宋山水宫苑——艮岳之先河。山上的建筑能时隐时现，反映出建筑技巧的高超。

4. 唐代园林建筑

唐朝是我国封建社会的全盛时期，国富民强，文化艺术空前繁荣。这一时期的园林建筑也大为发展。

盛唐时代，宫廷御苑设计也愈发精致，特别是由于石雕工艺已经娴熟，宫殿建筑雕栏玉砌，显得格外华丽。禁殿苑、东都苑、神都苑、翠微宫等，都旖旎空前。当年唐太宗在西安骊山所建的汤泉宫，后来被唐玄宗改作华清宫。这里的宫室殿宇楼阁“连接成城”，唐王在里面“缓歌慢舞凝丝竹，尽且君王看不足”。杜甫曾有一首《自京赴奉先县咏情五百字》的长诗，描述和痛斥了王侯权贵们在园林内的腐朽生活。

北宋时期的李格非在《洛阳名园记》中提到，唐贞观开元年间，公卿贵戚在东都洛阳建造的邸园，总数就有一千多处，足见当时园林发展的盛况。唐朝文人画家以风雅高洁自居，多自建园林，并将诗情画意融贯于园林之中，追求抒情的园林趣味。“说园林是诗，但它是立体的诗；说园林是画，但它是流动的画。”

中国园林从仿写自然美，到掌握自然美，由掌握到提炼，进而把它典型化，使我国古典园林发展形成为写意山水园林阶段。后因五代十国的战乱，池塘竹树被兵车蹂躏，皆废而为丘墟，高亭大榭也都为烟火焚燎化为灰烬，唐代洛阳的园林艺术可以说是“与唐共灭而俱亡”了。

5. 宋朝园林建筑

宋朝是中国历史上造园的一个兴盛时期，特别是在用石方面，有较大发展。宋徽宗在“丰亨豫大”的口号下大兴土木。他对绘画有些造诣，尤其喜欢把石头作为欣赏对象。先在苏州、杭州设置了“造作局”，后来又在苏州添设“应奉局”，专司搜集民间奇花异石，舟船相接地运往京都开封建造宫苑。“寿山艮岳”的万寿山是一座具有相当规模的御苑。此外，还有琼华苑、宜春苑、芳林苑等一些名园。现今开封相国寺里展出的几块湖石，形体确乎奇异不凡。苏州、扬州、北京等地也都有“花石纲”遗物，均为奇观。这期间，大批文人、画家参与造园，进一步加强了写意山水园的创作意境。

宋代园林仿照自然界的石堆山和植物栽培技术大有发展，其中洛阳园林中用移植、嫁接技术使花木多达千种。这时的园林，推崇“神理兼备”，以追求“出神入化”的“神态意境”而得园林“神韵”，这一阶段是中国园林文化最“神奇”的时期。

6. 元代园林建筑

元朝在园林建设方面不像宋朝，没有多大的发展。元代都城中的苑囿仅宫城之中一处，也就是金朝的琼华岛及周围地带，元时称万岁山太液池。元大都皇城主要由三组宫殿围绕苑囿布置，大内在太液池东，踞于城市轴线南端，其北为禁苑。池西南是太后居住的隆福宫，西北是太子居住的兴圣宫。太液池及禁苑占据了皇城一半以上的土地。元大都的苑囿虽然延用了前朝的旧苑，但苑中还是依据当时的需要进行了增筑和改造，殿宇型制出现了前所未见的盝顶殿、畏瓦尔殿、棕毛殿等形式。殿宇材料及内部陈设也按照元人固有的风俗习惯，大量使用诸如紫檀、楠木、彩色琉

璃、毛皮挂毯、丝质帷幕以及大红金龙涂饰等名贵物品和艳丽色彩，形成了以往所没有的特色。

元代的私家园林主要是继承和发展唐宋以来的文人园形式，其中较为著名的有河北保定张柔的莲花池、江苏无锡倪赞的清闷阁云林堂、苏州的狮子林、浙江归安赵孟頫的莲庄，以及元大都西南廉希宪的万柳园、张九思的遂初堂、宋本的垂纶亭等。有关这些园林详尽的文字记载较少，但从留存至今日的元代绘画、诗文等与园林风景有关的艺术作品来看，园林已开始成为文人雅士抒写自己性情的重要艺术手段。由于元代统治者的等级划分，众多汉族文人往往在园林中以诗酒为伴，弄风吟月，这对园林审美情趣的提高是大有好处的，也对明清园林起了较大的影响。

7. 明清园林建筑

明清是中国园林创作的高峰期。皇家园林创建以清代康熙、乾隆时期最为活跃。康乾盛世是皇家园林的全盛期。承德避暑山庄占地8000余亩；北京的畅春园、圆明园、静明园、静宜园、清漪园，与西山、玉泉山、瓮山并称“三山五园”，外加蔚秀园、朗润园、勺园、熙春园、近春园，形成历史上空前的宫廷园林区。

私家园林是以明代建造的江南园林为主要成就，如沧浪亭、休园、拙政园、寄畅园等。这些园林在建筑思想上，仍然沿袭唐宋时期的创作源泉，从审美观到园林意境的创造都是以“小中见大”、“须弥芥子”、“壶中天地”等为创造手法。自然观、写意、诗情画意成为创作的主导，园林中的建筑起了最重要的作用，成为造景的主要手段。园林从游赏到可游可居方面逐渐发展。大型园林不但模仿自然山水，而且还集仿各地名胜于一园，形成园中有园、大园套小园的风格。

中国古典园林绝非简单地模仿这些构景的要素，而是有意识地加以改造、调整、加工、提炼，从而表现一个精练、概括、浓缩的自然环境。它既有“静观”又有“动观”，从总体到局部包含着浓郁的诗情画意。这种空间组合形式多使用某些建筑如亭、榭等来配景，使风景与建筑巧妙地糅合在一起。优秀园林作品虽然处处有建筑，却处处洋溢着大自然的盎然生机。明、清时期正是因为园林有这一特点和创造手法的丰富而成为中国古典园林集大成时期。

在明末还产生了园林艺术创作的理论书籍《园冶》。在我国古代，造园的历史虽然十分悠久，而且几乎每朝每代都有人或为园林做记，或为园主立传，但真正为造园著书立说者，《园冶》的作者明代人计成可能是第一人了。计成，字无否，吴江人。自幼擅画，最喜关仝、荆浩笔意，中年始以画意造园，名闻远近。后以自己多年造园心得编纂成文，即著名的《园冶》。《园冶》于崇祯四年（公元 1631 年）成稿，崇祯七年刊行。全书共 3 卷，附图 235 幅。主要内容为园说和兴造论两部分。其中园说又分为相地、立基、屋宇、装折、门窗、墙垣、铺地、掇山、选石、借景 10 篇。全书论述了宅园、别墅营建的原理和具体手法，体现了中国古代造园的成就，总结了造园经验，是一部研究我国古代园林的重要著作。

清末由于外来文化的冲击，国民经济的崩溃等原因，造园理论探索停滞，但中国园林的成就达到了峰巅，其造园手法已被西方国家所推崇和模仿，在西方国家掀起了一股“中国园林热”。中国造园艺术，追求的是一种“虽由人作，宛自天开”的艺术效果，从而达到与自然和谐共生的目的。它深浸着中国文化的内蕴，是中国五千年文化史造就的艺术珍品，是一个民族内在精神品格的写照，是我们今天需要继承与发展的瑰丽事业。

第三节 皇家园林建筑

中国皇家园林是在中国最早出现的园林建筑，历史上每个朝代几乎都有皇家园林的建设。皇家园林最早见于史籍的是公元前 11 世纪西周的“灵囿”。囿是以利用天然山水林木，挖池筑台而成的一种游憩生活境域，供天子、诸侯狩猎游乐。

1. 皇家园林建筑的布局

中国古代最早的园林，如西汉的上林苑，就有养禽兽、植花木、开水池、建离宫别馆等丰富内容。南北朝、隋、唐以后，园林建筑更为发达，北宋的汴梁、洛阳，南宋的临安、吴兴，明清的苏州、北京、南京、扬州，都是古代园林建筑集中的地方。封建皇帝的苑囿，在隋唐以后，则以宋汴梁的艮岳、元大都（北京）的琼华岛、明清北京的西苑、圆明园和承德避暑山庄等最为出色。中国古代园林具有显著的特点：

一是自然风趣。中国古代园林或选择优美的风景地，或由人工处理，都做到“虽由人作，宛自天开”。早在公元1～3世纪东汉时就有“因原野以作苑，顺流泉而为沼”的传统。更古的自然范围，也都是极富自然风趣的。

二是大自然虽给予中国造园取之不尽的题材，但中国的造园艺术并不是单纯模仿自然，不是再现原物，而往往是取法于山水画，把大自然的“因素”收集起来，经过艺术的剪裁和提炼，使之比大自然更有集中性、更典型、更理想化。人的主观创造在造园中使自然更完美，更富有诗意。

三是具有丰富多彩的园景。园林内，或一带粉墙，一角小楼；或花木扶疏，林荫掩映；或廊阁周回，曲桥跨水；或山峰崛起，蜿蜒上下；或平阔湖面，泉水淙淙，在布置中主次分明，有机联系，并构成一定的游览观赏路线。

四是景物的组织各具主题，且内容丰富。它包括居住、宴客、读书、游息等多种的综合用途。

五是低层的较小建筑物分散在园林之中，并且数量多、种类多。如门、堂、房、馆、楼、台、阁、亭、榭、廊等，与园中花、木、山、池错综结合。这些建筑，室内外一般是相通的，融为一体。如“花间隐榭”、“水际安亭”，共同组成园景。因此，建筑物常常安置在最适宜于欣赏园景的地点。

六是采用少量的盆景、盆栽，点缀以珍贵品种的一花、一木、一石等，作为艺术品来欣赏。

古代匠师们的创造性在于在有限的空间内构造最丰富多彩的景色。最主要的方法是对园林的平面和空间采取曲折变化的布局，用山石、林木、水池及游廊、花墙、曲桥等组织大小空间，有连续，有间断；并且采用对景、借景及屏障等方法，使人从任何一个角度都能欣赏到不同的景色，达到一定的意境。至于园中花草、林木的栽植，也不是随其自然形成，它的种类、高低、形状、色彩、群植或单植，都经过规划、选择，密切结合所要创造的环境。园艺在中国古代造园中发挥着极其重要的作用。

2. 皇家园林建筑的类型与典范

明、清是我国皇家园林建筑艺术的集大成时期，此时期规模宏大的皇家园林多与离宫相结合，建于郊外，少数设在城内的规模也都很宏大。

在清朝时期，为修建皇家宫苑，无论是康熙还是乾隆，他们都遍访名胜，看到名园美景，便命人记下，回京后即在园内仿造。他们曾游遍江南的无锡、苏州、杭州、嘉兴、扬州、镇江等地，被江南私家园林艺术中那种极为高超的艺术手法所吸引。

在宫宛园林中，许多造景皆模仿江南山水，吸取江南园林的特点。如颐和园中的谐趣园是模仿无锡寄畅园；后湖的苏州街是模仿苏州江南水乡风光；昆明湖上的西堤六桥是模仿杭州西湖苏堤六桥；承德避暑山庄的小金山是模仿镇江金山寺的金山亭；避暑山庄的烟雨楼是模仿嘉兴南湖的烟雨楼；文津阁则是仿宁波天一阁等。圆明园中的许多景点与题名也多直接套用苏杭的园林景观题名，如“平湖秋月”、“三潭印月”、“雷峰夕照”、“狮子林”等。众多的景与题名，也都与江南著名园林艺术的景与题名对得上号，多处模仿江南园林的设计构思，或具体的布局手法。

经过南北文化的吸收和融合而建成的皇家园林，其总体布局有的是在自然山水的基础上加工改造，有的则是靠人工开凿兴建，其建筑宏伟浑厚、色彩丰富、豪华富丽。

（1）圆明园

北京的西郊有连绵不断的西山秀峰：玉泉山、万寿山、万泉庄、北海淀等多种地形，自流泉遍地皆是，在低洼处汇成大大小小的湖泊池沼。玉泉山水自西向东顺山势注入昆明湖，成为西郊最大的水面。

早在辽代，封建帝王就选中这里建造了玉泉山行宫；到了明代，这里的自然景色吸引了更多的游人，于是一些达官贵人就占据田园营建别墅。到了明万历年间，武清侯李伟在这里大兴土木，首先建造了规模宏伟，号称“京国第一名园”的清华园（故址在今北京大学西墙外）。嗣后米万钟又在清华园东墙外导引湖水，辟治了幽雅秀丽的“勺园”，取“海淀一勺”的意思，空旷郊野，出现了亭台楼榭与湖光山色交相辉映，成为京郊名噪一时的园林荟集之地。

到了清朝，皇帝也同样看中了西郊这块绝好的造园之地。大规模地兴建园林就这样开始了。康熙二十八年（公元1688年）玄烨下令在清华园旧址上建造了面积达六十公顷的畅春园，他每年的大部分时间都在那里避喧听政，清代帝王的园居生活自此开始。

畅春园周围有许多明朝遗留下来的私家园林，清初时收归内务府奉宸院后，就把这些前明私园分赐给清皇室成员和王公大臣。康熙四十八年（公元1709年），圆明园就是作为藩赐园赐给了康熙帝第四子胤禛的一座明代旧园。并由康熙帝御笔亲题了“圆明园”匾额。这座世界名园，就从这一年开始了它从无到有，由盛到衰的历史。

胤禛就是后来的雍正皇帝，他对于所得到的这座赐园，是非常引以为荣的，对康熙所题“圆明”二字的意义，他在《圆明园记》中做了这样的解释：圆明意志深远，殊未易窥，尝稽古籍之言，体以圆明之德。夫圆面入神，君子之时中也。这里的“圆”，大意是“圆满、周全”的意思，而“明”字则解释为“明达、明智”之意，所以起名“圆明园”无非是统治阶级标榜自己品德修养与才思智慧都超出常人而已。康熙皇帝题名也表达了他对皇子的期望。

当圆明园还是一座藩赐园的时候，它的规模是不能超过皇帝的畅春园的，所以建的景不多，名声也不大，远远比不上畅春园。可后来随着主人的登基，清王朝太平盛世的到来，在其经过60多年陆续扩建后，终于建成了中国有史以来最壮观的皇家园林。

乾隆帝（即清高宗弘历）即位后，在圆明园内调整了园林景观，增添了建筑组群，并在圆明园的东邻和东南邻兴建了长春园和绮春园（同治时改名万春园）。这三座园林，均属圆明园管理大臣管理，称“圆明三园”。

“圆明三园”面积5200余亩，150余景。其中圆明园汇集了当时江南若干名园胜景的特点，融中国古代造园艺术之精华，以“园中之园”的艺术手法，将诗情画意融汇于千变万化的景象之中。圆明园的南部为朝廷区，是皇帝处理公务之所。其余地区则分布着40个景区，其中有50多处景点直接模仿外地的名园胜景，如杭州西湖十景，不仅模仿建筑，连名字也照搬过来。更有趣的是，圆明园中还建有西式园林景区。其中最有名的“观水法”，是一座西洋喷泉，还有万花阵迷宫以及西洋楼等，都具有意大利文艺复兴时期的风格。在湖水中还有一个威尼斯城模型，皇帝坐在岸边山上便可欣赏万里之外的“水城风光”。长春园内还有一组欧式建筑，俗

称“西洋楼”，由谐奇趣、线法桥、万花阵、养雀笼、方外观、海晏堂、远瀛观、大水法、观水法、线法山和线法墙等十余个建筑和庭园组成。这组建筑于乾隆十二年（公元1747年）开始筹划，至二十四年（公元1759年）基本建成。由西方传教士郎世宁、蒋友仁、王致诚等设计指导，中国匠师建造。建筑形式是欧洲文艺复兴后期“巴洛克”风格，造园形式为“勒诺特”风格。但在造园和建筑装饰方面也吸取了我国不少传统手法。

西洋楼的主体，其实就是人工喷泉，时称“水法”，特点是数量多、气势大、构思奇特。主要形成谐奇趣、海晏堂和大水法三处大型喷泉群，颇具殊趣。

谐奇趣是乾隆十六年秋建成的第一座建筑，主体为三层，楼南有一大型海堂式喷水池，设有铜鹅、铜羊和西洋翻尾石鱼组成的喷泉。楼左右两侧，从曲廊伸出八角楼厅，是演奏中西音乐的地方。

海晏堂是西洋楼最大的宫殿。主建筑正门向西，阶前有大型水池，池左右呈八字形排引有12只兽面人身铜像（鼠、牛、虎、兔、龙、蛇、马、羊、猴、鸡、狗、猪，是我国的十二个属相），每昼夜依次輟流喷水，各一时辰（2小时），正午时刻，十二生肖一齐喷水，俗称“水力钟”。这种用十二生肖铜像代替西方裸体雕像的精心设计，实在是洋为中用，中西结合的一件杰作。本来是设计用欧洲风格的裸体女人像，但乾隆觉得裸体女人不和中国的风俗就改为十二生肖，用青铜制造。

大水法是西洋楼最壮观的喷泉。建筑造形为石龛式，酷似门洞。下边有一大型狮子头喷水，形成七层水帘。前下方为椭圆菊花式喷水池，池中心有一只铜梅花鹿，从鹿角喷水八道；两侧有十只铜狗，从口中喷出水柱，直射鹿身，溅起层层浪花，俗称“猎狗逐鹿”。大水法的左右前方，各有一座巨大的喷水塔，塔为方形，十三层，顶端喷出水柱，塔四周有八十八根铜管，也都一齐喷水。当年，皇帝是坐在对面的观水法，观赏这一组喷泉的，英国使臣马戛尔尼、荷兰使臣得胜等，都曾在这里“瞻仰”过水法奇观。据说，这处喷泉若全部开放，有如山洪爆发，声闻里许，在近处谈话必须打手势，其壮观程度可想而知。

万花阵是仿照欧洲的迷宫而建的花园。它的主要特点是：用四尺高的雕花砖墙，分隔成若干道迷阵，因而称作“万花阵”。盛时，每当中秋之夜，清帝坐在阵中心的圆亭里，宫女们手持黄色彩绸扎成的莲花灯，寻径飞跑，先到者便可领到皇帝的赏物。所以，也叫黄花阵或黄花灯。虽然从

入口到中心亭的直径距离不过30余米，但因为此阵易进难出，容易走入死胡同，清帝坐在高处，四望莲花灯东流西奔，引为乐事。

西洋楼景区整个占地面积不超过圆明三园总占地面积的五十分之一，只是一个很小的局部而已。但它是我国成片仿建欧式园林的一次成功尝试。这在我国园林史上，在东西方园林交流史上，都占有重要地位。它的兴建，曾在欧洲引起强烈反响。一位目睹过它的西欧传教士赞誉西洋楼：集美景佳趣于一处，凡人们所能幻想到的、宏伟而奇特的喷泉应有尽有，其中最大者，可以与凡尔赛宫及圣克劳教堂的喷泉并驾齐驱。这位传教士的结论是：圆明园者，中国之凡尔赛宫也。

圆明园还是一座大型的皇家博物馆，收藏着许多名人字画、秘府典籍、钟鼎宝器、金银珠宝等稀世文物，集中了古代文化的精华。圆明园也是一座异木奇花之园，名贵花木多达数百万株。完整目睹过圆明园的西方人把它称为“万园之园”。的确，如果今天还和140年前一样，这座超巨型园林就是当之无愧的“世界园林之王”了。遗憾的是，1860年英法联军洗劫圆明园；1900年，八国联军侵入北京，圆明园又一次遭到破坏；清朝覆灭后，一些军阀、政客、官僚，纷纷从圆明园盗运建筑材料，圆明园遗址遭到进一步破坏。园中的建筑被烧毁，文物被劫掠，奇迹和神话般的圆明园变成一片废墟，只剩断垣残壁，供游人凭吊。

(2) 颐和园

颐和园位于北京市西北部，原名为清漪园，是乾隆的行宫花园。乾隆为庆祝母亲孝圣太后的六十寿辰，将清漪园进行扩建。该园始建于清乾隆帝十五年（公元1750年），历时15年竣工，是为清代北京著名的“三山五园”中最后建成的一座。咸丰十年（公元1860年）被英、法侵略军焚毁。

光绪十二年（公元1886年）开始重建，光绪十四年，改名颐和园，有“颐养太和”之义。光绪二十一年工程结束，是慈禧太后挪用海军经费修建的。光绪二十六年又遭八国联军破坏，翌年修复。

颐和园是利用昆明湖、万寿山为基址，以杭州西湖风景为蓝本，汲取江南园林的某些设计手法和意境而建成的一座大型天然山水园，也是保存得最完整的一座行宫御苑，占地约290公顷。为我国四大名园之一。

园中的长廊、石舫、佛香阁、宝云阁、大戏楼、十七孔桥、玉带桥等建筑堪称世界建筑文化中的珍品。在中外园林艺术史上有极高的地位。全园分万寿前山、昆明湖、后山后湖三部分。前山以佛香阁为中心，组成巨大的主体建筑群，华丽雄伟，气势磅礴。碧波荡漾的昆明湖平铺在万寿山南麓，约占全园面积的3/4。湖中有一座南湖岛，由美丽的十七孔桥与岸上相连。湖西部有一西堤，堤上修有六座造形优美的桥。后山后湖碧水潆回，古松参天，环境清幽。

昆明湖是清代皇家诸园中最大的湖泊，湖中一道长堤——西堤，自西北逶迤向南。西堤及其支堤把湖面划分为三个大小不等的水域，每个水域各有一个湖心岛。这三个岛在湖面上成鼎足而峙的布列，象征着中国古老传说中的东海三神山——蓬莱、方丈、瀛洲。由于岛堤分隔，湖面出现层次，避免了单调空疏。西堤以及堤上的六座桥是有意识地摹仿杭州西湖的苏堤和“苏堤六桥”，使昆明湖益发神似西湖。西堤一带碧波垂柳，自然景色开阔，园外数里的玉泉山秀丽山形和山顶的玉峰塔影排闼而来，被收摄作为园景的组成部分。从昆明湖上和湖滨西望，园外之景和园内湖山浑然一体，这是中国园林中运用借景手法的杰出范例。湖区建筑主要集中在三个岛上。湖岸和湖堤绿树荫浓，掩映潋滟水光，呈现一派富于江南情调的近湖远山的自然美。

万寿山属燕山余脉，高59米。建筑群依山而筑，万寿山前山，以八面三层四重檐的佛香阁为中心，组成巨大的主体建筑群。从山脚的“云辉玉宇”牌楼，经排云门、二宫门、排云殿、德辉殿、佛香阁，直至山顶的智慧海，形成了一条层层上升的中轴线。东侧有“转轮藏”和“万寿山昆明湖”石碑。西侧有五方阁和铜铸的宝云阁。后山有宏丽的西藏佛教建筑和屹立于绿树丛中的五彩琉璃多宝塔。山上还有景福阁、重翠亭、写秋轩、画中游等楼台亭阁，登临可俯瞰昆明湖上的景色。

前山（即万寿山的南坡）濒昆明湖，湖山联属，构成一个极其开朗的自然环境。这里的湖、山、岛、堤及其上的建筑，配合着园外的借景，形成一幅幅连续展开、如锦似绣的风景画卷。前山接近园的正门和帝、后的寝宫，游览往返比较方便，又可面南俯瞰昆明湖区，所以园内主要建筑物均荟萃于此。造园匠师在前山建筑群体的布局上相应地运用了突出重点的手法。在居中部位建置一组体量大而形象丰富的中央建筑群，从湖岸直到山顶，一重重华丽的殿堂台阁将山坡覆盖住，构成贯穿于前山上下的纵向中轴线。这组大建筑群包括园内主体建筑物——帝、后举行庆典朝会的

“排云殿”和佛寺“佛香阁”。后者就其体量而言是园内最大的建筑物，阁高约40米，雄踞于石砌高台之上。它那八角形、四重檐、攒尖顶的形象在园内园外的许多地方都能看到，成为整个前山和昆明湖的总缩全局的构图中心。与中央建筑群的纵向轴线相呼应的是横贯山麓、沿湖北岸东西逶迤的“长廊”，共273间，全长728米，这是中国园林中最长的游廊。前山其余地段的建筑体量较小，自然而疏朗地布置在山麓、山坡和山脊上，镶嵌在葱茏的苍松翠柏之中，用以烘托端庄、典丽的中央建筑群。

后湖的河道蜿蜒于万寿山北坡即后山的山麓，造园匠师巧妙地利用河道北岸与宫墙的局促环境，在北岸堆筑假山障隔宫墙，并与南岸的真山脉络相配合而造成两山夹一水的地貌。河道的水面有宽有窄，时收时放，泛舟后湖给人以山复水回、柳暗花明之趣，成为园内一处出色的幽静水景。

后山的景观与前山迥然不同，是富有山林野趣的自然环境，林木葱郁，山道弯曲，景色幽邃。除中部的佛寺“须弥灵境”外，建筑物大都分置于若干处自成一体，与周围环境组成精致的小园林。它们或踞山头，或倚山坡，或临水面，均能随地貌而灵活布置。后湖中段两岸，是乾隆帝时摹仿江南街肆而修建的“买卖街”遗址。后山的建筑除谐趣园和霁清轩于光绪时完整重建之外，其余都残缺不全，只能凭借断垣颓壁依稀辨认当年的规模。

谐趣园原名惠山园，是摹仿无锡寄畅园而建成的一座园中园。全园以水面为中心，以水景为主体，环池布置清朴雅洁的厅、堂、楼、榭、亭、轩等建筑，曲廊连接，间植垂柳修竹。池北岸叠石为假山，从后湖引来活水经玉琴峡沿山石叠落而下注于池中。流水叮咚，以声入景，更增加这座小园林的诗情画意。

仁寿殿在颐和园大门东宫门内，是慈禧、光绪坐朝听政的大殿。原名勤政殿，光绪时重建，改称仁寿殿。东向，面阔七间，两侧有南北配殿，前有仁寿门，门外为南北九卿房，所陈的铜龙、铜凤、铜鼎等，雕制均极其精美。

乐寿堂面临昆明湖，东面有德和园大戏楼，西接长廊，是慈禧居住的地方。“乐寿堂”黑底金字横匾为光绪手书，堂前有慈禧乘船的码头。庭院中栽植玉兰、西府海棠、牡丹等名贵花木，取“玉堂富贵”之意。

玉澜堂在昆明湖畔，是光绪皇帝的寝宫，为一组四通八达的穿堂殿。正殿玉澜堂，有东西两配殿，东名霞芬室，西称藕香榭。后檐及两配殿均砌砖墙与外界隔绝，是颐和园中一处重要的历史遗迹。

在万寿山巅是一座完全由砖石砌成的无梁佛殿，由纵横相间的拱券结构组成。通体用五色琉璃砖瓦装饰，色彩绚丽，图案精美，尤以嵌于殿外壁面的千余尊琉璃佛更富特色。

(3) 避暑山庄

现存最大的皇家园林是避暑山庄，清初这里还只是帝王狩猎途中的一座行宫。由于这一带地区峰奇水美，气候宜人，又离京城较近，自康熙四十年（1701年）起，开始营建大型离宫别馆。至乾隆年间，在山峦连绵起伏，松林苍郁的自然山地，建成了这座规模宏大的宫苑。

当年康熙皇帝在北巡途中，发现承德这片地方地势良好，气候宜人，风景优美，又直达清王朝的发祥地——北方，是清皇帝家乡的门户；同时又可俯视关内，外控蒙古各部，于是选定在这里建行宫。康熙四十二年（公元1703年）开始在此大兴土木，疏浚湖泊，修路造宫。至康熙五十二年（公元1713年）建成36景，并建好山庄的围墙。雍正朝代暂停修建。乾隆六年（公元1741年）到乾隆五十七年（公元1792年）又继续修建直至完工，建成的避暑山庄新增加的36景和山庄外的外八庙，形成界墙内占地约564公顷、规模壮观、别具一格的皇家园林，为后人留下了珍贵的古代园林建筑杰作。

避暑山庄分宫殿区、湖泊区、平原区、山峦区四大部分。宫殿区位于湖泊南岸，地形平坦，是皇帝处理朝政、举行庆典和生活起居的地方，占地10万平方米，由正宫、松鹤斋、万壑松风和东宫四组建筑组成。湖泊区在宫殿区的北面，湖泊面积包括洲岛约占43公顷，有8个小岛屿，将湖面分割成大小不同的区域，层次分明，洲岛错落，富有江南鱼米之乡的特色。东北角有清泉，即著名的热河泉。平原区在湖区北面的山脚下，地势开阔，有万树园和试马埭，是一片碧草茵茵、林木茂盛的草原风光。山峦区在山庄的西北部，面积约占全园的4/5，这里山峦起伏，沟壑纵横，众多楼堂殿阁、寺庙点缀其间。整个山庄东南多水，西北多山，是中国自然地貌的缩影。

在避暑山庄东面和北面的山麓，分布着宏伟壮观的寺庙群，这就是外八庙，其名称分别为：溥仁寺、溥善寺（已毁）、普乐寺、安远庙、普宁寺、须弥福寺之庙、普陀宗乘之庙、殊像寺。外八庙以汉式宫殿建筑为基

调，吸收了蒙、藏、维等民族建筑艺术特征，创造了中国的多样统一的寺庙建筑风格。

山庄的西部和北部是山区，这里峰奇石异，林木繁茂，气候十分荫凉，比承德市区低4℃～5℃，来此尽可体会避暑之情趣。它的最大特色是山中有园，园中有山，占整个园林面积的4/5。从西北部高峰到东南部湖沼、平原地带，相对高差180米，形成了群峰环绕、谷壑纵横的景色，山谷中清泉涌流，密林幽深。当年利用山峰、山崖、山麓、山涧等地形，修建了多处园林、寺庙，其中最引人注目的是遥相对立的两个山峰上的亭子，一个叫“南山积雪”，一个叫“四面云山”。在亭子上远眺，山庄的各风景点，山庄外的几座大庙，以及承德市区，周围山上的奇峰怪石，都可以一览无余。在另一座山峰上还有一座亭子叫“锤峰落照”，在这里磬锤峰首先映入眼帘，每当夕阳西照，磬锤峰被红霞照得金碧生辉，故名“锤峰落照”。

山庄整体布局巧用地形，因山就势，分区明确，景色丰富，与其他园林相比，有其独特的风格。山庄宫殿区布局严谨，建筑朴素，苑景区自然野趣，宫殿与天然景观和谐地融为一体，达到了回归自然的境界。山庄融南北建筑艺术精华，园内建筑规模不大，殿宇和围墙多采用青砖灰瓦，淡雅庄重，与京城故宫黄瓦红墙，描金彩绘呈明显对照。

山庄的建筑既具有南方园林的风格、结构和工程做法，又多沿袭北方常用的手法，成为南北建筑艺术完美结合的典范。避暑山庄不同于其他的皇家园林，它继承和发展了中国古典园林“以人为之美入自然，符合自然而又超越自然”的传统造园思想，按照地形地貌特征进行选址和总体设计，完全借助于自然地势，因山就水，顺其自然，同时融南北造园艺术的精华于一身。它是中国园林史上一个辉煌的里程碑，是中国古典园林艺术的杰作，享有“中国地理形貌之缩影”和“中国古典园林之最高范例”的盛誉。

第四节 私家园林建筑

中国私家园林是中国士大夫营造的山水泉林之乐，已经化皇家气派为士者风度。在汉代已有梁孝王的免园、大富豪袁广汉的私园。这类私家园林均是仿皇家园林而建，只是规模较小、风格朴实而已。

1. 私家园林建筑的规划理念和布局

私家园林属于除皇帝以外的王公、贵族、地主、富商以及士大夫等所私有，古籍里称之为园、园亭、园墅、池馆、山池、山庄、别墅、别业等。

私家园林大多由文人、画家设计营造，因而其对自然的态度主要表现出士大夫阶层的哲学思想和艺术情趣。由于受隐逸思想的影响，它所表现的风格为朴素、淡雅、精致而又亲切。

私家园林多处市井之地，布局常取内向式，即在一定的范围内围合，精心营造。它们一般以厅堂为园中主体建筑，景物紧凑多变，用墙、垣、漏窗、走廊等划分空间，大小空间主次分明、疏密相间、相互对比，构成有节奏的变化；它们常将多条观赏路线联系起来，道路迂回蜿蜒，主要道路上往往建有曲折的走廊，池水以聚为主，以分为辅，大多采用不规则状，用桥、岛等使水面相互渗透，构成深邃的趣味。

私家园林一般来说空间有限，规模要比皇家园林小得多，又不能将自然山水圈入园内，因而形成了小中见大、掘地为池、叠石为山的园林建筑特点，创造优美的自然山水意境，造园手法丰富多彩的特性。

(1) 自然无为

魏晋以来，玄学勃兴，儒释道互补的自然美学、人文思想成为园林构思的主要艺术特征。

魏晋南北朝时，中国社会陷入大动荡，社会生产力严重下降，人民对前途感到失望与不安，于是就寻求精神方面的解脱，道家与佛家的思想深入人心。此时士大夫知识分子转而逃避现实，隐逸山林，这种时尚必然体现在当时的私家园林之中。其中的代表作有位于北方洛阳的西晋大官僚石崇的金谷园和南方会稽的东晋山水诗人谢灵运的山居。两者均是在自然山水的基础上稍加经营而成的山水园。

文人士大夫私家园林原也受到皇家园林的启发，希望造山理水以配天地，寄托自己的政治抱负。但社会的动荡和政治的腐败总令信奉礼教的中国知识分子失望，于是一部分士大夫受老庄思想影响，崇尚自然，形成与

儒家五行学说比较形式化的天地观相对立的，以自然无为为核心的天地观念。

(2) 壶中天地

中国私家园林是民间住宅花园的精华，其最大特点是：善于把有限的空间巧妙地组合成千变万化的园林景色，将自然美与艺术人工美有机统一，以少胜多，以小见大，以精取神，以微取境。

私家园林中的山水不再局限于茫茫九派、东海三山；又由于封建权力和礼制的打压，私家园林的规模与建筑样式受到诸多限制，这正好又与庄子"齐万物"的相对主义思想相吻合。于是，从南北朝时期起，私家园林就自觉地尚小巧而贵情趣。一些知识分子甚至借方士们编造的故事，将园林称作"壶中天地"，要人们在小中见大。

中国知识分子的"壶中天地"给这个民族留下了一整套的审美趣味和构园传统，留下了一大批极为宝贵的文化遗产。

(3) 外师造化，内得心源

外师造化是指以自然山水为创作的楷模，而内得心源则是强调并非抄袭自然山水，而要经过艺术家的主观感受以萃取其精华。从中晚唐到宋，士大夫们要求身居市井也能闹处寻幽，于是在宅旁葺园地，在近郊置别业，蔚为风气。

唐长安、洛阳和宋开封都建有大量第宅园池。宋代洛阳的第宅园池多半就隋唐之旧。从《洛阳名园记》一书中可知唐宋宅园大都是在面积不大的宅旁地里，因高就低，掇山理水，表现山壑溪池之胜；点景起亭，揽胜筑台，茂林蔽天，繁花覆地，小桥流水，曲径通幽，巧得自然之趣；各种名园别具特色。这种根据造园者对山水的艺术认识和生活需求，因地制宜地表现山水真情和诗情画意的园，称为写意山水园。

2. 私家园林建筑的类型与典范

明清时期，私家造园之风兴盛，尽管此时私家园林多为城市宅园，面积不大，但是就在这小小的天地里却营造出了无限的境界。正如清代造园家李渔总结的那样："一勺则江湖万里。"

从现今留下来的明清时期的宅园布局来看，北方的私家园林受四合院形制的影响较大，显得较为拘谨；南方的私家园林则在空间布局上更加自然大方。从水池大小来看，北方私家园林中通常水面较小，而南方私家园林因基地水源丰富而水面较大。从假山材料来看，北方园林选用的是北方产的石头为多，南方园林选用的是太湖石。从园林建筑外观造型上看，南方园林建筑则空灵、飘逸，屋角起翘很大；北方国林则风格粗犷、富丽堂皇。从植物材料上来看，北方园林中，油松、松柏、白皮松、国槐、核桃、柿子、榆树、海棠较为常见；而南方园林中常以梅花、玉兰、牡丹、竹、榆树、芭蕉、梧桐等为主要树种。从色彩构图上讲，北方园林是灰瓦、灰墙、红柱、红门窗、绿树、黄石、青石为特点，色彩艳丽、跳动；南方园林则是以灰瓦、粉墙、棕柱、棕门窗、灰白石、绿树为特点，色彩清雅，柔和。

此时出现了许多优秀的私家园林，其共同特点在于选址得当，以假山水池为构架，穿凿亭台楼阁、树木花草，朴实自然，托物言志，小中见大，充满诗情画意。这"壶中天地"，既是园主人生活之所，更是园主人梦想之所在，这时期著名的南方私家园林有无锡的寄畅园，扬州的个园，苏州的拙政园、留园、网师园和环秀山庄的狮子林等。

(1) 苏州拙政园

中国古代江南名园，名冠江南，胜甲东吴，是中国的四大名园之一，苏州园林中的经典作品。拙政园在江苏苏州市娄门内，是苏州最大、最具有代表性的园林，为江南四大园林之一。

拙政园位于苏州古城区东北娄门内的东北街。园林占地面积约 4.1 公顷（不包括管理、花圃用地约 0.67 公顷）。明正德四年（公元 1509 年）由御史王献臣始建。在以后的四百余年间，沧桑变迁，屡易其主，几度兴废，原来浑然一体的园林演变为相互分离、自成格局的三座园林。

东区的面积约 31 亩，现有的景物大多为新建。园的入口设在南端，经门廊、前院，过兰雪堂，即进入园内。东侧为面积广阔的草坪，草坪西面堆土山，上有木构亭，四周萦绕流水，岸柳低垂，间以石矶、立峰，临水建有水榭、曲桥。西北土阜上，密植黑松，枫杨成林，林西为秫香馆（茶室）。再西有一道依墙的复廊，上有漏窗透景，又以洞门数处与中区

相通。

中区为全园精华之所在，面积约为 18.5 亩，其中水面占 1/3。水面有分有聚，临水建有形体各不相同、位置参差错落的楼台亭榭多处。主厅远香堂为原园主宴饮宾客之所，四面长窗通透，可环览园中景色；厅北有临池平台，隔水可欣赏岛山和远处亭榭；南侧为小潭、曲桥和黄石假山；西循曲廊，接小沧浪廊桥和水院；东经圆洞门入枇杷园，园中以轩廊小院数区自成天地，外绕波形云墙和复廊，内植枇杷、海棠、芭蕉、竹等花木，建筑处理和庭院布置都很雅致精巧。

西区面积约为 12.5 亩，有曲折水面和中区大池相接。建筑以南侧的鸳鸯厅为最大，方形平面带四耳室，厅内以隔扇和挂落划分为南北两部，南部称“十八曼佗罗花馆”，北部名“三十六鸳鸯馆”，夏日用以观看北池中的荷蕖水禽，冬季则可欣赏南院的假山、茶花。池北有扇面亭——“与谁同坐轩”，造型小巧玲珑。东北为倒影楼，同东南隅的宜两亭互为对景。

早期王氏拙政园，有文征明的拙政园“图”、“记”、“咏”传世，比较完整地勾画出园林的面貌和风格。当时，园广袤约 13.4 公顷，规模比较大。园多隙地，中亘积水，浚沼成池。有繁花坞、倚玉轩、芙蓉隈及轩、槛、池、台、坞、涧之属，共有 31 景。整个园林竹树野郁，山水弥漫，近乎自然风光，充满浓郁的天然野趣。

经历 120 余年后，明崇祯四年（公元 1631 年）已荡为丘墟的东部园林，归侍郎王心一所有。王善画山水，悉心经营，布置丘壑，并以陶潜“归田园居”诗，命名此园。该园有放眼亭、夹耳岗、啸月台、紫藤坞、杏花涧、竹香廊等诸胜。可分为四个景区。中为涵青池，池北为主要建筑兰雪堂，周围以桂、梅、竹屏之。池南及池左，有缀云峰、联壁峰，峰下有洞，曰“小桃源”。步游入洞，如渔郎入桃源，桑麻鸡犬，别成世界。兰雪堂之西，梧桐参差，茂林修竹，溪涧环绕，为流觞曲水之意。北部系紫罗山、漾荡池。东甫为荷花池，面积达四五亩，中有林香楼。家田种秫，皆在望中。

乾隆初年，拙政园东部园林以西又分割成中、西两个部分。西部现有布局形成于光绪三年（公元 1877 年），由张履谦修葺，改名“补园”。遂有塔影亭、留听阁、浮翠阁、笠亭、与谁同坐轩、宜两亭等景观。又新建三十六鸳鸯馆和十八曼陀罗花馆，装修精致奢丽。中部系拙政园最精彩的部分。虽历经变迁，与早期拙政园有较大变化和差异，但园林以水为主，

池中堆山，环池布置堂、榭、亭、轩，基本上延续了明代的格局。从咸丰年间《拙政园图》、同治年间《拙政园图》和光绪年间《八旗奉直会馆图》中可以看到山水之南的海棠春坞、听雨轩、玲戏馆、枇杷园和小飞虹、小沧浪、听松风处、香洲、玉兰堂等庭院景观与现状诸景毫无二致。因而拙政园中部风貌的形成，应在晚清咸丰至光绪年间。

拙政园的不同历史阶段，园林布局有着一定区别，特别是早期拙政园与今日现状并不完全一样。正是这种差异，逐步形成了拙政园独具个性的特点。

因地制宜，以水见长。据《王氏拙政园记》和《归田园居记》记载，园地“居多隙地，有积水亘其中，稍加浚治，环以林木”，“地可池则池之，取土于池，积而成高，可山则山之。池之上，山之间可屋则屋之”。充分反映出拙政园利用园地多积水的优势，疏浚为池；望若湖泊，形成晃漾渺弥的个性和特色。拙政园中部现有水面近六亩，约占园林面积的1/3，“凡诸亭槛台榭，皆因水为面势”，用大面积水面造成园林空间的开朗气氛，基本上保持了明代“池广林茂”的特点。

疏朗典雅，天然野趣。早期拙政园，林木葱郁，水色迷茫，景色自然。园林中的建筑十分稀疏，仅“堂一、楼一、为亭六”而已，建筑数量很少，大大低于今日园林中的建筑密度。竹篱、茅亭、草堂与自然山水融为一体，简朴素雅，一派自然风光。拙政园中部现有山水景观部分，约占据园林面积的3/5。池中有两座岛屿，山顶池畔仅点缀几座亭榭小筑，景区显得疏朗、雅致、天然。这种布局虽然在明代尚未形成，但它具有明代拙政园的风范。

庭院错落，曲折变化。拙政园的园林建筑，早期多为单体，到晚清时期发生了很大变化。首先表现在厅堂亭榭、游廊画舫等园林建筑明显增加。中部的建筑密度达到了16.3%。其次是建筑趋向群体组合，庭院空间变幻曲折。如小沧浪，从文征明拙政园图中可以看出，仅为水边小亭一座。而八旗奉直会馆时期，这里已是一组水院。由小飞虹、得真亭、志清意远、小沧浪、听松风处等轩亭廊桥依水围合而成，独具特色。水庭之东还有一组庭园，即枇杷园，由海棠春坞、听雨轩、嘉实亭三组院落组合而成，主要建筑为玲珑馆。在园林山水和住宅之间，穿插了这两组庭院，较好地解决了住宅与园林之间的过渡。同时，对山水景观而言，由于这些大小不等的院落空间的对比衬托，主体空间显得更加疏朗、开阔。这种园中

园式的庭院空间的出现和变化，究其原因，除了使用方面的理由外，恐怕与园林面积缩小有关。光绪年间的拙政园，仅剩下1.2公顷园地。与苏州其他园林一样，占地较小，因而造园活动首要解决的课题是在不大的空间范围内，能够营造出自然山水的无限风光。这种园中园、多空间的庭院组合以及空间的分割渗透、对比衬托，空间的隐显结合、虚实相间，空间的蜿蜒曲折、藏露掩映，空间的欲放先收、先抑后扬等手法，其目的是要突破空间的局限，收到小中见大的效果，从而取得丰富的园林景观。这种处理手法，在苏州园林中带有普遍意义，也是苏州园林共同的特征。

园林景观，花木为胜。拙政园一向以"林木绝胜"著称。数百年来一脉相承，沿袭不衰。早期王氏拙政园31景中，2/3景观取自植物题材，如桃花片，"夹岸植桃，花时望若红霞"；竹涧，"夹涧美竹千挺"，"境特幽回"；"瑶圃百本，花时灿若瑶华"。归田园居也是丛桂参差，垂柳拂地，"林木茂密，石藓然"。每至春日，山茶如火，玉兰如雪，杏花盛开，"遮映落霞迷涧壑"；夏日之荷；秋日之木芙蓉，如锦帐重叠；冬日老梅偃仰屈曲，独傲冰霜。有泛红轩、至梅亭、竹香廊、竹邮、紫藤坞、夺花漳涧等景观。至今，拙政园仍然保持了以植物景观取胜的传统，荷花、山茶、杜鹃为著名的三大特色花卉。中部23处景观，80％是以植物为主景的景观。如远香堂、荷风四面亭的荷，倚玉轩、玲珑馆的竹，听雨轩的竹、荷、芭蕉，玉兰堂的玉兰，雪香云蔚亭的梅，听松风处的松，以及海棠春坞的海棠，柳阴路曲的柳，枇杷园、嘉实亭的枇杷，得真亭的松、竹、柏等。

拙政园的园林艺术，在中国造园史上具有重要的地位，它代表了江南私家园林一个历史阶段的特点和成就。

(2) 苏州留园

留园在苏州阊门外，留园是明万历年间太仆徐泰时建，时称"东园"。清嘉庆时归观察刘恕，名寒碧庄，俗称"刘园"。同治年间盛旭人购得，重新扩建，修葺一新，取"留"与"刘"的谐音，改名"留园"。科举考试的最后一个状元俞樾作《留园记》称其为"吴下名园之冠"。留园与拙政园、北京颐和园、承德避暑山庄齐名，为全国"四大名园"。

整体布局

留园占地30余亩，集住宅、祠堂、家庵、园林于一身，该园综合了江南造园艺术，并以建筑结构见长，善于运用大小、曲直、明暗、高低、收放等文化，吸取四周景色，形成一组组层次丰富、错落相连、有节奏、有色彩、有对比的空间体系。全园用建筑来划分空间，可分中、东、西、北四个景区：中部以山水见长，池水明洁清幽，峰峦环抱，古木参天；东部以建筑为主，重檐叠楼，曲院回廊，疏密相宜，奇峰秀石，引人入胜；西部环境僻静，富有山林野趣；北部竹篱小屋，颇有乡村田园风味。

留园的建筑在苏州园林中，不但数量多，分布也较为密集，其布局之合理，空间处理之巧妙，皆为诸园所不及。每一个建筑物在其景区都有着自己鲜明的个性，从全局来看，没有丝毫零乱之感，给人一个连续、整体的概念。

园内亭馆楼榭高低参差，曲廊蜿蜒相续有 700 米之多，颇有步移景换之妙。建筑物约占园总面积的 1/4。建筑结构式样代表清代风格，在不大的范围内造就了众多而各有特性的建筑，处处显示了咫尺山林、小中见大的造园艺术手法。

明徐泰时创建时，林园平淡疏朗，简洁而富有山林之趣。至清代刘氏时，建筑虽增多，仍不失深邃曲折幽静之趣，布局和现在大体相似，部分地方还保留了明代园林的气息。到盛氏时，一经修建，园显得富丽堂皇，昔时园中深邃的气氛则消失殆尽。

全园曲廊贯穿，依势曲折，通幽渡壑，长达六七百米，廊壁嵌有历代著名书法石刻三百多方，其中有名的是董刻二王帖，为明代嘉靖年间吴江松陵人董汉策所刻，历时 25 年，至万历十三年方始刻成。

建筑艺术

留园以其独创一格、收放自然的精湛建筑艺术而享有盛名。层层相属的建筑群组，变化无穷的建筑空间，藏露互引，疏密有致，虚实相间，旷奥自如，令人叹为观止。占地 30 余亩的留园，建筑占总面积的 1/3。全园分成主题不同、景观各异的东、中、西、北四个景区，景区之间以墙相隔，以廊贯通，又以空窗、漏窗、洞门使两边景色相互渗透，隔而不绝。园内有蜿蜒高下的长廊 670 余米，漏窗 200 余孔。一进大门，狭窄的入口内，两堵高墙之间是长达 50 余米的曲折走道，园景充分运用了空间大小、方向、明暗的变化，将这条单调的通道处理得意趣无穷。过道尽头是迷离掩映的漏窗、洞门，中部景区的湖光山色若隐若现。绕过门窗，眼前景色一览无余，达到了欲扬先抑的艺术效果。留园内的通道，通过环环相扣的

空间造成层层加深的气氛，游人看到的是回廊复折、接连不断错落变化的建筑组合。园内精美宏丽的厅堂，则与安静闲适的书斋、丰富多样的庭院、幽僻小巧的天井、高高下下的凉台亭馆、迤逦相属的风亭月榭巧妙地组成有韵律的整体，使园内每个部分、每个角落无不受到建筑美的光辉辐射。

留园建筑艺术的另一重要特点，是它内外空间关系格外密切，并根据不同意境采取多种结合手法。建筑面对山池时，欲得湖山真意，则取消了面湖的整片墙面；建筑各方面对着不同的露天空间时，就以室内窗框为画框，室外空间作为立体画幅引入室内。室内外空间的关系既可以建筑围成庭院，也可以庭园包围建筑；既可以用小小天井取得装饰效果，也可以室内外空间融为一体。千姿百态、赏心悦目的园林景观，呈现出诗情画意的无穷境界。

留园三绝

一绝：冠云峰。留园内的冠云峰乃太湖石中绝品，其集太湖石“瘦、皱、漏、透”四奇于一身，相传这块奇石还是宋末年“花石纲”中的遗物。北宋末年，虽然北面战事吃紧，金兵压境，但宋徽宗却在东京城内大兴土木，建造“延福宫”、“万寿山”。他下令在全国范围内征集奇花异石，夸口要搜罗天下珍品于宫廷之中。徽宗崇宁四年特地在苏州设立了苏杭应奉局，专门负责搜罗名花奇石。苏杭应奉局的主管叫朱缅，此人最善巴结上司，自当上了此官后，有采办“花石纲”的大权在手，于是放开手脚，拼命在民间搜刮。只要民家有一石一木被他打听到并看中，就会立刻派兵上门抢夺，谁敢反抗，即以对皇帝“大不恭”治罪。有时为了搬树移石，甚至拆掉民居的围墙或房子，当时朱缅从民间搜到的花石太多，以致终于激起了方腊农民起义。当时方腊起义军的一个口号就是“杀朱缅”，与方腊起义军相呼应，苏州地区也爆发了以石生为首的农民起义。不久，北宋政权由于国库空虚、民不聊生终于为金所灭，徽宗自己也做了俘虏。冠云峰就是未来得及运走的“花石纲”遗物。

二绝：楠木殿。楠木殿的柱子原来是由上好的楠木加工而成，但是在抗战时，楠木殿成了马棚，饥饿的行军马，把上好的楠木柱子啃得不成样子。后来，抗战胜利后修葺园子时，不得不用水泥把楠木柱糊住，外面又刷上漆。

三绝：鱼化石。留园的五峰仙馆内保存有一件号称“留园三宝”之一的大理石天然画“鱼化石”。只见一面大理石立屏立于墙边，石表面中间部分隐隐约约群山环抱，悬壁重叠，下部流水潺潺，瀑布飞悬，上部流云婀娜，正中上方，一轮白白的圆斑，就像一轮太阳或者一轮明月，这是自然形成的一幅山水画。这块直径 1 米左右的大理石出产于云南点苍山中，厚度也仅有 15 毫米。这么大尺寸的一块大理石是如何完好无损从相距千里之外的云南运到江南苏州的，至今还是一个谜。

(3) 无锡寄畅园

无锡寄畅园坐落在无锡市西郊东侧的惠山东麓，位于锡惠公园旁。

历史渊源

寄畅园园址在元朝时曾为二间僧舍，名“南隐”、“沤寓”。明正德年间（公元 1506～1521 年），曾任南京兵部尚书的秦金得之，并在原僧舍的基址上进行扩建，垒山凿池，移种花木，营建别墅，辟为园，取名为“凤谷行窝”。自秦金建园至今已有近 500 年的历史，虽屡经易主，但园主一直姓秦，所以寄畅园又名秦园。

寄畅园园林很小，不足 15 亩，但得天然之利，凭借其自然山水形胜和精湛的造园艺术，久享盛名。特别运用借景手法，把惠山峰峦、锡山塔影连成一片，成为山麓林园的一个范例。自明代以来受到不少文人画士的赞许和歌颂。

秦金死后，园为其族侄秦瀚及其子江西布政使秦梁所继承。嘉靖三十九年（公元 1560 年），秦瀚加以修葺，并改称“凤谷山庄”。

秦梁卒后，园改属其侄都察院右副都御史、湖广巡抚秦耀所有。秦耀系东林党人，万历十九年（公元 1591 年），秦耀因其师张居正被追论而解职归乡，回无锡后，心情郁闷，所以就寄抑郁之情于山水之间，改园名为“寄畅园”。

秦耀经过 8 年时间整理，到万历二十七年（公元 1599 年）寄畅园竣工。园内构景二十，每景各题诗一首，名为：嘉树堂、清响斋、锦汇漪、清籞、知鱼槛、清川华薄、涵碧亭、悬淙、卧云堂、邻梵阁、大石山房、丹邱小隐、环翠楼、先月榭、鹤步滩、含贞斋、爽台、飞泉、凌虚阁、栖玄堂，请著名文人王稚登写园记。万历一朝，没有人敢为张居正辩白，因此秦耀的冤案始终不得平反，秦耀就只能“优游林泉”13 年，于万历三十二年（公元 1604 年）含冤而死。秦耀死后，寄畅园“析而为四”，归四

个儿子执业。

清初顺治年间（公元1644～1661年），秦耀的曾孙秦德藻将园合并为一，并聘请经著名造园专家张涟重新布局，进行改建。张涟年轻时学画山水，兼善写真，后来就以其画意垒石，所垒的丘壑，仿效逼真。张氏参照惠山的山形地貌，把原有假山重加砌垒，模拟惠山连绵逶迤之状，并作为惠山余脉布置，堆成平岗小坡的形式，使之与惠山雄浑自然的气势相吻合。后又利用流经墙外的天下第二泉伏流，伴随涧间曲径，引导到假山中来。依据地形倾斜，顺势导流，创造曲涧、澄潭、飞瀑、流泉等水景。涓涓流水在涧道间产生“金石丝竹匏土革木”八种不同的音响。假山也因八音涧的布置增加了生动灵活之趣。这种精巧的造园艺术，是我国现存江南古典园林中叠山理水的杰出范例。从此，寄畅园名扬天下，四方诗人墨客、名人雅士路过无锡，必舍舟登岸，一游为快，甚至徘徊题咏，赞不绝口，留连忘返。相传著名画家王石谷还亲自来园写生，画寄畅园二十景图册。

寄畅园的全盛时期是在清朝康熙、乾隆年间。清代康熙、乾隆两个皇帝南巡，每次路过无锡，都亲临寄畅园观赏园景，题诗题词。尤其是乾隆还把寄畅园的布置结构绘图带到北京，依照寄畅园建造“惠山园”（即今颐和园内的“谐趣园”），于是秦园之名，显赫一时。

1952年秦氏后人秦亮工将寄畅园献给国家，经过无锡市人民政府不断的整修保护，逐渐恢复古园风貌。1988年被列为国家重点文物保护单位。

风景布局

凤谷行窝，是从惠山寺日月池畔入园的第一个建筑。入室为古朴门厅三间，正中悬“凤谷行窝”一额，系现代艺术大师朱屺瞻所书，两侧抱柱一联，联云：“杂树垂荫，云淡烟轻；风泽清畅，气爽节和。”厅堂两侧门楣上有砖刻，东为“侵云”，可见龙光塔高耸入云；西为“碍月”，可观惠山之高峰掩月。碍月门旁，前有石砌小池，池边湖石玲珑，四周回廊复合，形成寄畅园的园中之园。临池有厅屋三间，为秉礼堂，匾额系无锡仲许所书。循廊向前，有含贞斋三间，原是秦耀读书处。四周多植古松，秦耀曾有“盘恒抚古松，千载怀渊明”之吟。斋内有钱南周撰、王汝霖书的一联：“池含林采明于缬；山贻台华媚若细。”

邻梵阁位于惠山寺侧，原为秦耀寄畅园二十景之一，1980年重建。

邻梵阁横匾为现代书法大家尉天池所书，登临此阁，下有池水一泓，即惠山寺阿耨水，惠山寺的全景也被凭借入园。

美人石位于寄畅园东南角。从邻梵阁往东，有一小亭，旁有百年巨樟，绿荫垂地，亭中一碑，镌刻有乾隆御笔题诗和作画“介如峰图”。亭前一池，呈长方形，水平如镜。池东立一湖石，倚墙而立，颇如婷婷美人，对镜理妆，妩媚有姿，故湖石名“美人石”，池名“镜池”。1747 年乾隆第二次南巡至此，看到美人石，改称“介如峰”。锦汇漪位于寄畅园的中心，它汇集着园内绚丽的锦绣景点而得名。寄畅园的景色，围绕着一泓池水而展开，山影、塔影、亭影、榭影、树影、花影、鸟影尽汇池中。池北土山，与惠山山峰连成一气；而在嘉树堂向东看，又见“山池塔影”，将锡山龙光塔借入园中，成为借景的楷模。

郁盘在锦汇漪东南角，小亭六角，中悬“郁盘”匾。它是从唐朝王维《辋川园图》中“岩岫盘郁，云水飞动”之句得名。亭中有古朴的青石圆台一座，配以四个石鼓墩，据考为明代秦家遗物。传说乾隆召惠山寺僧人至此下棋，和尚棋艺非凡，杀得乾隆手足无措，僧人当即虚晃一枪，把棋让给乾隆。乾隆虽胜，自知望尘莫及，心中郁郁不乐，便下旨将此亭改为“郁盘”。郁盘廊和秉礼堂、邻梵阁一带，嵌有《寄畅园法贴》碑 200 方，全帖 12 册，前 6 册选择秦氏家藏御赐唐宋间名帖，后 6 册是秦氏家藏自宋至清名家墨宝。

知鱼槛位于锦汇漪中心，突出池中，三面环水，方亭翼然。槛名出自《庄子·秋水》“安知我不知鱼之乐”之句。园主在诗中写道：“槛外秋水足，策策复堂堂；焉知我非鱼，此乐思蒙庄。”

砖雕门楼位于知鱼槛西北，为仿明建筑。门楼正中有砖刻“寄畅园”三字，背刻马羊虎犬寓忠孝节义。门头紧接“清响”月洞门，小石狮嬉笑迎宾。前以假山作屏，可透过假山看真山，显露出山在园中、园亦在山中的独特意境，展示出借景之妙。

七星桥横跨在锦汇漪上，由七块黄石板直铺而成，平卧波面，几与水平，乾隆曾吟有“一桥飞架琉璃上”之句。过桥，就是嘉树堂，古屋三间，堂旁有廊桥，通涵碧亭，亭四方架水上。

八音涧原为悬淙涧，又名三叠泉。全用黄石堆砌而成。西高东低，总长 36 米。涧中石路迂回，上有茂林，下流清泉。涓涓流水，则巧引二泉水伏流入园，经曲潭轻泻，顿生“金石丝竹匏土革木”八音。八音涧上，

1981年复建原有的"梅亭"一座，黑瓦粉墙，金山石柱，典雅大方。

含贞斋曾经是寄畅园第三代园主秦耀的书斋。含贞斋的对面是九狮台。九狮台，又名九狮图石，是用湖石叠成的大型假山，高数丈，突兀峻峭。置有若干狮形湖石，而整座假山又构成一只巨大的雄狮，俯伏于青翠欲滴的绿树丛中。细细揣摩，可看出大小不一，姿态各异的狮子来，静中寓动，妙趣横生。

秉礼堂是寄畅园中的园中园。这组庭园面积不足一亩，却有整洁精雅的厅堂、碑廊，又有自然得体的水池、花木和太湖石峰，无论从哪个角度看都是一幅美丽的图画，使你尽情享受中国造园艺术的异趣神韵。

（4）南京瞻园

瞻园是南京现存历史最久的一座园林，已逾600年。明初，朱元璋因念功臣徐达"未有宁居"，特给中山王徐达建成了这所府邸花园。经徐氏七世、八世、九世三代人修缮与扩建，至万历年间已初具规模。清顺治二年（公元1645年）该园成为江南行省左布政使署。

瞻园的规模不大，但布局典雅，曲折幽深，称得上是江南园林中的玲珑佳品。其主要特色是三座各具风姿的假山。

乾隆皇帝南巡时，曾两度到瞻园游览，并亲笔题写了"瞻园"匾额。太平天国定都南京时，曾先后作为东王杨秀清与夏宫副丞相赖汉英的府第。清同治三年（公元1864年）太平天国天京保卫战，该园毁于兵燹。清同治四年（公元1865年）和光绪二十九年（公元1903年）两次重修，但园景远不及旧观。

民国时，江苏省长公署等政府机关曾设园内。瞻园历经侵削，范围日狭，花木凋零，峰石徙散，虽曾几度修葺，均不能制其圮落。

新中国成立后，中共南京市委书记彭冲指示重修瞻园。同年修缮工作开始，一期工程为修建瞻园西部。历时6年，用太湖石1800吨，使瞻园面貌一新。1985年二期工程上马，1987年竣工。共增园林面积近4000平方米，修建楼台亭阁13间，建筑面积2882平方米。扩建后的瞻园，东西二园合一，其山水布局既保留了明清园林风格，又汲取现代南北方造园艺术精华，形成兼容并蓄之特色。园内有乔灌木810株，竹类面积400平方米。东瞻园有太平天国历史博物馆展区、水院、草坪区、古建区，西瞻园有西假山、南假山、北假山、静妙堂等景点。

第五节 寺庙园林建筑

中国古寺建筑的传统宫殿式格局，又使寺院本身就具有园林曲折、幽深的特点。魏晋、六朝时期，随着佛教的传播，寺庙园林建筑日益普及。至唐宋时期，随着佛教文化、道教文化、儒家文化的相互融合，佛教文化得到迅速发展，寺观的建筑布局形式趋于统一，即为伽蓝七堂式；而中国的寺庙园林建筑也日益趋同。

1. 寺庙园林建筑的布局

寺庙园林的选址一般是在有山有水、风景优美的地方。“自古名山僧占多”，就是对寺庙园林选址规律性的总结。

寺庙园林的前导部分是其序景。长长的香道，既是寺庙的主要交通路线，在宗教意义上也成了从“尘世”通向“净土”、“仙界”意境的酝酿阶段。大多结合丛林、溪流、牌坊、小桥、放生池等，起到铺垫、渲染宗教气氛，激发、增强游人兴致，逐步引入宗教天地和景观佳境的作用。主体建筑常常是以殿堂为中心的建筑群落组成。它多占据寺庙园林的主要部位，采用四合院或廊院的格局，以对称规整、封闭静态的空间，表现宗教的神圣。寺庙园林建筑的主体建筑造型优美、色彩辉煌并引人入胜，充满了宁静、平和而内向的氛围，象征着佛教中的“极乐世界”。

很多寺庙园林建筑在营造上都以禅宗精神贯穿始终。寺庙园林所占的面积是有限的，而造园家通过借景、障景和虚景等手法，对空间进行组织、扩大，产生丰富的美感，使得“心量广大，犹如虚空”的佛境得以体现。杭州韬光寺“有石楼方丈，正对钱塘江，尽处即海，洪涛浩渺，与天相接。十洲三山，如在目睫”的境界。寺庙虽小，而在游目骋怀、仰眺俯瞰之间，便会产生“楼观沧海日，门对浙江潮”的宏远旷达意境，与“来去自由，通达无碍”的禅境相吻合。

2. 寺庙园林建筑的类型与典范

在中国的园林发展历史上，佛教作为中国文化的重要组成部分，以其独特的风格影响着中国古代园林建筑的发展，同时它们又相互融合，充分体现了中国建筑文化的多元互补的特色。所以，中国古代的寺庙园林建筑文化以佛教禅宗为底蕴，融合吸收传统建筑文化的精华，铸就了具有深厚古典文化内涵的典型艺术表现形式。

(1) 北京大觉寺

北京大觉寺在北京海淀区西郊群山环抱的旸台山麓。寺内以清泉“玉兰”和“杏林”闻名京华。这座寺庙始建于辽咸雍四年（公元1068年），初名“清水院”。金时为“西山八大院”之一，称“灵泉寺”。明正统十四年（公元1449年）重修，清康熙五十九年（公元1720年）、乾隆十二年（公元1747年）大修，以后又经过后人的不断维修，使大觉寺的各类建筑保存完好。

大觉寺坐西朝东，各种建筑依山势层叠而上，颇为壮观。全寺分中路、北路和南路三大部分，中轴线上依次为山门、天王殿、大雄宝殿、无量寿佛殿、龙王殿等。各大殿中的观音塑像、铸观音像均为明代遗物。藏经楼高三层，是该寺的最后一座重要建筑。四宜堂、憩云亭、领要亭等清代园林建筑，布列于南路，北路为僧舍。此外还有一座舍利塔，是清代乾隆年间（公元1736～1795年）该寺住持伽陵禅师的墓塔。耸立在碑亭中的辽碑《旸台山清水院创建藏纪记》，记述了大觉寺的历史沿革，也是该寺保存的一件最为珍贵的文物。大觉寺后部有龙潭，潭中泉水经石槽在寺内顺势流淌，清丽动人。四宜党院中的一棵玉兰树，种植于乾隆时期，与法源寺的丁香、崇效寺的牡丹齐名。

(2) 西山八大处

西山八大处位于北京西山，是一座典型的佛教寺庙园林，素来以三山、八刹、十二景著称。八大处指以下八处：

长安寺

长安寺原名“善应寺”，创建于明弘治十七年（公元1504年）。后历经修建，规模日大，改称长安寺。

长安寺西倚翠微山，坐西朝东，红墙围绕，两进四合。入门便是一砖石景壁，上有“登欢喜地”四字。沿西向甬路前行，登数十级台阶为该寺山门殿。殿内供关羽像，又称“关公殿”。向后分别为“大雄宝殿”、“大士殿”，布局严整对称。其中大士殿前两株白皮树尤为醒目，虽历数百年沧桑仍枝繁叶茂，而在京城古木名树中占得一席之地。

长安寺原有五百罗汉雕像，史料中对长安寺尚有：“门列天兵十，状极诡异，庑下有五百罗汉”的记载，现已无存，但从中可见长安寺当年的地位和风貌。

灵光寺

灵光寺是八大处现存最重要的一座寺院，始建于唐大历年间（公元766～779年）。灵光寺山门殿面朝东南，山门殿中供奉释迦牟尼佛纯铜贴金造像，为泰国僧王赠送。灵光寺内原有五进庙堂，现仅存大悲院、鱼池院、塔院三处院落。大悲院中，南有观音殿，北有拜佛堂，东西各有陪房十四间。院西南有一金鱼池，建于清咸丰年间，原为寺内放生池。池畔有辽代“招仙塔”塔基一座，又名“画像千佛塔”，此塔毁于清末“八国联军”炮火。后寺内僧人在清理旧塔基时发现了供有佛祖释迦牟尼灵牙舍利的石函。北行过一回廊为原卧游轩、居士院及方丈院。现方丈院中有1958年所建佛牙舍利塔，塔中舍利阁内以纯金七宝塔供奉佛祖灵牙一颗。2000年，中国佛教协会新建了玉佛殿和已故佛教协会会长赵朴初手书《般若波罗密多心经》影壁。因佛牙舍利在世界上仅存两颗，使灵光寺成为全世界佛教僧众顶礼膜拜的地方。

三山庵

三山庵俗称麻家庵，是“西山八大处”中第三处。三山庵在灵光寺西数百步。在翠微、平坡、卢师三山之间，故名。三山庵创建于金天德三年（公元1151年）。山门殿三间，正对山门是大殿五间，内供释迦牟尼塑像，门楣上方有“是大世界”横匾，门槛下有汉白玉阶石一方，名“水云石”，上有山水人物、鸟兽花木等天然纹理，遇水即现，耐人寻味。东厢后门有一敞轩与之相接，额题“翠微入画”，两边有抱柱联一副曰：“远水近山澄雾色；清风明月净禅心。”此处地势朗豁，视野极开，纵目远眺，山水景色如在画中。清雍正、乾隆年间有高僧达天通理禅师曾在此研磨禅理，著书立论，一时名闻遐迩。

大悲寺

大悲寺位于三山庵与龙泉庵之间的山腰处。大悲寺旧名“隐寂寺”，始建于辽金时代（公元1033年），明嘉靖二十九年（公元1550年）在原有两层大殿后增建了大悲阁，以供奉观世音菩萨。现在殿檐的北面，有一块明世宗嘉靖二十九年碑石，上面刻凿了建寺的经过：“今隐寂寺者，在都城之西，其地直圆，通翠微之界，山势至此，冈陇盘回，风气郁积，有树木泉源之胜，四方云水缁流，多集其间，寺后有余地，遂起为大悲阁。”

清康熙五十一年（公元1712年）重建此庙，改为“大悲寺”。乾隆六十年（公元1795年）再度重修。山门殿后为大雄宝殿。殿前有明代古竹两池，青翠欲滴。殿内正中供三世佛，两侧“十八罗汉”雕像相传是元代著名雕塑家刘元的杰作。雕像形态各异，道气深沉，栩栩如生。其像皆以檀香木粉和精砂为胎精雕而成，至今仍散发出绕梁香气。

大悲寺在元、明两代皆为名刹，清代康熙、朝降时期香火尤盛。康熙帝几度幸临此寺，召见慧灯和尚，并赐诗，赐“敕建大悲寺”匾额等。后来，乾隆帝也曾赐住持古梅和尚诗，可见清帝对大悲寺恩宠有加。

龙泉庵

龙泉庵又名龙王堂，位于大悲寺西北，始建于明仁宗洪熙乙巳年（公元1425年）。清顺治二年（公元1645年）于该处发现一泓清泉，遂修建了一座龙王庙。

全庵共有五个院落，分为上、中、下三层，除主殿龙王堂外，还有卧游阁、听泉小榭、妙香院和华祖院。整个院内松高柏巨，如云蔽日，夏日里凉爽异常，极宜消暑。此庵山门小巧，入山门即得一方池，泉水不断从池中龙口流出，注入池内。该泉名曰“龙泉”，四时不涸，经化验泉水为天然高锶矿泉水。池左有听泉小榭，若深秋莅此，入榭小憩，便可一边品茶，一边听泉，一边赏红叶，悠然如入仙境。上方为龙王堂，北院原称慧云寺。

香界寺

香界寺位于北京西山余脉平坡山龙王堂西北，是八大处中面积最大的一座寺院，因这里山势平缓，又名“平坡寺”。该寺创建于唐乾元初年（公元758年），明洪熙元年（公元1425年）重建，改称“大圆通寺”。清康熙十七年（公元1678年）再次重建，改称“圣感寺”。乾隆十三年（公元1748年）经重修改名为“香界寺”，意为“香林法界。”

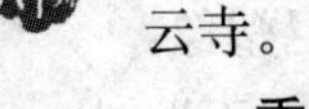

香界寺依山取势，气势雄伟壮观，是历代帝王游山驻跸之所。寺分左、中、右三路，共五进院落。

中路行进，山门殿上方悬一石额，上镌“敕建香界寺”，为乾隆御笔。二进院落内古松虬枝盘旋，张牙舞爪，故称“龙松”。另有钟鼓二楼分列左右。后为天王殿，面阔三间，内供四大天王、契比和尚（俗称大肚弥勒佛）和韦驮。

拾阶而上有正殿五间，名圆雄宝殿，殿前有石碑二通。其中左碑碑阳刻有“大悲菩萨自传真像”，相传为康熙年间重修寺庙时出土的古碑；碑阴刻有“敬佛”二字，大如洪斗，为康熙御笔。四进院落格局与三进相仿，正殿为大雄宝殿，供三世佛与十八罗汉。五进院落为藏经楼。

左路为一别院，仅精舍三间，右路为“行宫院”，为乾隆帝避暑的行宫。

宝珠洞

宝珠洞创建于清乾隆四十六年（公元1780年）。寺前有一座木结构牌楼，匾额内外分镌“坚固林”和“欢喜地”，为乾隆皇帝御笔。过牌楼前行，可见一天然巨石赫然路旁，石上约略可见行书《宝珠洞诗》，落款处镌有乾隆御玺印迹。

宝珠洞临崖而建大殿两层，其中“眺望轩”、观音殿连同左右配房形成一层院落。观音殿后有一石洞，宽广约4米。洞内砾石如珍珠黑白杂陈，晶莹闪烁，故此该洞以“宝珠”命名。相传，康熙年间有一海岫禅师在此梵修，多次受到皇帝召见。据说他能诵经驱鬼，故又得名“鬼王菩萨”。洞内原有其肉身法像，早经毁坏，现为汉白玉石雕像。宝珠洞顶上为阿弥陀佛殿，原有额曰“舍轮妙果”，右边横额曰“云卧天窥”，皆为乾隆御笔。

此处是远眺京城美景、观赏日出的极佳处，故有“京西小泰山”之誉。

证果寺

证果寺始建于唐天宝年间（又传建于隋仁寿年间），是八大处最古老的一座寺院。寺中一株古黄连木树龄600年以上，为京城所独有。

证果寺坐北朝南，位于卢师山腰。山门石阶数十级。阶下竖有二碑，山门之上石额镌有“古刹证果寺”字样。山门以北为大雄宝殿。殿前有铜钟一口，铸于明成化六年（公元1470年），钟身铸有《摩诃般若波罗密多心经》，字样隽秀，铸造精良。殿东为禅堂院。

大雄宝殿以西有一院，院门为宝瓶形，青石制作，门两侧刻有对联一副曰：“曲径通幽处；禅房花木深。”出此小院西门，有座重檐八角亭。亭北是一宽大的敞轩，内悬木制匾额，上刻“招止亭”三字。匾下嵌一碑，上刻《秘摩崖招止亭记》。敞轩以北为秘魔崖。但见此处一巨石自山顶凌空而出，突兀奇险。石上镌刻“天然幽谷”四字。旁侧有一洞，名“真武洞”，相传隋唐时有卢师和尚在此修行，因其为民祈雨有验，御赐为“感应禅师”。

八大处除“三山”、“八刹”之外，更有宜人的四时景色可供玩赏。可谓春有杏林，夏有泉，秋有红叶，冬有雪。绝顶远眺、春山杏林、翠峰云断、卢师夕照、烟雨鹃声、雨后山烘、水谷流泉、高林晓日、五桥夜月、深秋红叶、虎峰叠翠、层峦晴雪十二景浓缩了八大处四季最为迷人的景色。

第十四章

楼阁、牌楼建筑

在中国辽阔的土地上，楼阁、牌楼建筑随处可见，这些各具特色的建筑，折射出中华文明的丰富多彩、博大精深。

第一节 楼阁建筑

楼阁是两层以上金碧辉煌的高大建筑，可以供游人登高远望，休息观景，还可以用来藏书供佛，悬挂钟鼓。在中国，著名的楼阁很多，如临近大海的山东蓬莱阁、北京颐和园的佛香阁、江西的滕王阁、湖南的岳阳楼、湖北的黄鹤楼等。

1. 楼阁建筑的规划理念

“白日依山尽，黄河入海流；欲穷千里目，更上一层楼。”唐代诗人王之涣的《登鹳雀楼》是“唐人留诗”中的不朽之作，也对楼阁——中国古代的高层建筑赋予了建筑之外更多的人文内涵。

早期“楼”与“阁”有所区别。“楼”指重屋，多狭而修曲，在建筑群中处于次要位置；“阁”指下部架空、底层高悬的建筑，平面呈方形，两层，有平坐，在建筑群中居主要位置。所以，《说文》中云：“楼，重屋也。”“阁”是由干阑（即以树干为栏的木阁楼，亦作“干栏”）建筑演变

而来的。“楼”与“阁”在型制上不易明确区分，而且人们也时常将“楼阁”二字连用。所以，后来“楼”与“阁”互通，无严格区分。

楼阁建筑在古代的宫城和园林中出现的频数颇多，无论是在以庄严肃谨为主体的皇家宫苑还是以谐趣别致为主体的私家园林中都能够看到楼阁的身影。楼阁建筑在园林中的功能有多种，不但可以作为游客休息之处，还可作为景观观赏的对象，同时楼阁又是园林的重要观景位置或最佳视角位置。

楼阁建筑不仅有其实用功能深层次的文化作用，更有观景功能和艺术功能，因此楼阁建筑在布局时是从自然、文化、历史、地理、地域等具体条件出发，因地制宜地进行设计的建筑艺术结晶。中国古代的建筑师们在建造楼阁建筑时往往善于利用日照、山形、水势、风向来布局，因而建筑完成的楼阁大多是善于“借景”，善于选择远眺的景色。

2. 楼阁建筑的起源与发展

楼阁建筑是中国古代建筑体系的重要组成部分，它起源于中国独有的高台建筑。春秋战国时，双层楼阁建筑已十分普遍。青铜器上常刻有楼阁宴乐的画面。

秦汉时期，由于神仙方术盛行，使高台建筑发展。除了常见的军事或祭祀上的意义，“仙人好楼居”让两个笃信神仙方术的帝王——秦始皇与汉武帝为建造楼阁乐此不疲，使汉代高台建筑达到鼎盛时期。如汉武帝在宫中修建柏梁台、承露台、飞廉台和通大台等都极其高大峻伟。出土的汉代建筑模型中的陶楼，最高者竟达七层，至高至伟之美已是事实。

木构楼阁的出现可谓中国木架构建筑体系成熟的标志之一。汉代，明器和画像砖上已经可以窥见中国楼阁建筑形象，这也是中国现今最早的楼阁建筑形象资料。

东汉中后期的墓寝中，有大量的炫耀地主庄园经济的陶制楼阁和城堡、车、船模型，具有明显的时代特征。其中常有高达三四层的方形阁楼，每层用斗拱承托腰檐，其上置平坐，将楼划分为数层。其实，屋檐上加栏杆的方法，在战国铜器中已见，而汉代运用在木架构上，满足遮阳、避雨和凭栏眺望的要求。各层栏檐和平坐有节奏地伸出和收进，使外观稳定又有变化，并产生虚实明暗的对比，创造中国阁楼的特殊风格。南北朝盛极一时的木塔就是以此为基础而建造成的。

魏晋时期，随着佛教的传入以及佛教文化与中国神仙思想、传统文化的融合，中国楼阁式建筑自然成了安置佛陀的最合适选择，使魏晋时期中国古代高台楼阁建筑成了中国佛教“浮屠”的建筑基础模范。

北宋时期是中国楼阁建筑的集大成时期，当时出现了很多能工巧匠，这对楼阁建筑的发展起到了推动的作用，其中北宋初年的木架构专家喻皓就是一位杰出的代表。喻皓是一位出身卑微的建筑工匠，在长期的实践中，他勤于思索，并善于向别人学习，因而在木架构建造技术方面积累了丰富的经验，尤其擅长建筑多层的宝塔和楼阁。宋太宗时，太宗皇帝想在京城汴梁建造开宝寺11级木塔，并从全国各地抽调了一批名工巧匠和擅长建筑艺术的画家到汴梁进行设计和施工。喻皓就在其中，并且受命主持这项工程。为了建好宝塔，他事先造了个宝塔模型：塔身是八角十三层，各层截面积由下到上逐渐缩小。当时有一位名叫郭忠恕的画家提出这个模型逐层收缩的比率不大妥当。喻皓很重视郭忠恕的意见，对模型的尺寸进行了认真研究和修改，才破土动工。在广大劳动工匠的辛勤努力下，端拱二年八月，建成了雄伟壮丽的八角十三层琉璃宝塔，这就是有名的开宝寺木塔。这座塔高360尺（宋朝一尺大约合30.72厘米），是当地几座塔中最高的一座，也是当时最精巧的一座建筑物。可是塔建成以后，人们发现塔身微微向西北方向倾斜，感到奇怪，便去询问喻皓是怎么回事。喻皓向大家解释说：“京师地平无山，又多刮西北风，使塔身稍向西北倾斜，为的是抵抗风力，估计不到100年就能被风吹正。”原来这是喻皓特意这样做的。可见喻皓在设计的时候，不仅考虑到了工程本身的技术问题，而且还注意到周围环境以及气候对建筑物的影响。对于高层木架构的设计来说，风力是一项不可忽视的荷载因素。在当时条件下，喻皓能够作出这样细致周密的设计，是一个很了不起的创造。据说，开宝寺在建成后，喻皓曾求度为僧，数月后卒。可惜的是，这样一座建筑艺术的精品，在宋仁宗庆历年间（公元1041～1048年）的一次火灾中被烧毁，没有能够保存下来。

木架构楼阁建筑是我国古代的代表性建筑。经过长期的经验积累，到了宋朝，木架构技术已经达到了很高的水平，并且形成了我国独特的建筑风格和完整的体系。但是当时这种技术主要靠师徒传授的办法来传播，还没有一部专书来记述和总结这些经验，以致许多技术得不到交流和推广，

甚至失传。为此，喻皓决心把历代工匠和本人的经验编著成书，经过几年的努力，终于在晚年写成了《木经》三卷。《木经》的问世不仅促进了当时建筑技术的交流和提高，而且对后来建筑技术的发展产生了很大的影响。

3. 楼阁建筑的类型与典范

古往今来，历朝历代，上至真命天子，下到州官县府，都喜欢修建楼阁。中国古代的楼阁，或用来纪念大事，或用来宣扬政绩，或用来镇妖伏魔，或用来求神拜佛。中国楼阁建筑的类型，依据其功能意义，可以划分为民居楼阁、文化楼阁、宗教楼阁、军事性楼阁和游赏性楼阁。

民居楼阁是一种独特的中国古代居室建筑。有些是木竹材料建构的，有些是石砖材料建构的；有些属于休闲赏玩的怡楼雅阁，有些属于安身息住的静阁寝楼。文化楼阁主要用于储藏经书，如明代浙江天一阁和储存《四库全书》的清代皇家藏书楼文渊阁、文津阁、文澜阁、文溯阁、文汇阁等。宗教楼阁是宗教建筑最为常见的形式，尤其中国本土道教建筑发达。宗教楼阁内常供奉高大佛像或神像，成为寺院的中心建筑。军事性楼阁如城楼、箭楼、敌楼、城市中心的钟鼓楼等，用于抵御、灭杀来犯之敌或传达通告某些军事信息。一般军事性的楼阁平面较为简单，多体量高大、宏伟壮观。游赏楼阁依据其可登临远眺、观赏风景和楼阁自成风景的特点，成为中国古建筑文化中最具有人格吸引力的建筑体。

中国古代多在临水之地建楼，取凭高远眺，极目无穷之妙。达官显贵、墨客骚人登楼一游，或际会四方之客，或酬唱应和之曲，在放悲声、抒情怀、低吟浅唱、壮怀激烈之后，皆可乘兴而来，尽兴而去，故中国历代名楼皆有名诗佳作千古传唱。

(1) 岳阳楼

屹立在洞庭湖畔的岳阳楼，是我国古建筑中的瑰宝，自古有“洞庭天下水，岳阳天下楼”之誉。岳阳楼所处的位置极好。它屹立于岳阳古城之上，背靠岳阳城，俯瞰洞庭湖，遥对君山岛，北依长江，南通湘江，登楼远眺，一望无垠，白帆点点，云影波光，气象万千。

岳阳楼是什么时候建的，说法不一。一般都认为它始建于唐，后毁于兵燹，北宋年间重修和扩建。岳阳楼的出名，在很大程度上是由于北宋著名文学家范仲淹（公元989～1052年）写了一篇不朽的散文《岳阳楼记》。据说，当时巴陵郡守（岳阳在宋时属巴陵郡）滕子京集资重修了岳阳楼。

滕子京是很有才学的人，在楼落成之时，凭栏远眺，不禁诗兴大发，写了一首词："湖水连天，天连水，秋来分澄清。君山自是小蓬瀛，气蒸云梦泽，波撼岳阳城。帝子有灵能鼓瑟，凄然依旧伤情。微闻兰芷动芳馨，曲终人不见，江上数峰青。"59个字写景抒情，很有气势。但是范仲淹应滕子京之请，为岳阳楼作记，写得就更好。《岳阳楼记》共360字，文情并茂，读之感人肺腑。文中许多警句已成为后人处世待人的格言，其中"先天下之忧而忧，后天下之乐而乐"两句，更为人所传诵。

滕子京重修的岳阳楼，在明崇祯十一年（公元1639年），毁于战火，翌年重修。清代多次进行修缮。清光绪六年（公元1880年），知府张德容对岳阳楼进行了一次大规模的整修，将楼址内迁6丈有余。解放后，政府多次进行维修，1983年又进行了一次落架重修，把已腐朽的构件，按原件复制更新。

岳阳楼的建筑很有特色。主楼3层，楼高15米，以4根楠木大柱承负全楼重量，再用12根圆木柱子支撑2楼，外以12根梓木檐柱，顶起飞檐。彼此牵制，结为整体，全楼梁、柱、檩、椽全靠榫头衔接，相互咬合，稳如磐石。其建筑的另一特色，是楼顶的形状酷似一顶将军头盔，既雄伟又不同于一般。

(2) 光岳楼

位于山东省聊城市旧城中心的光岳楼，始建于明初洪武七年（公元1374年）。当年东昌卫守御指挥佥事陈镛重修土城为砖城时，利用筑城的余料，修筑了光岳楼，因此光岳楼初名又为"余木楼"。东昌府府治设在聊城以后，又改称"东昌楼"。

明弘治九年，考功员外郎李赞在他的"题光岳楼诗序"中说："余过东昌，访太守金天锡先生。城中一楼高壮极目。天锡携余登之，直至绝阁，仰视俯临，毛发欲竖。因叹斯楼，天下所无，虽黄鹤、岳阳亦当望拜。乃今百年矣，尚寞落无名称，不亦屈乎？因与天锡评命之曰：'光岳楼'，取其近鲁有光于岱岳也。因和敖翰林诗一律，以归天锡，不知斯楼以为何如？"此后数百年来，直到今日，都一直沿用了"光岳楼"这一称谓，当地人却习惯地称之为“鼓楼”。

光岳楼为四重檐歇山十字脊过街楼阁，由砖石砌成的正四棱墩台和四层全木结构的主楼组成，全楼通高33米，合九丈九尺。在中国的传统文化中，九为阳数之极，因此楼高的设计寓有其不可超越之意。墩台四面中部各辟一半券拱门，券至台中心处为十字交叉拱，可容车马通行。四面拱门上方各砌有方形门额，南曰“文明”，北曰“武定”，东曰“太平”，西曰“兴礼”。清乾隆七下江南，六次东巡，九过东昌府，五次登上了光岳楼，故主楼二层的文昌阁又称“乾隆行宫”。

光岳楼是中国现存古代建筑中最古老、最高大的木构楼阁之一，其建筑风格显示出由宋向明清的过渡。据说，若从建筑学的角度来讲，光岳楼在结构上继承了唐宋建筑的传统，在形式上则承袭了宋元楼阁的遗制，同时又显示了明初建筑的某些特点。因此，光岳楼是我国建筑史上难得的佳作。

除了赫赫有名的岳阳楼和光岳楼外，游赏性楼阁还有：位于山东烟台的蓬莱阁、广西容县境内的真武阁、安徽马鞍山的太白楼、浙江嘉兴的烟雨楼、广州越秀山上的镇海楼、贵州贵阳的甲秀楼、四川成都的望江楼、云南昆明的大观楼、山西永济的鹳雀楼等。

第二节 牌坊建筑

谈中国建筑就不能不说牌坊了。牌坊又叫牌楼，是一种门洞式纪念性建筑物，是封建社会为表彰功勋、科第、德政以及忠孝节义而立。另一方面，牌坊又是祠堂的附属建筑物，昭示家族先人的高尚美德和丰功伟绩，兼有祭祖的功能。此外，也有一些宫观寺庙以牌坊作为山门，还有的地方是用其来标明地名。

牌坊建筑具有明显而浓郁的中国风情，是中国传统建筑中非常重要的一种建筑类型。所以，现在很多海外的“唐人街”还常把牌坊建筑作为标志。

1. 牌坊建筑的规划理念

牌坊是由棂星门演变而来，开始用于祭天、祀孔。棂星原作灵星，灵星即天田星，为祈求丰年，汉高祖规定祭天先祭灵星。宋代则用祭天的礼仪来尊重孔子，后来又改灵星为棂星。《诗经·陈风·衡门》上就有“衡门之下，可以栖迟”的诗句，这里的“衡门”即早期的牌坊了。

牌坊建筑为最初的牌坊呈门楼（坊）形式，也就是在两个望柱之间连以额枋、上书名称，后来演变为里坊大门，作为建筑群的入口性建筑物。此后逐渐形成一种旌门制度，具有门第高低的标志作用。唐以后，坊门演变成牌坊，失去了原有的门第等级功能，演绎成街头、巷口一个上方悬挂坊名匾牌的标志性建筑。

牌坊滥觞于汉阙，成熟于唐、宋，至明、清登峰造极，并从实用衍化为一种纪念碑式的建筑，被广泛地用于旌表功德、标榜荣耀，不仅置于郊坛、孔庙中，而且在宫殿、庙宇、陵墓、祠堂、衙署和园林前和主要街道的起点、交叉口、桥梁等处也有建造。牌坊建筑的景观性很强，常常在建筑群中起到点题、框景、借景等效果。

2. 牌坊建筑的类型与典范

中国的古牌坊风格多种多样，随其所在地区，所附属主体建筑性质的不同，以及本身的修建用途，而形成庞大的极有特色的古代建筑品种，成为中国古建筑象征之一。

中国的牌坊大体分南、北两派。南派牌坊秀丽精巧，尤其是苏（州）式牌坊，淑女气十足；北派牌坊多为宫廷建筑，较有男子气概，显得凝重粗犷。

另外，从牌坊的主要建筑材料上看，有石牌坊、木牌坊、砖牌坊、琉璃牌坊、砖石木合造牌坊等。

石牌坊从结构上看繁简不一，简单的只有一间二柱，无明楼；复杂的有五间六柱十一楼等。由于结构特点，有些虽为三间四柱式，却只有花板而无明楼。石牌坊建筑上的浮雕镂刻极有特色，如果石质坚细，精细的图案历经数百年依旧生动。曲阜孔庙前的“太和元气”石牌坊是四柱三间冲天柱的形式，在每间的上面，用一整块石料代替了几层额枋，再上面只盖一块三角形瓦顶形石料，省去顶下檐部；立柱下有抱鼓石，上面各有一蹲兽。

木牌坊建筑在基础以下（地下部分）打柏木桩，俗称“地丁”；基础

以上的柱子下部用“夹杆石”包住。不出头式木牌坊，柱子顶端以“灯笼榫”直达檐楼正心行（檩）缎，与檐楼斗拱连接一体，柱上不另有坐斗，拱翘均插入榫内。楼顶部以悬山或庑殿式顶常见。

琉璃牌坊的形式不多，基本上是仿三间四柱、柱不出头式木牌坊形式。先用圆柏木或方石料作成哑巴边柱，中柱上装木或石制的万年枋，即为“骨架”；外面包砌城砖，两柱中间留出半圆券门；最外用浅花琉璃贴镶成边柱、中柱、大小额枋、高拱柱、折柱、花板、平板枋以及斗拱雀替等形状，俗称“贴落”。高拱柱中间嵌清白石字匾，两侧为龙凤花匾。正、次楼均做歇山顶，夹楼做夹山顶，边楼外侧做歇山顶，屋面挂黄琉璃瓦绿减边瓦。柱子下部做夹杆石，柱间墙身下为须弥座式台基。墙面可满贴琉璃佛龛花饰或抹红灰，并做白石券脸。台基前做三踏跺或礓礤。前面设石狮座一对。琉璃牌坊的造型色彩颇为绚丽。

中国最大的古牌坊群在安徽歙县棠樾村。棠樾牌坊群是我国古代牌坊的杰出代表作，它是棠樾村鲍氏家族经明、清两代而建成。“棠”是棠梨树，“樾”为两树交荫之下，“棠樾”意为棠荫之处，村名由此而来。这是一个古老的村落，自宋元以至明清，一直绵延了八百余年。该村的鲍氏是一个以“孝悌”为核心，严格奉行封建礼教、倡导儒家伦理道德的家庭。

自宋以来，这个家族中曾出现了许多忠臣孝子和节妇。孝、忠的事迹则尤为突出，同时，这个家族又是地域文化的旺族，以富商大贡众多而闻名于世，历史上出现了“上交天子，藏镪百万”号称江南首富、显赫一时的大徽商鲍志道。显赫的家族创造了显赫的牌坊，牌坊群按“忠、孝、节、义”顺序排列，勾勒出封建社会“忠孝节义”伦理道德的概貌，包含了封建礼教的全部内容。

西边的一座叫“鲍灿孝子坊”，建于明嘉靖初。鲍灿是明代成化年间一个博学多才而又有教养的儒生，虽没做官，但非常孝顺。据说，母亲七十多岁，两脚生毒疮，他昼夜不离母亲的病床，侍奉饮食、药汤，用口吮吸清净毒疮的伤口，疮口终于好了。乡人都说是他的孝心治愈了母亲的病。他的孙子鲍象贤做到兵部左侍郎（正二品），屡建战功，皇帝饮水思源，荣封三代，并追赠鲍灿为兵部右侍郎。历代帝王都把“孝”作为修身、齐家、治国的根本思想，故立牌标榜。

第二座是“慈孝里坊”。该坊建于明永乐十八年。坊上龙凤板的“御制”二字说明乃皇帝从国库拨款建造的。宋末元初，徽州府城守将李世达

谋反，到处搜掠钱财。得知棠樾鲍家有钱，便将鲍寿孙同其父鲍宗岩捆在村后龙山上的两棵古松下。当刀刃逼近父亲的咽喉时，躲在草丛中的儿子一跃而起，跪在强人面前，苦求愿代父死。而当利刃转向儿子时，父亲连连磕头拜揖，甘愿自死。这一幕竟感动了行凶者，便放了鲍氏父子。当皇帝知道这件事后，让史官把它编入史册。永乐皇帝朱棣还颁布诏书表彰鲍氏父子，敕令造“慈孝里坊”，并御制诗碑。清乾隆皇帝下江南来棠樾一游，得知“慈孝里”故事后，欣然挥笔题对：“慈孝天下无双里；锦锈江南第一乡。”

“立节完孤”为第三座牌坊，建于清乾隆四十一年，是为了旌表鲍文龄妻汪氏守节的。汪氏 26 岁丧夫，她立志守节，在守节岁月里对公婆孝顺，并含辛茹苦将孩子扶养成人，儿子后来成为歙县有名的疡科大夫，本想让母亲享清福了，不料年仅 45 岁的汪氏长年积劳成疾不幸亡故。为尽孝心，儿子多次向皇帝上书，要求为母亲立一座节孝坊。

第四座牌坊有个传说。据说，棠樾鲍氏家族至清末前已有“忠”、“孝”、“节”牌坊，独缺“义”字坊。其村鲍氏世家，至鲍漱芳时，官至两淮盐运使司，掌握江南盐业命脉。他欲求皇帝恩准赐建“义”字坊，以光宗耀祖，便捐粮十万担，输银三万两，修筑河堤八百里，发放三省军饷，此举获得朝廷恩准。于是，在棠樾村头又多了一座“好善乐施”的义字牌坊。

第五座牌坊“节劲三立”坊是为一位继母所建。据说这位继母在夫亡之后，历尽妇道，视前妻之子重于亲生，年老之后倾其家产，为亡夫维修祖坟。这一举动感动了当地官员，打破继妻不准立坊的常规，破例为她建造了一座规模与其他相等的牌坊。

最东面一座是“鲍象贤尚书坊”建于明朝天启二年，这是“忠”字坊。鲍象贤是嘉靖八年中进士，历经户部右侍郎、刑部右侍郎、兵部左、右郎等职。他戎马一生，功勋卓著，但因秉性亢直、文韬武略，卑视权贵，多次遭奸臣中伤，一度罢官，后又复用，宦海沉浮，不计毁誉，以“官不择位”勉励自己。许多大学士为之不平，但直到隆庆二年死后，才被追封为“工部尚书”，谕予葬祭。额坊上的“官联台斗”、“命涣丝纶”八字出自隆庆帝《特赠二部尚书鲍象贤诰命》。

第十五章

水利、桥梁建筑

“兴水利，而后有农功；有农功，而后裕国。”在这种治国理念的支配下，先人们世世代代与水抗争，既努力避风涛之险，又使水安澜而适量。他们或择水而居，或疏川导滞，或修堰筑塘，或架桥开渠。历朝历代的统治者们，无不把治水作为施政的第一要务。一些有作为的地方官吏，也总是因治水有功而名垂青史。因此，水利、桥梁建筑由最初的实用性功能逐渐转化为一种占有重要社会角色的建筑物。

第一节　水利建筑

古代最重要的生产部门是农业，但农业受自然因素的影响极大。这在古代科学技术不发达，人们抵御自然灾害能力低的情况下更是如此。因此，中国历代王朝都十分重视农业基础建设，兴建公共水利工程。同时，兴修水利不仅直接关系到农业生产的发展，而且还可以扩大运输，加快物资流转，发展商业，推动整个社会经济繁荣。正是由于兴修水利具有如此的重要性，所以中国历代政府都重视水利事业。

1. 水利建筑的规划理念

水利建筑是与河流系统关系最密切的人类活动，一个建造完善的水利工程不仅可以满足灌溉、供水防洪等需求，还可以有利于本区域的自然环境。

中国的古代水利建筑工程最主要的特点是充分利用河流水文以及地形特点布置工程设施，使之既满足引水、防洪和通航的需求，又没有改变河流原有的自然特性。经过不断的探索和实践，古老的中国匠师们创造出了以无坝引水工程为代表的古代水利工程，为今人和后人提供了人与河流和谐生动的范例。无坝引水是中国古代水利工程最基本的建筑型式，这类工程延续数百年乃至上千年，以其存在的历史证明了古代建筑工匠技艺的精湛。

古代无坝引水工程型式，可以不用一处闸门而将水分配到各级渠道直到田间。同时，与天然河道类似的渠系，集合了供水、防洪、水运等多方面的效益。源于自然、因地制宜的工程型式，就地取材的建筑材料和河工构件，使得工程与河流环境融为一体，体现出人类对自然利用与改造的完美结合。

古代水利建筑工程为现有河道创造了新的流域，随之而来的是质量较高的景观环境、人居环境和生态环境。水利由此成为区域文化历史的重要组成，运河沿岸的城市便是例证。苏州、无锡、扬州、淮安和北京便是由古代水利工程构成了城市街区的骨架和河湖水系。

2. 水利建筑的起源与发展

原始社会末期，中国已经开始修建水利设施，自大禹治水“以导代堵”以后，人类水利建筑又揭开了新的一页。至夏朝时，我国人民就掌握了原始的水利灌溉技术。西周时期已构成了蓄、引、灌、排的初级农田水利体系。春秋战国时期，都江堰、郑国渠等一批大型水利工程的完成，促进了中原、川西农业的发展。其后，农田水利事业由中原逐渐向全国发展。两汉时期主要在北方有大量发展，如六辅渠、白渠的建造，同时大的灌溉工程已跨过长江。

魏晋之后，我国古代的水利事业继续向江南推进，到了唐代基本上遍及全国。宋代更掀起了大办水利的热潮。元、明、清时期的大型水利工程虽不及宋朝以前的多，但仍有不少，并且地方小型农田水利工程兴建的数量越来越多。各种形式的水利工程在全国几乎随处可见，发挥着显著的作

用。在这些水利建筑中，绝大多数是公共水利工程建设，这对古代中国管理经济具有决定性意义，担负着重要内容和重要职能。

中国历史上还留下了不少统治者重视农业基础设施建设的佳话。例如，西汉武帝亲往黄河工地视察，命令随行将军、大臣负草堵河，自己作歌鼓动；隋炀帝兴修大运河；清代康熙帝亲自研究水利学和测量学，为组织治理黄河和永定河，还曾六次南巡，到治河工地勘察。

3. 水利建筑的类型与典范

中国古代的水利建筑类型多样，主要形式有“井渠”式建筑（如新疆地区的坎儿井）、防海建筑（如沿海地区的海塘建筑）、蓄水导流的水利建筑（如漳水十二渠、芍陂、都江堰、郑国渠）、漕运建筑（如京杭大运河、广西灵渠以及许多区域性小运河）等。

(1) 坎儿井

坎儿井与万里长城、京杭大运河并称为中国古代三项伟大工程，与京杭大运河、海塘并称为我国古代三大水利工程。

坎儿井的历史已经有2000多年。在《史记·河渠书》中就有：汉武帝“发卒万余人穿渠，自徵引洛水至商颜山下。岸善崩，乃凿井，深者四十余丈。往往为井，井下相通行水。水以绝商颜，东至山岭十余里间”的记载。

关于坎儿井的名称：在我国新疆地区称为“坎儿井”或简称“坎”；伊朗波斯语称为“坎纳孜”；俄语称为“坎亚力孜”。从语音上来看，彼此虽有区分，但差别不大。我国内地各省的叫法也有差别，如陕西叫做“井渠”、山西叫做“水巷”、甘肃叫做“百眼串井”，也有的地方称为“地下渠道”。

坎儿井是开发利用地下水的一种古老的水平式集水建筑物，适用于山麓、冲积扇缘地带，主要是用于截取地下潜水来进行农田灌溉和居民用水。吐鲁番现存的坎儿井，多为清代以来陆续修建的。如今，这些坎儿井仍在浇灌着大片绿洲良田，如吐鲁番市郊五道林坎儿井、五星乡坎儿井。

（2）海塘建筑

海塘的历史至今已有两千多年，它是人工修建的挡潮堤坝，亦是中国东南沿海地带的重要屏障，主要分布在江苏、浙江两省。从长江口以南，至甬江口以北，约六百公里的一段是历史上修治海塘工程的重点，其中尤以钱塘江口北岸一带的海塘工程最为险要，这里高大的石砌海塘蜿蜒于几百公里长的海岸上，蔚为壮观。

海塘最早起源于钱塘江口，这是自然条件决定的。钱塘江口一带的潮水特别大，自古就有著名的钱塘观潮。南北朝地理学家郦道元曾以简洁的笔墨描述钱塘潮："涛水昼夜再来。来应时刻，常以月晦及望尤大。至农历二月八月最高，峨峨二丈有余。"钱塘潮固然是大自然的胜景，但是也对沿海地区造成了巨大的破坏。宋代嘉定十二年（公元1219年），今海宁县南四十多里的土地曾因海潮而沦入海中。另外，海盐县的望海镇，也曾被海潮整个吞没。时至今日，海塘仍是长江三角洲经济区的沿海屏障。

有关海塘的最早的文字记载见于汉代的《水经》。南北朝地理学家郦道元介绍了《钱塘记》中这样一个故事：汉代有一个名叫华信的地方官，想在今天杭州的东面修筑一条堤防，以防潮水内灌。于是，他到处宣扬，说谁要是能挑一石土到海边，就给钱一千。这可是个好价钱。于是，附近的地方百姓闻讯后，纷纷挑土而至。谁知华信的悬赏只是个计策，等到挑土的人大量涌来的时候，他却忽然停止收购。结果，人们一气之下纷纷把泥土就地倒下就走了。华信就是利用这些土料建成了防海大塘。

（3）京杭大运河

京杭大运河是世界上最长的人工河流，也是最古老的运河之一。它和万里长城并称为我国古代的两项伟大工程，闻名于世界。我们今天所说的大运河开掘于春秋时期，隋代开始全线贯通，经唐宋发展，最终在元代成为沟通海河、黄河、淮河、长江、钱塘江五大水系、贯通南北的交通大动脉，为以后国家的经济文化空前繁荣作出了巨大贡献。

在隋朝时期，运河的走向与今天有所不同，它是以东都洛阳为中心，向东北和东南伸展的。元代建都北京后，因要从江浙运粮到京，才改弓形截弯取直，形成了今天大运河的走向，全长1700多公里。整个大运河系

统分为七段：通惠河（北京市区—通州区）、北运河（北京通州区—天津）、南运河（天津南—山东临清）、鲁运河（临清—台儿庄）、中运河（台儿庄—江苏淮阴）、里运河（淮阴—扬州）、江南运河（镇江—杭州）。

目前国外著名的大运河苏伊士运河、巴拿马运河等的长度都比我国的大运河短得多，而且也都比隋朝重新修筑的京杭大运河的时间晚 1000 多年。

(4) 安丰塘（芍陂）

安丰塘古称“芍陂”，位于安徽省寿县南 60 里处。陂是中国古代特有的一种水利工程，是由人工修造而成的蓄水塘。芍陂相传是由春秋时楚庄王的令尹（宰相）孙叔敖率领当地人民修建的，距今已经有近 2500 年的历史，是中国现存最早、保存较好的古代大型水利工程。芍陂的修筑采取了筑堤蓄水、分流引灌的方法，与近代的水库工程基本相同，可以看成我国最早的人工水库。

(5) 漳水十二渠

战国时期的邺城是一个军事要地，“三家分晋”以后，邺城夹在韩国和赵国当中。这么重要的地方，魏文侯当然不想让它废弃，于是就派能干的西门豹去当邺令。西门豹到任后，破除迷信，发动群众开凿了十二条大渠，所谓“一源分为十二捷，皆悬水门”，变水患为水利，使魏国漳河流域逐渐富庶起来。

漳水十二渠是我国“多首制引水”工程的创始。多首是从多处引水，所以渠首也有多个。“十二渠”即修筑十二个渠首引水。漳水是多沙河流，多首引水正是适应这种特点而创造的。多沙河流因泥沙的淤积变化，常使主流摆动迁徙，不能与渠口相对应，无法引水，而多设引水口门，就可以避免这样的弊端。另外，如果一条或一组引水渠淤堵了，还可以用另一条或另一组引水渠来引水清淤。漳水渠设计合理，不但有引灌、洗碱、泄洪的作用，而且易于清淤修护，反映出当时农田灌溉建筑的进步。直到汉初，漳水渠仍有很好的灌溉功效。

(6) 都江堰和郑国渠

著名的古代水利工程都江堰，位于四川都江堰市城西，古时属都安县境而名为都安堰，宋元后称都江堰，被誉为“独奇千古”的“镇川之宝”。都江堰建于公元前三世纪，是中国战国时期秦国蜀郡太守李冰及其子率众修建的一座大型水利工程，是全世界至今为止，年代最久、唯一留存、以无坝引水为特征的宏大水利工程。

郑国渠位于陕西境内，是秦国于公元前246年兴建的另一个大型灌溉工程，由韩国一位名叫郑国的水工设计开凿。郑国渠的修建，起初是作为“疲秦之计”来实施的。当时的情形是，强秦携虎狼之军威，有吞并六国之势，首当其冲的就是邻国韩。持续的军事打击，韩国早已如惊弓之鸟，国都一迁再迁。在合纵之策失败后，韩国在焦急之余想起了一个计策——用巨大的水利工程来消耗强秦的国力。于是，韩国派了郑国这个水利专家去秦国游说修建郑国渠。郑国渠的修建，历时六年，秦国消耗了巨大的人力物力。在修建过程中，计谋败露，秦王也曾经在继续修与停修的抉择中摇摆，最后决定将这一水利工程完成。水渠建成后“关中为沃野，无凶年”；再过三年，秦踏上了统一天下的征途。

第二节 桥梁建筑

中国古代的桥梁建筑，历史悠久，成就卓越。数千年来，劳动人民因地制宜，就地取材，建造了数以百万计、类型众多、构造新颖的桥梁，成为华夏建筑文化的重要组成部分。

1. 桥梁建筑的规划理念

桥梁建筑是中国古建筑文化的重要内容。我国幅员辽阔，河道纵横交错，著名的长江、黄河和珠江等流域，孕育了中华民族，创造了灿烂的华夏文化。历史上数以百万计的桥梁，成为华夏文化的重要组成部分。中国古代桥梁建筑的辉煌成就，不仅在东西方桥梁发展史中占有崇高的地位，并且也成为中国地缘文化艺术的综合载体。

中国自古就有“桥的国度”之称。千百年来，中国人为了战胜大自然设置的交通障碍，用自己的聪明才智和艰苦的劳动，在江河上架设了无数座千姿百态的桥，不仅便利了交通，而且妆点了自然风光。

在中国古代优秀的工匠手里，桥梁不仅是连接空间、沟通山水的工具，它也是一种建筑艺术，一种人文景观，一种文化思维。建筑在河道上的桥梁往往是与周围环境相融合，使得景观与桥梁刚柔相济、曲直相通、虚实相邻、动静相辅。中国的建筑深刻体现了“无桥不成村落，无桥不成园林，无桥不成宫观寺庙，无桥不成人生经历”的环境追求。

2. 桥梁建筑的起源与发展

我国真正意义上的桥梁建筑诞生于氏族公社时代，距今4000～6000年。经过数千年的发展，到了东汉时期，基本形成了梁桥、拱桥、吊桥、浮桥四种桥梁基本体系。进入隋、唐、宋时期，古代桥梁建筑技术达到了巅峰，随后的元、明、清三代，将前代的造桥技术进行了全面总结，初步形成了各种桥型的设计、施工规范。19世纪后期，随着工业革命成果的传播，以砖、木为主要材料的古代桥梁渐渐淡出历史舞台。今天能留存下来的古代桥梁，都是承受了千百年风霜雨雪、洪涛地震和战乱兵祸的考验的，已是弥足珍贵。

桥梁的雏形是“垒石培土，绝水为梁”，即用石土垒起，以断绝水流的方式修筑。后来古人开始在浅水中设置步墩，又称蹬步。蹬步早在公元前23世纪的尧舜时代就已出现，这类桥式虽可达到跨河越谷的目的，但它并不具备桥梁的本质，因为桥梁应以架空飞越为标志。然而，这种早期的梁，是道路向桥梁转化的一种过渡形式，所以只能看做是桥梁的雏形。

栈道是一种特殊形式的木梁桥，在秦蜀之间的高山峡谷之间，栈道是交通的唯一途径。至少在公元前1000年，秦蜀之间便已有栈道。《战国策》中有：“栈道千里，通于巴蜀，使天下皆畏秦”的记载，至此有了栈道的明确记载和“栈道”这一名称。

到东汉中期，我国开始建造拱桥，其形式之多，造型之美，为世界少有。中国现存最早，并且保存良好的拱桥是隋代赵州安济桥，又称赵州桥。桥始建于隋开皇十五年（公元595年），完工于隋大业元年（公元605年），距今已有1387年。安济桥制作精良，结构独创，造型匀称美丽，雕刻细致生动，列代都予重视和保护。

随着技艺的发展和实际生活的需要，桥梁建筑后来又形成了一种新的桥式——吊桥。吊桥首创于我国，由藤索、竹索发展到铁链。公元前256年，李冰造七桥于益州（今成都），其中的夷星桥，即笮桥就是一座竹索桥。在唐朝中期，我国已经开始建造铁链吊桥，比西方早800年以上。中国最著名的铁索吊桥是四川省甘孜的泸定桥，它是中国古桥中跨径最大的桥梁之一。1935年红军长征中，飞夺泸定桥，创造了震惊世界的奇迹。

3. 桥梁建筑的类型与典范

中国的桥梁建筑，不仅历史久远，桥梁形式也多种多样：大桥小桥，长桥短桥，木桥石桥，直桥曲桥，硬桥软桥，平桥拱桥，姿形神气，风景别样。中国古代桥梁的建筑艺术，有不少是世界桥梁史上的创举，充分显示了中国人的非凡智慧。

（1）灞桥

中国桥梁很多，最古老、最负盛名的要算是西安市东北十公里处灞水上的灞桥了。春秋时期，秦穆公称霸西戎，将滋水改为灞水，并在其上建桥，故称“灞桥”。

秦汉时，人们就在灞河两岸筑堤植柳。阳春时节，柳絮随风飘舞，好像冬日雪花飞扬。自古以来，灞水、灞桥、灞柳就与送别相关联。唐朝时，在灞桥上设立驿站，凡送别亲人或好友东去，多在这里分手，有的还折柳相赠，例如，唐时就有“都人送客到此，折柳赠别因此”的风气，为文人骚客所乐道。因此，曾将此桥叫“销魂桥”，流传着“年年伤别，灞桥风雪”的词句，“灞桥风雪”从此被喻为“关中八景”之一。

灞桥是中国石柱桥墩的首创，桥长380米，宽7米，旁设石栏，桥下有72孔，每孔跨度为4～7米不等，桥柱408个。1949年后，为加固灞桥，对桥进行了扩建，将原石板桥改为钢混凝土桥。现桥宽10米，两旁还各留宽1.5米的人行道，大大地改善了公路交通运输。

（2）赵州桥

赵州桥位于河北赵县，它是隋代著名工匠李春设计建造的。原称安济桥，因赵县古称赵州，故又名赵州桥。赵州桥是一座全长 50.82 米，净跨度长达 37.37 米的单孔桥，是当时中外跨度最长的石拱桥。此桥在技术上最突出的特点是在单一的大桥拱两端的上方再各做两个小桥拱。这样节省了修桥的材料，减轻桥身的重量和桥基的压力；水涨时，还可以增大排水面积，减少水流推力，延长桥的寿命，是具有高度科学水平的技术与智慧的创造。

赵州桥的另一特色是造型美观大方，雄伟中显出秀逸、轻盈、匀称。桥面两侧石栏杆上那些“若飞若动”、“龙兽之状”的雕刻，令人赞叹，体现了隋代建筑艺术的独特风格，在世界桥梁史上占有十分重要的地位。

赵州桥自修成距今已 1300 多年，仍屹立于赵县洨水之上，至今车马仍可通行，是世界上保存完好的一座最古老的石拱桥。

(3) 卢沟桥

卢沟桥位于北京西南郊的永定河上，始建于金代大定二十九年（公元 1189 年），成于明昌三年（公元 1192 年），初名广利桥，距今已有 800 多年的历史。清康熙三十七年（公元 1698 年）重修建。卢沟桥是北京地区现存最古老的一座连拱石桥。卢沟桥名声远播西方是七百年前的事。在《马可·波罗东游记》中，它被形容为一座壮丽的石桥，后来洋人都称它为“马可·波罗桥”。

卢沟桥工程浩大，建筑宏伟，结构精良，工艺高超，为我国古桥中的佼佼者。桥全长 266.5 米，桥面宽绰，桥身全用坚固的花岗石建成，下分 11 个券孔，中间的券孔高大，两边的券孔较小。卢沟桥的 10 座桥墩建在 9 米多厚的鹅卵石与黄沙的堆积层上，坚实无比。桥墩平面呈船形，迎水的一面砌成分水尖。每个尖端安装着一根边长约 26 厘米的锐角朝外的三角铁柱，这是为了保护桥墩抵御洪水和冰块对桥身的撞击，因此人们把三角铁柱称为“斩龙剑”。在桥墩、拱券等关键部位，以及石与石之间，都用银锭锁连接，以互相拉连固牢。这些建筑结构是科学的杰出创造，堪称绝技。

卢沟桥还以其精美的石刻艺术享誉于世。桥的两侧有 281 根望柱，柱头刻着莲花座，座下为荷叶墩。望柱中间嵌有 279 块栏板，栏板内侧与桥面外侧均雕有宝瓶、云纹等图案。每根望柱上有金、元、明、清历代雕刻的数目不同的石狮，其中大部分石狮是明、清两代原物，金代的已很少，元代的也不多。这些石狮蹲伏起卧，千姿百态，生动逼真，极富变化，是卢沟桥石刻艺术的精品。由于桥上石狮多得叫人无法数清楚，因而北京地区流传着一句歇后语：“卢沟桥上的石狮子——数不清。”1961 年，文物工作者采用编号的办法，共清点出石狮 485 头；1984 年又一次核查，查清桥上的石狮多达 489 头。

在桥的两端各设有华表 4 根，高约 4.65 米，无论是近看或远望，其高度与体量同桥的比例很协调，既壮观又优美。桥畔两头还各筑有一座正方形的汉白玉碑亭，每根亭柱上的盘龙纹饰雕刻得极为精细。一座碑亭内竖着清康熙帝重修卢沟桥碑；另一座碑亭内立有清乾隆帝御书“卢沟晓月”碑。“卢沟晓月”现为燕京八景之一。

（4）泉州洛阳桥

泉州洛阳桥又叫万安桥，位于泉州城东 13 公里处，与北京的卢沟桥、河北的赵州桥、广东的广济桥并称为我国古代四大名桥。它是当时广东、福建进京城的必经之路。

洛阳桥既然在泉州而不在洛阳，那此桥为何取名洛阳桥呢？据有关资料记载，早在唐宋之前，泉州一带居住着夷民主越族人，到了唐朝初年，由于社会动荡不安，时有战争爆发，所以造成大量的中原人南迁。迁到福建闽南一带的多数为河南、河水和洛水一带的人士，现在整个闽南地区所用的语系称为河洛语，也就是现在所说的闽南语。这些中原人士，他们带来了中原先进、发达的农业技术和经验，引导当地人们开垦、发展。他们其中的一部分人来到了泉州，看到这里的山川地势很像古都洛阳，就把这个地方也取名为洛阳，此桥也因此而命名。

（5）余庆桥

余庆桥位于武夷山市区南门之外，是福建著名的木石拱桥之一，俗称南门花桥。据地方史志记载，余庆桥建于清光绪年间，至今已有百余年历史。余庆桥建于清光绪十五年（公元 1889 年），全长 79 米，宽 6.7 米，桥上建有长廊，其桥梁结构在国内极为罕见。它采用条石板料砌墩，桥顶青瓦飞檐，桥梁支架全部用杉木套合而成，不用一钉一铆。中国桥梁专家对其考察后惊奇地发现，它与《清明上河图》中所画的一座木石拱桥极其相似，是中国桥梁建筑史上的活化石。

(6) 广济桥

广济桥俗称湘子桥，在潮州城东门外，横卧在滚滚的韩江之上。广济桥以其“十八梭船二十四洲”的独特风格与赵州桥、洛阳桥、卢沟桥并称为中国四大古桥，曾被著名桥梁专家茅以升誉为“世界上最早的启闭式桥梁”。

广济桥建于宋，初为浮桥，由 86 只巨船连接而成，始名“康济”。后经历代太守修建，筑建桥墩，改名“丁公桥”、“济川桥”。至明代，遂筑成“十八梭船廿四洲”，更名为“广济桥”。清雍正二年，于西桥八墩和东桥第十二墩放各放一铁牛，道光二十二年（公元 1842 年）洪水泛滥时，东墩铁牛坠入江中。故有民谣称：“潮州湘桥好风流，十八梭船廿四洲，廿四楼台廿四样，二只铁牛一只溜。”广济桥一度成为货物集散和转运的重要枢纽，“一里长桥一里市，到了湘桥问湘桥”，这就是当时的真实写照。

第十六章

宗教建筑

中国宗教建筑的文化内涵、外形都具有十分明确的世俗政教意义。佛寺建筑，是由衙署建筑改造而来的；道教建筑，基本上是仿照佛寺建筑营造；伊斯兰教建筑，是结合穆斯林建筑和中国四合院形制形成的中国式清真寺庙。

第一节 佛教建筑

中国佛教建筑是随着佛教传入而发展起来的。最古老的佛教建筑为石窟寺，它是根据古印度佛教造型艺术，结合中国传统建筑形式建造的。其后，佛教建筑随着佛教文化在中国大地上的开枝散叶而延续了将近2000年，成为中国封建社会最主要的建筑类型之一，其中最常见的有佛寺、石窟和塔幢。

1. 佛寺建筑

在印度，早期佛教并无寺院。佛教徒按照佛陀制定的“外乞食以养色身，内乞法以养慧命”的制度，白天到村镇说法，晚上回到山林，坐在树下专修禅定。后来摩揭陀国的频毗沙罗王，布施迦蓝陀竹园，印度佛僧才有了第一座寺院。

(1) 佛寺建筑的规划理念

中国佛教建筑，最早是由官舍改造而成。因而，中国佛教建筑，最初就打上了世俗文化的烙印。

寺，最初并不是指佛教寺庙，从秦代以来通常将官舍称为寺，在汉代则是朝廷所属政府机关的名称，“凡府廷所在，皆谓之寺”（《汉书·元帝纪》）。汉代中央各行政机关的九个官署，就合称为“九寺”。九寺中的“鸿胪寺”，即接待印度高僧居住的地方，类似于现在接待国宾的礼宾司和国宾馆。因此，“寺”是佛教传到中国后，中国人为尊重佛教，对佛教建筑的新称呼。将称朝廷高级官署的“寺”，用来称呼佛教建筑，足可以说明当时的统治者对佛教的重视。

与世俗社会发生联系后，中国佛教建筑变塔祭为殿拜，把念经演化成念佛，将印度佛教的教义崇拜变成偶像崇拜和经典崇拜。

中国宗教建筑从一开始就表现出对世俗政权的依附性和非独立性，表现在建筑文化上，突出地体现了与现实人生同一的思维方式和向往心态。在世俗文化的影响下，无论是宗教建筑还是俗世建筑，在装饰、雕刻、绘画上都体现出了“赐福、赐子、赐风、赐雨”等“入世功利性”的观念。

如来造像由原来印度的“智者”姿态转变为中国“福者”形象，对观音的崇拜超过对如来崇拜的信仰。这种世俗功利性，甚至造成佛教建筑在地位上无法独立，并要以世俗政权的肯定作为自己的极端追求，例如，利用皇帝对建筑题字，从而使建筑声名显赫。佛教建筑文化其实也正曲折体现出在宗教文化上的“信庙不信菩萨”的取向。

受中国农耕经济影响，佛教原来的乞食制转化为自主的寺院经济。而受“在世修炼”的佛教文化影响，中国的佛教建筑不似西方教堂以入云耸天的塔尖来表示神圣，而是以坐地观风的铺陈形式完成信仰的世俗性：入俗尘而修性净，以不动了万动，以不高而得万象，既表现出世的“净”，又表现入世的“善”。

(2) 佛寺建筑起源与发展

佛教从古印度传到中国后，因为迦叶摩腾、竺法兰与道士论道，启发了东汉明帝下令在城内建筑比丘尼寺院，城外建筑比丘道场，开启中国佛教寺院建筑的先河。纵观中国佛教文化的发展历程，可以看到中国佛教寺庙建筑的起源与发展：发轫于汉代，风靡于六朝，继盛于隋唐，衰落于明清。

中国佛寺建筑早期受印度佛寺影响，以佛塔为主。寺院为廊院式，即每个殿堂或佛塔以廊围绕，独立成院，寺庙由多个廊院组成。廊院的廊壁还为佛教壁画提供了广阔的场所。形制布局主要体现为两类：一类以塔为中心，源于印度佛教塔崇拜观念，认为绕塔礼拜是对佛最大的尊敬。另一类中心不建塔，而是突出供奉佛像的佛殿。以殿堂代替中心塔的建筑观念，是中国世俗文化偶像崇拜意识所致。至隋唐时代，渐以佛殿为中心，佛殿普遍代替了佛塔，寺庙内大都另辟塔院。

魏晋南北朝时期，因为时局动乱，玄学的兴起，以及儒、道与佛家在思想上一定程度的相通，使得佛寺建筑开始在中国兴盛起来。同时，佛教建筑布局也受到我国传统文化的影响，逐渐走向中国院落式建筑体系。尤其是佛教汉化后，中国佛教建筑形成了在中轴线上分布主要殿堂、左右置配殿的典型中国布局，形成三合或四合院落。

此后的寺庙建筑布局虽然仍是平面方形，但以纵深性南北中轴线布局、对称稳重且整饬严谨为主。此外，园林式建筑格局的佛寺在中国也较普遍。这两种艺术格局使中国寺院既有典雅庄重的庙堂气氛，又极富自然情趣，意境深远。这种有序排列的规整性院落群建筑，让信徒有秩序、有层次地领悟寺院文化，使教义渐入人心，无论“顿悟”或“渐悟”都功效显现。这种佛寺的建筑风格到了唐朝达到了顶峰，但宋之后便逐渐趋于衰退，究其原因，与当时的统治政权的意志和宗教喜好是分不开的。

中国传统文化对佛寺建筑思想的影响，使其布局原理自然与世俗宫殿建筑大体相同，结构又受四合院的启发，形成中国佛教建筑院落重重、层层深入的特点。中国帝王喜讲受命于天，好求得道成佛入仙，当然也使宫观寺庙等宗教建筑带有皇家气，以体现中国宗教世俗“以乐为中心”的文化审美思维模式。

(3) 佛寺建筑的分类与布局

佛寺建筑在中原、江南地区大多为禅、律、净土、法相等诸宗寺院；在青藏、内蒙古、新疆、华北部分地区大多为密宗（藏传密宗佛教）寺院；在云南、广西部分地区为小乘寺院（俗称缅寺）。

佛教各宗殿堂的配置

密宗：佛殿、讲堂、灌顶堂、大师堂、经堂、大塔、五重塔。

法相宗：佛殿、讲堂、山门、塔、右堂、浴室。

天台宗：佛殿、讲堂、戒坛堂、文殊楼、法华堂、常行堂、塔。

华严宗：佛殿、食堂、讲堂、左堂、右堂、后堂、五重塔。

禅宗：佛殿、法堂、禅堂、食堂、寝房、山门、僧房。

从建筑艺术风格上看，藏传佛教寺庙和小乘佛寺的特点尤为突出，反映出浓厚的藏族和傣族的民族艺术特点，汉族寺庙则体现与世俗王权建筑几乎无二的外在形式。

禅宗与“七堂伽蓝”制

唐宋时期，禅宗兴起后，针对佛教建筑提倡“七堂伽蓝”制，即建有七种不同用途的建筑物。到了明代以后，七堂伽蓝制已有定式，即以南北为中轴线，自南向北依次为山门、天王殿、大雄宝殿、法堂和藏经楼；东西配殿则为伽蓝殿、祖师殿、观音殿、药师殿等。寺院的东侧为僧人的生活区，包括僧房、香积厨（厨房）、斋堂（食堂）、茶堂（接待室）、职事堂（库房）等；西侧主要是云会堂（禅堂），以接待四海云游僧人。

近代佛寺主要分为两组建筑：山门和天王殿为一组，合称“前殿”，大雄宝殿为一组，为佛寺主体建筑。有了这两组建筑，方可称为“寺”。佛寺建筑中的庭院布局以四合院最为典型，从表面看，四合院是一个封闭型较强的建筑空间，但实际上，宽大的庭院使用中灵活多变，适应性很强，所以除了佛寺建筑外，中国许多朝代的宫殿、衙署、住宅等也都普遍采用这种布局形式。

藏传佛寺的特征

佛教发展后期，藏传佛教在中国西部影响较大。藏传佛寺多为因地制宜，依山而建。一般说来，整座佛寺建筑群以佛殿为中心，由经堂、僧院、僧舍以及大活佛的宫殿组成。寺殿与宫殿相结合，殿宇毗连，重楼叠阁，错落有致，金碧辉煌。最为独特的是藏传佛寺的建筑艺术融汉族、印度、尼泊尔建筑文化风格于一炉，形成极具民族个性的建筑韵致。

布达拉宫是藏式建筑的杰出代表，也是中华民族古建筑的精华之作。“布达拉”是梵语音译，又译作“普陀罗”或“普陀”，原指观世音菩萨所居之岛，所以布达拉宫又被称为“第二普陀山”。布达拉宫依山垒砌，群楼重叠，殿宇嵯峨，气势雄伟，有横空出世、气贯苍穹之势，坚实墩厚的花岗石墙体，松茸平展的白玛草墙领，金碧辉煌的金顶，具有强烈装饰效果的巨大鎏金宝瓶、幢和经幡，交相映辉，红、白、黄三种色彩的鲜明对比，分部合筑、层层套接的建筑型体，都体现了藏传佛寺建筑的迷人特色。

(4) 佛寺建筑的类型与典范分类

佛寺建筑依创设者不同可分为官寺、私寺，若依住寺者不同可分为僧寺、尼寺，依信仰宗派的不同可分为禅院（禅宗）、教院（天台、华严诸宗）、律院（律宗）或禅寺（禅宗）、讲寺（从事经纶研究之寺院）、教寺（从事世俗教化之寺院）等。其中，较为著名的有洛阳白马寺、天津独乐寺、山西浑源悬空寺等。

洛阳白马寺

公元 67 年，汉明帝刘庄“夜梦金人，身有日光，飞行殿前”。第二天，他传问群臣，这是什么神祇？有臣答曰，此神即“佛”。明帝即派遣大臣蔡愔、秦景往西方去，寻找这位神祇。

汉朝使者在西行的路上，正好遇见两位来自天竺的僧人——迦叶摩腾与竺法兰，他们用白马驮着佛经、佛像往东方去。于是，汉使与西僧一起回到洛阳，下榻在管理外交礼仪的官署鸿卢寺，并藏经于鸿胪寺，进行翻译工作。

后来汉明帝将由鸿胪寺改建的僧院沿用了“寺”名，又因为是用白马驮经而来，故中国佛教的第一寺就叫“白马寺”，被看做是中国佛寺建筑之始。

白马寺历代屡有修葺增缮，唐代前期达到最盛，武则天曾派亲信薛怀义任住持，后在安史之乱中被残损。明嘉靖三十年（1551 年）朝廷下令重修白马寺后，始成今日之规模布局。

现存白马寺坐北朝南，是一座长方形的院落，占地约 4 万平方米，有天王殿、大佛殿、大雄宝殿、接引殿及毗卢阁等建筑，殿堂共达百余间。山门外有东汉来华的天竺僧报摩腾、竺法兰之墓，由青石砌包。寺内还有唐代经幢。寺大门广场南有近年新建的石牌坊、放生池、石拱桥，其左右两侧为绿地；左右相对有两匹石马，大小和真马相当，形象温和驯良，这是两匹宋代的石雕马，同时也是优秀的石刻艺术品。寺内原有的由元代高僧文才撰文的《洛京白马寺祖庭记碑》及原存石刻弥勒菩萨像已被盗往美国。大雄宝殿内供奉释迦、药师及阿弥陀佛，东西分置十八罗汉，均为元代以来干漆工艺制成。寺后部有清凉台，台上建有毗卢阁，西侧配殿中置摄摩腾和竺法兰之像。白马寺有金大定十五年（公元 1175 年）所造齐云塔，塔为四方形密檐式，高十三层，直插云霄。齐云塔始建于五代时期，原为木塔，北宋末年金兵入侵时烧毁。金朝大定年间重建此塔，至今已有 800 多年历史。

白马寺是佛教传入中国后第一所官办寺院，也是中国佛教建筑称“寺”之始，所以白马寺有中国佛寺“祖庭”之称。

天津独乐寺

独乐寺俗称大佛寺，坐落于天津蓟县城西。据文献记载，独乐寺始建于隋唐年间，辽统和二年（公元 984 年）由蓟州人韩匡嗣主持重建，距今有 1000 多年的历史，是我国现存最古老的、最大的阁式木结构建筑之一。

独乐寺占地面积为 16500 平方米，由山门、观音阁、韦驮亭、乾隆行宫等建筑构成。独乐寺的山门，庄重高贵，富有生机。门高约 10 米，面阔三间，进深二间，中间为穿堂道，与观音阁遥相互应。门上正中悬一方匾，楷书“独乐寺”三字，用笔浑厚苍劲，相传为明代大学士严嵩手笔。

过山门，入庭院，在千年古柏后面是观音阁，它是独乐寺的主体建筑。观音阁是座楼阁式木结构多层建筑，雄健古朴，设计精巧，工艺简洁高超，顶为九脊歇山式，平缓中见深远。阁通高 23 米，中间有腰檐，围栏环绕。观音阁前上檐鎏金的四个大字“观音之阁”，相传是唐肃中元年李白北游幽州时所书；下檐“具足圆成”为清代咸丰皇帝所题。阁内各层藻井的形状不一，错落有致，不仅显示了建筑的多样性、艺术性，而且能抵御侧向压力，增强了建筑的稳固性。观音阁的外观是两层，实际为三层，中间有一暗层，从而起到了装饰与加固的双重作用。建筑中全部采用了复杂的斗拱结构，上万个榫卯相互咬合，让数以千计的梁、枋、柱、檩、椽，构造成一个严实的整体。阁中仅接榫部位的斗拱，就因位置、功能、作用的不同，多达 24 种。观音阁中间天井上下贯通，错落配置，形成锥形环像放大的空间，顶是八角，上为六角，下为矩形，中设木制须弥座，上面耸立着通高 16 米、微向前倾的观音主像。整个结构排列有序，疏密自如，极富变化，显示出中国古代木结构建筑动而不损、摇而不坠的高超技艺和妙绝天工的设计水平。

山西悬空寺

一般寺庙都是建在平地之上，但是在山西大同，却有一座建在悬崖峭壁上的寺庙，这就是著名的悬空寺。悬空寺建成于1400年前，是中国仅存的佛、道、儒三教合一的独特寺庙。悬空寺原来叫“玄空阁”，“玄”取自于中国传统宗教道教教理，“空”则来源于佛教的教理，后来改名为“悬空寺”，是因为整座寺院就像悬挂在悬崖之上，并且在汉语中，“悬”与“玄”同音，因此得名。

前人描述悬空寺时称其：“面对恒山，背倚翠屏；上载危岩，下临深谷；凿石为基，就岩起屋；结构惊险，造型奇特。”为什么要将寺院建在峭壁之上呢？原来，悬空寺下是当时的交通要道，人们将寺院建在这里，可以方便来往的信徒进香。另外，寺前的山脚下有河水流过，这里经常暴雨成灾，河水泛滥，人们以为有金龙作祟，便想建浮屠（即塔）来镇压，于是就在这悬崖上悬空修建了寺院。

在悬空寺的栈道石壁上，刻有“公输天巧”四个大字，是赞赏悬空寺的建造技艺。公输，就是生活在两千多年前的工匠公输般，他是中国建筑工匠公认的祖师爷。这四个字是说，这座建筑物只有像公输般这样的巧夺天工的匠师才能修建出来。

2. 石窟建筑

佛教传入中国后，初始走的是游方路线，既为了给苦行的僧侣们提供一个避风遮雨的空间和进行宗教活动的场所，也为使教义和佛像能历朝过代让信徒顶礼膜拜，于是同样依照印度佛寺建造方式，依山开凿石洞为窟，沿崖刻经像为堂，架构出了最初的佛窟建筑形式。

(1) 石窟建筑起源与发展

佛教的石窟建筑是在河畔山崖间开凿出来的寺院，因为它们绝大多数是一所所石质的洞穴，但有着佛教寺院性质的使用功能，所以这类佛教建筑就被叫做“石窟寺”。

石窟寺是在印度起源的。大约从公元3世纪开始，中国的佛教徒也开始开凿石窟寺了。“窟”与“寺”其实是两种建筑。窟是以石构建筑为主体，属于外来建筑文化体系；寺是以木结构为主要建筑语言，体现中国本

土建筑文化特点。佛教传入中国后，在石窟前架构起中国的木建筑，将两者合为一体，就形成了目前我们所见到的遗留下来的石窟建筑。例如，在敦煌莫高窟的建筑中，我们依旧能够明显地看到这种中外合璧的形式。

讲到石窟建筑就不能不提精舍和支提两种建筑。佛书《宏明集·广宏明集》讲述了精舍与支提两个概念。后来这两种建筑形式被逐一借鉴到我国的石窟建筑中来。

精舍又名叫僧伽豆，英语称僧院。精舍开始的时候作为僧人讲道场所，后来就作为僧人长住的地方，逐步设置佛像。精舍的平面布局为：中间作殿堂，四周有僧舍，并没有石窟，实际上就是佛寺。精舍传到中国后，主要是与中国固有的院落式房屋布局相结合，逐渐演变成寺庙，所以我们现在在中国见到的精舍和寺院是一回事。

支提在梵语也叫做招提。支提均为依山开凿，其平面布局为：中为正堂，左右为道廊，以石柱两列分间，中间为佛塔。在中国，北魏风行一时的石窟就是模仿印度支提而开凿的石窟．以云岗、天龙山、龙门、敦煌为代表，在这些石窟中，中间有柱，柱即做塔状，称支提。

因此，用简单的话说，精舍就是佛寺，支提就是石窟里的塔。

（2）石窟建筑的类型和典范

中国历朝历代的石窟寺可以分为以下九种类型：一是洞窟内立一座中心塔柱的塔庙窟，是提供给僧侣们绕塔作礼拜用的；二是用于讲经说法的佛殿窟；三是供给僧人生活起居和坐禅修行用的僧房窟；四是在有的塔庙窟和佛殿中雕塑了大型佛像，就形成了大像窟；五是在佛殿窟内设立中心佛坛，形成摹仿地面寺院殿堂作法的佛坛窟；六是专门为坐禅修行而凿的小型禅窟（罗汉窟）；七是由小型禅窟组成的禅窟群；八是利用天然溶洞稍加修凿而成的石窟；九是利用崖面的自然走向而布局规划开凿出的摩崖造像。

中国的石窟寺是以建筑、雕塑、绘画三者相结合的综合艺术形式，为弘扬佛教思想、僧侣们出家修行服务的。古代的善男信女们认为出资开凿石窟、雕塑与绘画佛像的过程，本身就是一种作功德的行为。

中国古代修筑的石窟颇多，其中比较具有代表意义的主要有敦煌莫高窟和龙门石窟。

敦煌莫高窟

莫高窟俗称千佛洞，位于甘肃省河西走廊西端，敦煌市东南公里，在鸣沙山东麓50多米高的崖壁上，洞窟层层排列。

前秦建元二年（公元366年），一位叫乐僔的行脚僧人，因看到三危山金光万道，状若千佛，感悟到这里是佛地，便在崖壁上凿建了第一个佛窟。以后经过历代的修建，迄今保存有北凉至元代多种类型的洞窟七百多个，壁画50110平方米，彩塑2700余身。

从十六国晚期的北凉到南北朝时期（公元421～581年），是敦煌莫高窟的“童年期”。莫高窟的“童年”生机勃勃，五彩缤纷。从莫高窟早期开凿过程中的壁画和雕像来看，中国人不是改变自己去适应外部环境，而是改造外部环境来适应自己，例如，菩萨的女性化就是中国化的菩萨。

莫高窟尤以精美的壁画而闻名。宗教画有佛经故事和佛像两种，凌空起舞的飞天被公认为最美的形象。其中，北朝时期至隋的壁画主要描绘了释迦牟尼的佛本生故事，宣扬忍辱负重及自我牺牲精神。隋代的莫高窟已显出繁盛浩大、明亮温和、气概非凡的景象，如第244窟《说法图》、第419窟《萨埵太子》、第420窟《法华经变》、第427窟《千佛》。至初唐时代，西北边陲叛乱蜂起，异族频扰，烽烟不绝，如第45窟《胡商遇盗图》就是这一时期的表现。

概括而言，隋唐时期的莫高窟绘画以“经变”题材为主，主要有西方净土变、东方药师变、维摩经变、法华经变、金刚经变、楞伽经变、报恩经变、斗法图、降魔变等，尤以宣扬“西方极乐世界”的“净土变”最为突出。

清光绪二十六年（1900年）5月26日，莫高窟道士王圆箓，请来写经书的杨某在往墙缝中插灯草时，发现墙里面是空的，因此发现了一个密室（现编号17号窟，也叫藏经洞），洞中有4～11世纪（西晋至宋代）的经、史、子、集各类文书和绘画作品等四万余件。那个兼有一身宗教热情，却愚昧无知的王道士，将许多珍贵的写本盗取出来，卖给英国人斯坦因和法国人伯希和。

莫高窟是集建筑、彩塑、壁画为一体的文化艺术宝库，内容涉及古代社会的艺术、历史、经济、文化、宗教、教学等领域。面对瑰宝遭受如此猖獗的盗卖与抢掠，史学家陈寅恪在为大型的北京图书馆所藏敦煌遗书目录书《敦煌劫余录》作序时，悲愤的说：“敦煌者，吾国学术之伤心史也。

其发见之佳品，不流于异国，即密藏于私家。兹国有之八千轴，盖当时唾弃之剩余，精华已去，糟粕空存，则此残篇故纸，未必实有系于学术之轻重者。在今日之编斯录也，不过聊以寄其愤慨之思耳!”

龙门石窟

龙门石窟位于河南省洛阳市南13公里处，它同甘肃的敦煌石窟、山西大同的云冈石窟并称中国古代佛教石窟艺术的三大宝库。

龙门石窟凿于北魏孝文帝迁都洛阳（公元494年），直至北宋，现存佛像十万余尊，窟龛两千三百多个。

其中，唐窟占石窟总数的60%以上，而武则天执政时期开凿的石窟又占唐代石窟的多数，这与她长期在洛阳有关。奉先寺是最具有代表性的唐窟，里面的两尊菩萨各高70尺，迦叶、阿难、金刚、神王各高50尺（唐代长度），规模之大，在龙门石窟中称第一，这些都是先后用了四年时间，武则天自己出钱两万贯来修建的。奉先寺中露天大龛主佛像卢舍那大佛，通高17.14米，是龙门石窟中最大的佛像，也是盛唐佛教建筑雕刻文化艺术的代表。卢舍那佛据说是仿照武则天雕塑的。

“龙门二十品”是珍贵的魏碑体书法艺术的精品，是魏碑体的代表，其字形端正大方，气势刚健有力，是隶书向楷体过渡中的一种字体，共有十九品在古阳洞内。

3. 塔幢建筑

一般人认为宝塔是土生土长的中国式建筑，而实际上它却是中国建筑中的“舶来品”。东汉时期，来到中国的两位印度僧侣，在白马寺督造了一种在中国前所未有的建筑，“窣堵波”（即佛塔），为中国佛塔建筑之始。现今，这座佛塔已经不复存在了。不过，印度的“窣堵波”建筑在与中国传统木结构建筑工艺相结合以后，已经演变为地道的中国式建筑——宝塔了，其意义也逐渐丰富，已经不仅仅局限于埋葬佛舍利的地方，还具有辟邪和瞭望的作用。

(1) 塔的起源与发展

塔的梵文音译为“窣堵波”，巴利文音译“塔婆”，意译为“堆”、“高显”、“方坟”、“圆冢”、“灵庙”等。在中国，“塔”字为音译，最早见于晋代葛洪写的《字苑》一书，也译作佛屠、浮屠等。

先从塔的印度根源讲起。在印度，据说佛陀在世时，有一位孤独长者就已开始建造塔，用以供养佛陀的头发、指甲，以此表达人们对佛陀的崇敬。也有种说法是：佛陀涅槃后才建造用作安置佛骨舍利的塔。但有一点是毋庸置疑的，塔最初是保存佛舍利的圣坛。这便是塔在印度的形成。

最初，古印度的佛塔为数极少，只有在佛陀的出生地、成佛地、传法地、涅槃地等八个地方才建塔供奉舍利（佛典上称为“八大灵塔”）。由于八个“窣堵波”远不能满足信徒们礼佛的需要，所以佛徒在各地又建起许多“窣堵波”，后来衍化成藏佛像、佛经的建筑，为佛教建筑中颇具特色的一种建筑类型，与佛寺、石窟同为佛教三大建筑。到了古印度孔雀王朝时代（阿育王时代），佛教昌盛，佛塔建筑如雨后春笋般在德干高原和印度河—恒河平原出现。佛经中记载“阿育王八万四千塔”，佛塔建筑进入鼎盛时期，建筑技法也趋于成熟。

中国的秦汉时期，已经有修建高楼台榭，以候仙人的现象。随着佛教的传入，中国塔幢建筑逐渐从仿造印度塔的形制，到将印度的佛塔与我国传统楼阁建筑结合，出现了中国楼阁式塔建筑，窣堵波的圆盘式相轮等被抬高到顶上，变成了“刹”，成为中国最早的楼阁式塔。宋代时盛行铁塔。到元代，窣堵波从尼泊尔又一次传入我国内地，带来另一种塔建筑模式，即喇嘛塔（又称藏式塔）。明朝时，开始大量修建佛教密宗的金刚宝座塔。后来又出现了铜塔、琉璃塔、风景塔，为中国的佛塔建造艺术添上了丰富多彩的一笔。

塔表现出三种不同的佛教类型意义：第一类是“真身舍利塔”，为供奉舍利子的塔；第二类是“法身舍利塔”，为供奉佛经的塔；第三类是“墓塔”，是为修行高深、功德圆满的历代高僧建造的墓塔。

（2）塔的布局

虽然佛教是由印度传来的，但是中国的佛教建筑与印度的相差甚远。最典型的是中国佛教塔幢建筑，虽然在它是由仿造印度佛教塔而来，但随着时间发展，它演化得与印度塔根本上没有共同之点。

塔幢建筑的基本东西——“窣堵波”，是由印度传入中国来的，但是中国的建筑匠师们将“窣堵波”与中国固有的楼阁式建筑结合于一体。印度式塔都是体形甚大，几个连为一体，塔身有着繁琐的雕刻，而中国的塔是一个一个的单体建筑，每个塔与每个塔没有什么关系，而且都是以中国楼阁式或以中国佛教自身发展道路上所创造的风格为主。这里有一个特例，中国喇嘛塔的式样基本上采用的是印度的塔形象。喇嘛塔塔身是一个半圆形覆钵，基本上还保存了坟冢的形式，上面安置有长大的塔刹。由于这种塔在元代大事兴建，成为古塔中数量较多一种。明清时期，这种塔成了高僧、喇嘛死后墓塔的主要形式。

印度阿育王时期，佛塔由塔、塔周和栏楣三部分组成，位于主塔四面的四座陀兰那（形体结构与中国的牌楼相似）叫“山奇大塔”。这种塔式传入中国后，虽大体上承袭了印度的旧有样式，但也夹有许多中国元素，如真觉寺金刚宝座塔，与印度佛陀伽耶金刚宝座塔相比，底座明显加高，中间塔与四角塔的比例又大大减小，我国称这种塔为“覆钵式”塔。印度佛教密宗兴起后，这种金刚宝座式塔传入我国，从敦煌 428 窟北朝壁画中，可以清楚地看到金刚宝座塔建筑的形式，它们是印度窣堵波在中国古代高层楼阁的传统基础上创造出的新类型，但开始大规模修筑确实在明朝以后。

看一座塔，不能单纯地看它的外形，应当从内部构造与外部式样两方面进行综合分析。实际上中国的塔不全是高层建筑，也就是说不全是楼阁式塔，楼阁式塔只是其中的一部分，中国大量的塔是用砖造的，是砖塔。而且绝大部分的塔是不可能登人的，只是一种象征性的塔，当然不可一概而论。

在民间，普通的民众因无力造楼阁，就将塔与中国的亭建筑结合，便出现亭阁式塔。敦煌壁画中北胡和隋唐时期的亭式塔，就是塔下部一个木构亭子，顶上加带相轮的刹。

(3) 塔幢建筑的类型与典范

佛塔传入中国，与传统楼阁建筑文化融合，成就了我国数量庞大、造型复杂、民族特色强烈的中国塔式建筑。

概括而言，中国的塔类型可分为两大种：按性质分类有：喇嘛塔（藏传佛塔）、宝箧印塔、金刚宝座塔、无缝塔、多宝塔、文峰塔。按形制分类有：楼阁式塔、密檐式塔、内部楼阁外部密檐式塔、造像塔、幢式塔、异形塔。

中国塔的数量很多，式样都不相同，塔的性质与佛教的分宗派也有关系。

楼阁式塔

楼阁式塔的建筑形式来源于中国传统建筑中的楼阁，是中国古塔中数量最多、分布最广的塔，并带有明显的地域特征。

佛教传入中国后，为了适应中国的传统习惯，利用人们对多层楼阁通天的寄托，以楼阁形式作为礼佛的纪念性建筑物。楼阁式塔可供奉佛像，并可供僧人等登临之用。有的楼阁式塔还兼有军事瞭望的功用，如北京良乡的昊天塔。建筑材料有木材或石砖，有的塔表面装饰有石刻或琉璃。

楼阁式塔的特征是：下为重楼，上累金盘，造型成方形，四面立柱，每面三间四柱，有梁枋，斗拱承托上部楼层。

楼阁式塔早期为木结构，隋唐后多为砖石仿木结构，其特点同我国传统楼阁建筑构造相似。以后外形特征出现变异：方塔渐少，代之以六面塔、八面塔为常见。塔每层上有仿木结构的重楼，楼有仿木的门窗、柱子、梁枋、斗拱，塔檐大多为木结构或砖砌仿木结构，形象上更突出檐角高翘的韵味，产生轻盈飞动的美学意境。高大者楼内有楼板、楼梯，可登临。

楼阁式塔的地区分布特点是：南方以苏、浙、沪、粤为楼阁式塔主要地区，以上海方塔与杭州六和塔为代表作；北方以冀、晋、陕、甘、辽等地为主。著名的有陕西西安的大雁塔、山西应县木塔、河南开封铁塔、福建泉州开元寺塔、杭州六和塔、苏州虎丘云岩寺塔等。

应县木塔（释迦塔）位于应县城内，距大同约70公里，原名佛宫寺释迦塔，俗称应县木塔。应县木塔建于辽代清宁二年（公元1056年），它建在4米高的两层石砌台基上。木塔通高67.13米，底层直径为30米，平面为八角形，五层六檐。外观五层，但是塔内夹有暗层四级，实为九层。塔内各层，使用了中国传统的斜撑、梁枋和短柱等建筑方法，使整个塔连成一个整体，既坚固，又壮观。塔自建造至今已有900多年历史，仍巍然屹立。实践证明，它是建筑结构与使用功能设计合理以及造型艺术的典范之作。应县木塔是中国建筑艺术最优秀的作品之一，也是现存唯一一座木结构楼阁式塔。

密檐式塔

密檐式塔是楼阁式塔由木结构向砖结构转化过程中发展起来的一个古塔系列。其形象高、大，层级较多，以外檐层数多且间隔小成显著特征，

故名密檐式塔。

密檐式塔的主要特征是：第一层特别高，设有门窗，多雕刻佛像或佛经故事。密檐式塔多位实心塔，也有的中空，开有通气口。但塔内没有阶梯，一般不做登临之用。早期的密檐塔由于不设斗拱塔檐不能伸出太长，北京房山区云居寺石经山上的唐代密檐式塔就属于这种。

密檐式塔多在东汉或南北朝时期，主要分布在华北、东北地区。如河南登封嵩山嵩岳寺塔、北京天宁寺塔、云南大理崇圣寺千寻塔、南京栖霞寺塔等。

还有一种塔外部是密檐式，内部为楼阁式。这样的塔多是砖塔，在密檐式塔的基础上发展而来，由于内部是楼阁式，可以登塔观临。这类塔建造起来比楼阁式或密檐式都要复杂，所以自北魏初始，经唐、辽、金后就走入低潮，逐渐衰落。

嵩岳寺塔是我国现存最古老的多角形密檐式砖塔。该塔位于登封县城西北约 6 公里处，太室山南麓的嵩岳寺内，建于北魏孝明帝正光元年（公元 520 年），距今已有 1470 年的历史。嵩岳寺塔虽高大挺拔，却是用砖和黄泥粘砌而成，塔砖小而且薄。该塔层叠布以密檐，外涂白灰，内为楼阁式，外为密檐式。它总高 41 米左右，周长 33.72 米，塔身呈平面等边十二角形，中央塔室为正八角形，塔室宽 7.6 米，底层砖砌塔壁厚 2.45 米。这种密檐形十二边形塔在中国现存的数百座砖塔中，是绝无仅有的，在当时也是少见的。该塔不仅以其独特的平面形状而闻名，而且还以其优美的体形轮廓而著称于世。整个塔室上下贯通，呈圆筒状。塔室之内，原置佛台佛像，供和尚和香客绕塔做佛事之用。嵩岳寺塔无论在建筑艺术上，还是在建筑技术方面，都是中国和世界古代建筑史上的一件珍品。

亭阁式塔

亭阁式塔较楼阁式塔结构简单，更为平民化，形式上如同中国式的亭阁顶上加了个印度式的塔刹。塔身有四角形、六角形、八角形、圆形等，大多为单层。早期亭阁式塔为木质结构，后来被砖式所取代。最初亭阁式塔只是为了供奉佛像，后来逐渐发展成了埋葬僧人或普通人的墓塔。

后来，在亭阁式塔的基础上还衍生出一种类似亭阁式的塔。这种塔基上置一球体作为塔身，其上置一塔檐，檐顶上设塔刹，即以方、圆、三角、半月、团形的石块予以叠制，根据其形成的造型，称其为五轮塔。五轮塔都是石材建造，造型虽然简单，却富于变化，依地点、时代的不同，具体造型也不同。五轮塔在元明时发展成两类，一类为佛教显宗所用，自成体系，数量较多；另一类为佛教密宗所用，没有单独形成体系，建造数量也较少。这类塔由于形式上的特点，多被用作墓塔。如山东历城神通寺四门塔、河南登封净藏禅师塔等。

四门塔，坐落在山东历城县柳埠村青龙山麓的原神通寺旧址上，是中国现存最早的全石结构佛教塔，全以青石砌成，是中国现存最早的单层石塔，也是现存最早的亭式塔。四门塔建于隋大业七年（公元 611 年）。四门塔全用灰青色石料砌成，每边面宽 7.4 米，高度略同面宽，四面各开一圆券门。塔内中心有大石柱，柱四面各有石佛像，绕柱一周为回廊。塔檐用五层石条叠涩砌成，轮廓内凹。最上须弥座四角置“蕉叶”，正中置覆钵和五重相轮及宝珠组成的塔刹，也全是石刻。塔总高 10.4 米。四门塔很重视轮廓和比例的推敲及繁简对比，艺术价值较高。例如，檐下的内凹和屋面的优美凹曲给方正刚劲的石塔增加了柔曲的意味；塔门甚小，正确地显示了塔的实际尺度；塔刹形象丰富，给全塔简洁而质朴的风格增添了一些趣味。原四门塔属于一处寺庙附近，但该寺庙在近代一场大火中基本焚毁，只剩下部分遗址。

金刚宝座塔

在佛塔建筑中，以高台上建有五塔的特殊形式体现的佛塔，被称为金刚宝座塔。金刚宝座塔是佛教密宗一派的佛塔。金刚宝座塔在造型上属于印度形式，但在宝座上的短檐、斗拱和宝座顶上的琉璃罩亭等结构上，明显地表现了中国建筑特有的传统风格，融合了中外建筑的形式和特点，兼容了藏传佛教文化的内容和中原文化的表现方式，体现了我国劳动人民灵活运用外来文化的能力和大胆变化的创造精神，成为中国建筑史上的一件完美杰作。

真觉寺金刚宝座塔是内部用砖、外部用石砌筑而成的，造型古朴优美，融入了北方古塔的特征，显示出浓郁的中原风格。

碧云寺的金刚宝座塔位于北京香山碧云寺，建于乾隆十三年（公元 1748 年），高 34.7 米。金刚宝座塔的下面是塔基，上面有多座塔。金刚宝座塔的券洞里嵌有一碑，这里曾经作为孙中山先生的衣冠冢。

覆钵式塔

覆钵式塔又叫喇嘛塔，为藏传佛教所常用。典型特征为：建筑造型接近于印度窣堵波，材料多为石材，少有砖料；塔基多为一层到五层不等的

方形、圆形、八角形须弥座，基座有内室；塔身为一几何形覆钵窣堵波，塔刹在喇嘛塔造型中具有显赫的地位，由相轮、圆盘（华盖）、刹顶组成，塔盘垂流苏，塔刹多用宝珠或小铜塔；塔外壁通常涂成白色，是高僧墓塔的主要形式。

喇嘛寺塔建筑主要流行于西藏、青海、内蒙古地区，现存的喇嘛塔多为明清时期的建筑。中国现存最早、最大的喇嘛塔，应当是建于元代的北京妙应寺白塔。

妙应寺白塔位于北京市西城区阜成门内大街路北，是中国早期喇嘛塔中最重要的实例，也是内地保存至今最早、最宏伟的藏传佛教式佛塔。元至元十六年（公元 279 年）又增建了规模宏大的寺院，世祖忽必烈给寺院赐名为“大圣寿万安寺”。白塔及寺院的兴建是当时营建都城——元大都这一重大工程的重要组成部分之一，到明天顺元年（公元 1457 年）的时候，寺院改称“妙应寺”。妙应寺由四重殿堂和塔院组成。塔为喇嘛塔，通高 51 米，通体洁白，下有三层须弥式基座，其上覆盖有莲座，塔身圆形，形似宝瓶。塔身以上承托直径达 9.9 米、上覆 40 块放射形铜板瓦的华盖。华盖顶的铜质塔刹高近 5 米，重达 4 吨。1979 年北京市政府维修白塔时，发现了清朝乾隆皇帝所赐僧帽、僧服、经书等珍贵文物达百余件。

过街塔

过街塔是建于街道中或大路上的塔，是我国古塔中一种较特殊的形式，其建筑造型是与我国古代建筑中城关式建筑相结合而创造出来的，因此也有不少人把这种塔称为“关”。据佛教的有关记载说，建造这样的塔是让过往行人顶戴礼佛，因为塔在上面，佛也就在上面，人从塔下通过，就等于向佛行了顶礼。

过街塔的出现较晚，元代才陆续开始修建，北京八达岭长城附近的居庸关内，有一座叫做云台的建筑。这就是我国现存最早最大的过街塔实物，可惜的是这座过街塔只剩下塔座，塔身已经毁掉，更像是一座城台了。

据云台下面石壁的文字记载，台上原来并列建有 3 座塔，塔为喇嘛塔式。元朝人熊梦祥的《析津志》记载：“至正二年（1342 年），今上始命大丞相阿鲁图、左丞相别儿怯不花创建过街塔。”当时的著名文学家欧阳玄所著的《过街塔铭》也专门记录了建造这座跨道“为西域浮图，下通行人”的过街塔的情况。大约在元末明初，台上的3塔被地震所毁，后来在台上建了一个佛祠。明正统八年（公元1443年），祠又毁掉，遂重建了一座叫泰安寺的庙宇。康熙四十一年（公元1702年），泰安寺被火焚毁，仅留下空台，至今已有280多年了。在汉文《造塔功德记》的末尾，有“至正五年岁次乙酉九月吉日，西蜀成都宝积寺僧德成书”的题记。由此可知，这座过街塔共修了4年，于1345年建成。

云台的台座用青白色汉白玉石砌成，高9.5米，下基东西长26.84米，南北深17.57米。台顶四周安设石栏杆和排水龙头。台下正中开一南北向券门，可供通行。券顶的形式为半六边形，像“八”字的形状，还保存了唐、宋以来城关门洞的形式。这种门洞的形式，在宋、元以后，已被拱券所代替了。

云台券门两端券面上和门洞内，布满了精美的浮雕。券洞上雕刻四大天王的浮雕，神情威猛。四大天王像之间有用梵文、藏文、八思巴文（新蒙文）、维吾尔文、汉文和西夏文六种文字雕刻的经文，对研究佛典和古代文字有很高的价值。券顶上满布曼陀罗图样，花中刻有佛像，是典型的元代雕刻艺术珍品。

花塔

花塔是在具有中国特色亭阁、楼阁、密檐式塔基础上借鉴印度、东南亚佛塔雕刻艺术发展起来的一种古塔形式。其特征是：将亭阁塔的塔刹雕砌为莲瓣式或楼阁，密檐式塔塔身上半部密布佛龛、佛像、菩萨、天王力士等繁杂的雕饰形象，塔上部宛如一大花束，甚为华丽美观，如河北正定广惠寺花塔。

花塔建筑主要流行于辽、金时代的我国北方地区。元后，花塔几无再建，如河北正定广惠寺花塔、北京房山花塔等。

傣族塔

傣族塔，俗称“笋塔”，其深受缅甸寺塔建筑风格影响，具有典型的热带建筑特点。其平面呈八角形，每角建有一座人字脊、山面向外的下坡路塔屋；塔基立着九座佛塔，佛塔塔形呈葫芦形，外表皆白；塔刹呈尖形，上有三到五重圆伞；各塔雕刻莲花或莲蕾，有浓郁的傣族地方风情。

云南西双版纳的曼飞龙塔，就是这种塔的建筑典型。飞龙塔，呈八角形，塔基上耸立着一大八小共九座佛塔。

九顶塔

九顶塔平面呈八角形，塔身特别高大，塔顶上立九座密檐小塔，塔上有塔。济南城南金舆谷西北九塔寺的九顶塔，为中国九顶塔的仅存珍品，日本出版《世界美术全集》称该塔："匠意纵横，构筑奇异，其他无能及。"

宝箧印经塔

宝箧印经塔是五代时代吴越王钱仿照印度阿育王造八万四千塔之事，用金铜精钢所铸造的八万四千座小塔，最近雷峰塔地宫发掘出的一座小塔就是吴越时期钱铸造的。虽然吴越国与当时的日本国没有正式国交关系，但中日两国一衣带水，民间的相互往来异常频繁。宝箧印经塔通过来往于中日之间的吴越商人和日本僧侣传播到了日本。日本不仅保留下了较多吴越国时期的宝箧印经塔，还在吸收中国佛教艺术特点的基础上融入日本文化，形成了独具日本特色的宝箧印经塔。

目前所见的宝箧印经塔，多为可随意挪动的小型供奉塔，少见地面建筑塔。其中著名者有安徽博物馆所藏的涂金塔、河南省博物馆所藏宋三彩阿育王塔、福建福州开元寺石塔和广东潮州开元寺石塔。

4. 佛教禅宗与园林

禅宗是由于佛学东渐后，在中国文化土壤上形成的一个中国佛教宗派，它因禅定作为佛教全部修习而得名。

相传禅宗为菩提达摩（南朝宋末人）创立，下传慧可、僧璨、道信，至五祖弘忍而分成北宗神秀、南宗慧能，时称"南能北秀"。北宗主张"佛尘看净"的渐修，数传后即衰微；南宗传承很广，成为禅宗正统，以《楞伽经)、《金刚经》、《大乘起信论》为主要教义根据，代表作为《六祖坛经》。

六祖慧能开创南宗禅门之后，主张教外别传、不立文字，提倡心性本净、佛性本有、直指人心、见性成佛。禅宗提倡通过个体的直觉体验和沉思冥想的思维方式，从而在感性中通过悟境而达到精神上一种超脱与自由。禅学对于宇宙本体的追求，实际上是一种在刹那之中使自已获得解脱的觉悟或感受。禅宗思想有以下几个特点："梵我合一"的一元世界观，即所谓我心即佛，佛即我心；设定了顿悟见性的修行方式，也就是通过渐修或顿悟发现本心；“以心传心”、“自解自悟”、“不着文字”的内心体验。

禅宗美学的兴起，将审美与艺术中主体的内心体验、直觉感情等的作用，提到极高的地位，使之得以深化，并把禅宗思想融入中国园林的创作中，从而将园林空间“画境”升华到“意境”。从禅宗的观点看，世间万物都是佛法或本心的幻化。

禅宗为园林这种形式上有限的自然山水艺术提供了审美体验的无限可能性，即打破了小自然与大自然的的根本界限。这在一定的思想深度上构筑了文人以小见大、咫尺山林的园林空间。

(1) 以小见大

与皇家园林不同，充满禅趣的文人园林多显露出以小见大的倾向。这一方面表现在园林面积、规模的小型化上，如山向叠石、水向小池潭、花木向单株转化，静观因素不断增加，而自然景观的可游性则相对降低；另一方面表现在立意于小。

小中见大的创作手法在我国古代文化艺术中应用得十分广泛。在绘画方面“咫尺有千里之势”；在诗词方面，“五绝只字，最为难之，必言短而意长而声不足，方为佳矣”。园林之佳者如诗之绝句，词之小令，皆以少胜多，以咫尺面积创无限空间。小何以大？小是客观的，指园林的面积；大是主观的，指人的感受。大通过小体现出来。

在禅宗看来，规定性越小，想象余地就越大，因而少能胜多，只有简到极点，才能余出最大限度的空间供人们揣摩与思考。

(2)“淡”的美学主张

园林中讲求的“淡”也源于禅宗思想。园林的“淡”可以通过两方面来体现。一是景观本身具有平淡或枯淡的视觉效果，其中简、疏、古、拙等都可达到这一效果。一是通过“平淡无奇”的暗示，触发人的直觉感受，从而在思维的超越中达到某种审美体验。

第二节 道教建筑

道教是中国土生土长的宗教，它的起源可追溯到老子。春秋战国时代

提倡百家争鸣，当时各种学说、学派都纷纷著书立说，长生不老、成仙得道一说风行一时。齐宣王、燕昭王、秦始皇等，都使人入海求仙，求取灵丹妙药，借以长生。汉代张道陵开始行符禁咒之法，北魏寇谦之奉老聃为教祖、奉张道陵为太宗，确立道教这个名称。

1. 道教建筑的规划理念

道教建筑绝大多数都建于山上，这一点看起来与佛教建筑相似，然而道教建筑产生这种取向有着自己独特的思想根源。

道教文化崇尚自然，在“人法地，地法天，天法道，道法自然”的基本思想的影响下，回归自然与顺应自然成了道教在建筑上的必然追求。道教建筑要取山林野趣，结合山势，适应环境，同时选址上又要符合阴阳五行和八卦的规律，融于山水之间，这样才能达到技术、艺术与自然的和谐，达到“天人合一”的境界。

道教的修行者以“得道成仙”为最终目标，他们认为传说中的神仙住处除了在遥不可及的茫茫大海中、九天云宵外，就是人迹罕至的名山中的“洞天福地”了。“洞”即“通”，指可以通达上天，“福”指祥瑞，表示在该处修道可以得道成真。于是道教将真实的地理位置与这些“洞天福地”相对应，界定了道教建筑的位置和环境。

一些道家学派，因为修练气功和炼丹的需要，要求这类场所必须环境幽静、神秘，山林中正好符合这种要求。在道教观念中，炼丹是神圣的，丹房是闲杂人不可亲近的，这对宫观建筑的选址和平面布局也形成了很重要的影响。

很多的道教宫观建筑在山巅绝顶，取其高高在上、居高而近天之意，殿宇融于天际，有超尘脱俗之感，一派仙境气氛。也有大量的宫观选址于山麓、山坳的台地、坡地，背山面水，负阴抱阳，这是出于传统风水学说上的考虑，这样的地形有利于对“气”进行疏导、会聚和吸收，是建筑与自然环境的有机结合。

道教建筑还反映了道教追求吉祥如意、延年益寿和羽化登仙的思想。如在建筑上描绘日月星云、山水岩石以寓意光明普照、坚固永生；以扇、鱼、水仙、蝙蝠和鹿作为善、（富）裕、仙、福、禄的表象；用松柏、灵芝、龟、鹤、竹、狮、麒麟和龙凤等分别象征友情、长生、君子、辟邪和

祥瑞。另外还直接以福、禄、寿、喜、吉、天、丰、乐等字变化其形体，用在窗棂、门扇、裙板及檐头、蜀柱、斜撑、雀替、梁枋等建筑构件上，其对民间民俗传统文化的影响十分深远。又如八宝图、福寿双全图，这些源自道教思想和神仙故事的图案都远远越出了道教的范围，深入千家万户的各类建筑构件和日常器具中。至于八仙和八仙庆寿的道教故事和图案更是家喻户晓。

2. 道教建筑的起源与发展

道教的教义理论主要源于道家的“自然无为”思想和“道乃万物本源”的宗旨，与佛、儒一同构成中国传统文化的主要和精华部分，具有鲜明的中华民族特色和浓厚的民间性与兼容性。正是在这种基础上，道教才发展成为中国的主要宗教之一。

道教最早的道观相传是陕西终南山的楼观。《楼观本起传》称：“楼观者，昔周康王大夫关令尹（喜）之故宅也。以结草为楼，观星望气，因以名楼观，此宫观所自始也。”楼观成为沟通天人的场所正是道教建筑又一来源的反映。

魏晋南北朝时，北方寇谦之、南方陆修静分别整顿改革道教，创立了新的南、北天师道，以适应儒家的礼法制度，受到了统治阶级的欢迎，很多崇道皇帝在京邑为道士大兴道观。如北魏太武帝为寇谦之建五层重坛道场；南朝宋建崇虚观；齐梁建兴世馆、朱阳馆；北周改馆为观等。当时道教建筑已达到相当的规模，并趋于定型。

唐代皇帝提倡道教，因而道教盛行，宋代在都城东京建设昭应玉清宫，房屋有数千间，规模十分宏大。张君房编著的《云芨七签》中提出的道教的“三洞”、“三乘”，实有发展。唐、宋两代是道教的鼎盛期，恰好这一时期以高台基、大屋顶、装饰与结构功能高度统一为主要特色的中国木结构建筑，经过两汉和魏晋南北朝的发展，不论从建筑形制到组群布局，还是工艺水平等方面，都达到了相当成熟的阶段。帝王宫殿陵寝以至王公官吏和庶人的住宅，门厅的大小，间数、架数以及装饰、色彩等都有严格的规定，这就为道教建筑的大规模发展奠定了基础。据《唐六典·祠部》记载，当时天下宫观一共有 1687 所。道教建筑统称为宫观，就是从这一时期开始的。后来更以高祖、太宗、高宗、中宗、睿宗五帝陪祀老

子。此后，规模较大的道观多称宫。宋太宗赐华山道士陈抟为“希夷先生”，在全国各地大修宫观。宋真宗加封老子为“太上老君混元上德皇帝”，又建玉清昭应宫，“总二千六百一十区”。从宋真宗起，道教在宫观内才开始普遍塑像供奉。

历唐、宋两朝六百六十多年间，也是儒、佛、道三教建筑相互影响、彼此吸收的大圆融时期。儒家的宫、殿、堂、厅、门、阙等官方建筑固然已被佛、道大量移入神堂佛殿建筑，即佛、道的山门、藏经楼、牌坊等也和孔庙、书院等的同类建筑，在形制和布局组合上都有相似之处。如全真道主张出家清修，因而它的宫观建筑也多仿照佛教禅院，并且建立起子孙庙和十方丛林两个系统。

元代供奉吕祖，封吕洞宾为“纯阳演政警化普佑帝君”，在山西永济县永乐镇建设永乐宫，庙宇建筑一直保存至今，后又扩建北京白云观。元明以后，道教趋于衰落，在建筑上也墨守成规，没有大的发展。

明代嘉靖年间，道教仍然活跃，大建湖北武当山道教建筑群，当时武当山工程与北京宫殿并列，还在崂山建设道观建筑群。清代在明代道教建筑的基础上扩大建设，例如，江西龙虎山天师庙，在庙之三里左右又建设天师府；甘肃平凉崆峒山、山西襄陵龙斗峪、陕西陇山龙门洞、四川灌县青城山都建造大规模的道教建筑群；此外还建立道教五岳名山，建有道教建筑供奉道家的神像，等等。

3. 道教建筑的形制与布局

道教宫观建筑的平面组合布局有两种形式。一种是按中轴线前后递进、左右均衡对称展开的传统建筑手法；另一种就是按五行八卦方位确定主要建筑位置，然后再围绕八卦方位放射展开的具有神秘色彩的建筑手法。

前一种均衡对称式建筑，以道教正一派祖庭上清宫和全真派祖庭白云观为代表。山门以内，正面设主殿，两傍设灵官、文昌殿，沿中轴线上，设规模大小不等的玉皇殿或三清、四御殿。一般在西北角设会仙福地。有的宫观还充分利用地形地势的特点，造成前低后高、突出主殿威严的效果。膳堂和房舍等一类附属建筑则安排在轴线的两侧或后部。

第二种五行八卦式建筑，可以江西省三清山丹鼎派建筑为代表。三清山的道教建筑雷神庙、天一水池、龙虎殿、涵星池、王佑墓、詹碧云墓、演教殿、飞仙台八大建筑都围绕着中间丹井和丹炉，周边按八卦方位一一对应排列。而它的南北中轴线特别长，所有其他建筑都在这条中轴线的两端一一展开，构成一个严密的建筑体系。这是由道教内丹学派取人体小宇宙对应于自然大宇宙，同步协调修炼“精气神”思想在建筑上的反映。

在风景名胜点建筑的道观，除了奉祀系统的建筑为服从宗教需要而显得比较刻板外，大都利用奇异的地形地貌，巧妙地构建楼、阁、亭、榭、塔、坊、游廊等建筑，造成以自然景观为主的园林系统，配置壁画、雕塑和碑文、诗词题刻等，供人观赏。

这些建筑充分体现了道家“王法地，地法天，天法道，道法自然”的思想，或以林掩其幽，或以山壮其势，或以水秀其姿，形成了自然山水与建筑自然结合的独特风格。

4. 道教建筑的类型与典范

现存的道教宫观大多修建于明清两代。较著名的有河南鹿邑太清宫、陕西周至楼观、四川青城山古常道观、江西龙虎山天师府、江苏茅山元符宫、苏州玄妙观、南京朝天宫、浙江余杭洞霄宫、北京白云观、成都青羊宫、山西永乐宫、陕西重阳宫、武汉长春观等。这些宫观主要奉祀三清、四御等道教尊神，其中以北京白云观和江西龙虎山天师府影响最为广泛。

（1）北京白云观

白云观是北京最大的道教庙宇，位于宣武区广安门外滨河路，是全真派的著名道观，也是北京现存规模最大的道观建筑，为中国道教协会所在地，在全国享有盛誉。其创建于唐代开元二十七年（公元 739 年），距今已有 1200 多年悠久历史，现存建筑主要是清代修建的，号称全真天下第一丛林，也是“龙门派祖庭”。《天咫偶闻》云：“白云观之长春宫也，昔在城中，今则为城外巨刹，犹可冠京师。”

白云观前身为唐代天长观，金代十方天长观和元代长春宫。天长观创建于唐开元二十七年，后几经废兴，至金大定十四年（公元 1174 年）重修，命名十方大天长观；泰和二年（公元 1202 年）毁于火，次年重建，改名太极宫。元太祖十九年（公元 1224 年），邱处机西游返京后居此，改名长春宫。后来，邱处机逝世，其弟子买长春宫东下院，以葬邱处机，从此称此下院为白云观。

新中国成立后，中国道教协会、中国道教学院和中国道教文化研究所等全国性道教组织、院校和研究机构先后设在这里。白云观从 1987 年起，每年举办一次“春节民俗庙会”，并恢复了骑小毛驴的活动，尽管从胡同西口到观前，只能骑行三四百米，骑的人依然很踊跃。

(2) 龙虎山天师府

龙虎山天师府位于中国南方的江西省鹰潭市附近，是国务院确定的汉族地区道教全国重点宫观。

龙虎山地方的景观非常独特而神奇，而道教派别正一派天师道就把这里选为修炼的基地，该派的历代天师基本上都在这里生活。所以，龙虎山就被称为“道教第三十二福地”，在中国道教历史上有一定影响。

从公元 3 世纪起，正一派的领袖就开始在这里修建道观，宣传教义，发展信徒。到唐朝以后，该派受到官方的扶植和鼓励，他们的领袖从朝廷那里不断得到封号和赏赐。同时，他们的道场也在不断扩大，建筑数量迅速增加。由于这里的风光优美，还吸引了大批的文人和艺术家前来朝拜。公元 1731 年清朝政府提供资金，对天师府大规模维修和扩建。

第三节　伊斯兰教建筑

伊斯兰教作为起源于东方的世界性宗教，对我国的影响也十分深远，伊斯兰教传入我国以来，受到了汉文化及其他民族文化的影响。这些影响已经表现在中国伊斯兰建筑的形式和内容上，体现出伊斯兰文化的包容性和适应性。

1. 伊斯兰教建筑的规划理念

清真寺是伊斯兰教建筑的主要类型，它是信仰伊斯兰教的居民点中必须建立的建筑。清真寺建筑必须遵守伊斯兰教的通行规则，如礼拜殿的朝向必须面东，使朝拜者可以朝向圣地麦加的方向做礼拜，就是面向西方；

礼拜殿内不设偶像，仅以殿后的圣龛为礼拜的对象等。

回族清真寺是吸收汉族传统建筑的技艺而发展形成的，也是最具东方情调的伊斯兰教建筑。回族清真寺采用了汉族建筑的院落式布局原则，组合成封闭形的院落，并且有明确的轴线对称关系。如四川成都鼓楼街清真寺、天津大夥巷清真寺。回族清真寺大量应用了中国特色小品建筑，如牌楼、影壁、砖门楼、屋宇式门房，甚至作为伊斯兰教的特色建筑邦克楼，亦做成亭阁式样。

有些清真寺重复地应用上述小品建筑于总体布局中，更强调出中国的传统特色。如济宁东大寺在大殿前布置了四道门后才达到主体建筑。

2. 伊斯兰教建筑的起源与发展

伊斯兰教大约在唐代传入中国，先后为回族、维吾尔族、撒拉族等民族所信仰。其主要建筑包括礼拜寺（清真寺）、教经堂、教长墓等几个类型。

中国最早的清真寺建于唐代，普遍于宋代，至清代达到高峰期。中国的伊斯兰教建筑有两个体系：以广大内地的回族为主的礼拜寺和教长墓（拱北）为代表；以维吾尔族为主的礼拜寺和陵墓（玛札）为代表。

早期的伊斯兰教建筑，直接采用或深受中亚建筑的影响。如福建省泉州市的清净寺，用灰绿色砂石砌筑高大的穹窿顶尖拱门，礼拜殿横向布置，窗户无装饰，内部有尖拱型壁龛，用阿拉伯文的铭刻等，风格与中亚建筑相似。

浙江省杭州市的凤凰寺，建于宋元时期，后经多次重修，礼拜殿内有3个半球形穹窿顶，入口大门用圆拱，两边有小尖塔，显然受到阿拉伯建筑的影响。但3个穹窿顶上面覆盖着传统的八角、六角攒尖瓦顶，说明它又接受了中国传统的建筑形式。

至迟在明代初年，中国的伊斯兰教建筑从总体布局到单座建筑的形体、结构、用料，均已大量融进甚至接受当地的传统，如讲究纵轴对称，采用院落布置，增加影壁、牌坊、碑亭、香炉等建筑小品。

3. 中国伊斯兰教建筑的形制与布局

中国的伊斯兰教建筑一般由礼拜殿（祈祷堂）、唤醒楼（拜克楼）、浴室、教长室、经学校、大门等建筑组成。

礼拜殿是主体建筑，体量最大，布置在中轴的最后面，内部空间纵深，用传统的木构架，屋顶用 2 或 3 个勾连搭。唤醒楼即中亚礼拜寺中的密那楼，原是塔形，称密那塔，或按波斯语称“帮克塔”，为呼唤教民作礼拜的建筑，因为体形高耸，也成了伊斯兰教特有的标志。礼拜殿一定要坐西朝东，这是为使教民做礼拜时面向西方的麦加。寺内装饰不用动物题材，而用几何形、植物花纹及阿拉伯文字的图案。

伊斯兰教清真寺建筑，是既不同于西方建筑，也不同于中国建筑的另一建筑文化体系，中国的伊斯兰教建筑受伊斯兰宗教思维的影响并融合中国古代建筑的传统工艺，表现出如下一些特征：

一是布局严整。中国清真寺建筑既采用伊斯兰教建筑向西崇拜的方位格式，又吸收中国传统的四合院形制，沿中轴线有次序的对称布局，既不违反伊斯兰教基本教义，又使每一进院落都有本土化的功能和风格。

二是中国化的建筑类型。中国清真寺与阿拉伯风格清真寺的明显不同之处，具有显著的阿拉伯尖塔式建筑特点的砖砌邦克楼在我国被传统的楼阁式木构建筑形制所取代，阿拉伯式的圆形穹窿大殿则被中国传统的大殿建筑取代。

三是礼拜殿面积大。按伊斯兰教规定，教徒除每日礼拜五次外，每周五为聚礼日，教区内教徒须集中在清真寺礼拜殿内做功课，因此礼拜殿面积特别大，以适应同时容纳多达成千上万教徒做礼拜的需要。

四是不设偶像。伊斯兰教反对偶像崇拜，故仅在西壁的后窟殿内设立装饰精美的圣龛。

五是装饰内容严格。《古兰经》的规定，禁止用人和动物的形象作装饰主题，因此清真寺建筑的装饰都是花草植物图案和几何图形，即使在庄严的神龛中也没有神像。

4. 伊斯兰教建筑的类型与典范

中国伊斯兰教建筑的历史虽不及道教和佛教建筑，但亦有不少精品传世，其中比较知名的有北京牛街清真寺、广州怀圣寺、西安化觉巷清真寺等。

（1）牛街清真寺

北京牛街清真寺、牛街礼拜寺初建于明，是回族伊斯兰建筑，居北京四大清真寺之首。牛街清真寺的总平面布局很有特点，寺在牛街东侧，大殿必须坐西向东，入口就只能设在殿的后面。寺门以望月楼代替，楼前有木牌楼三间，隔街为照壁，以强调入口。从望月楼下进入寺院，为避免一入寺就面对大殿背面，在殿后增加一堵院墙，引导行人折转到大殿左右夹道再进入寺内，然后绕行殿东，折回进入大殿。大殿东是一座四合院，正中有楼，左右各有碑亭，东面为经学教室。大殿由前殿、主殿和窑殿组成。前殿为硬山卷棚屋顶；主殿由两个歇山屋顶前后串连组成；窑殿很小，高耸着攒尖屋顶。殿内装饰很有特色，柱间设置由阿拉伯的尖拱转变成的“欢门”，柱子和欢门满饰红地金花图案；门框是阿拉伯经文，其他面积和柱子都是卷草和团花。天花和梁枋彩画以青绿冷色为主，与欢门和柱子的一片金红有强烈的对比，非常华丽辉煌。

（2）广州怀圣寺

怀圣寺又名狮子寺，俗称光塔寺，是中国四大古代清真寺之一，也是我国现存最古老的清真寺建筑，被列为广东省省级重点文物保护单位。唐、宋以来，广州为我国海外贸易的主要港口，那时广州的阿拉伯富商最多，他们在当地政府的支持下，修建了一座规德宏大的清真寺，即今日的怀圣寺。寺的命名表达了中外教民对圣人穆罕默德的尊从和怀念。该寺礼拜大殿置于院庭的正面，它是3间带周围廊、歇山重檐绿琉璃，带斗拱的古典式建筑，巍然耸立在带雕石栏杆的大平台上，充分显示了大殿的高贵威严。石栏杆板上的雕刻各异，有葫芦、扇子、伞盖、花卉、狮子、游鱼等物，极为活泼生动。大殿内部洁白明亮，用木地板及三面拉门，殿内装

饰虽少，但很整洁大方。大殿梁下题字为：“唐贞观元年岁次丁亥鼎建，民国廿四年岁次乙亥三月廿一日辛未第三次重建。”和“大清康熙三十四年岁次乙亥腊月十七日乙己再重建。”除大殿之外，尚有望月楼、东西长廊、藏经室、碑亭、光塔（宣礼塔）等建筑。全寺占地面积 4.5 亩，建筑总面积 1553 平方米，其中大殿建筑面积 400 平方米。

怀圣寺的光塔驰名中外，是极具价值的建筑古迹。光塔整个用砖石砌成，砖墙内外涂抹灰砂，建筑平面为圆形。有前后二门，各有一磴道，两楼道相对盘旋而上，到第一层顶上露天平台上出口处相汇。在平台正中又有一段圆形小塔，塔顶在最初原是金鸡向凤飞翔。金鸡或凤是我国古典建筑喜用的题材。到明代，该塔金鸡被飓风吹落。修复后，于康熙八年（公元 1669 年），又被飓风吹落，后遂改为葫芦宝顶，晚近改为橄榄形。该塔露出地面部分总高为 35.7 米，现据专家考查，认为塔下面土掩埋部分尚有数米。古代有关记载说，此塔高 16.5 丈。该塔因年代太久，现已经日益倾斜，若遇地震，上部小塔将难免坠毁。这种古老的圆形砖塔，并使用砖磴道盘旋而上的形制，在我国古建筑中确为突出。

专家认为我国清真寺宣礼塔的磴道技术影响并提高了我国砖砌佛塔的建筑技术，在我国工程技术史上不是一件小事。我国砖砌佛塔，最古老的如唐代多为方形、转筒状建筑，用木梯木楼板上下。到宋代，塔才多用八角形及砖磴道的砌法，但砌工简单，与光塔的圆形双楼道的精巧技术，远远不能相比。有关光塔的建筑年代问题，目前尚未确定下来，有说唐代的，有说宋代的，也有说是元代重建的。现存寺内的元代至正十年（公元 1350 年），郭嘉从《重建怀圣寺碑》及南来方信孺《南海百咏》、南来岳珂《程史》都认为建于唐代，比较可信。

寺有教民约 2000 户，6000 多人，多数为回族，奉行格迪目教礼。寺内藏有元代至民国中丈、阿拉伯文碑、匾共 40 余方。怀圣寺经常有国内外旅行者来寺礼拜或参观。同时，接待了许多穆斯林国家高级别的访问团。近年来，该寺自己也组团出访了伊朗、马来西亚等国和中国香港地区。

(3) 化觉巷清真寺

化觉巷清真寺，坐落在西安鼓楼的西北隅，通称清真大寺，又因在大学习巷清真寺以东，故俗称东大寺。这是一组既表现中国传统建筑风格，又具有伊斯兰教寺院特色的宏伟壮阔的古建筑群。

这座清真寺创建于明太祖朱元璋末年，后经明、清各代扩建，形成现有规模。基地南北窄东西长，两座寺门分设在基地东端南北两角。总布局采取沿东西向轴线纵深串连多重院落的形式，一共五进。单体建筑都是汉族式样。

第一进是全寺前导，砖砌大照壁对着三间木牌楼。第二进以院内石牌坊为中心。第三进院内省心楼为汉式楼阁，八角，二层三檐，琉璃攒尖顶；北侧厢房为讲经室，前廊正中高起一座歇山小屋顶，轮廓变化丰富，造型轻巧。第四进是主院，正中的凤凰亭在八角大亭左右连接左右各一小亭，造型丰富。礼拜殿体量巨大，可以容纳上千人，屋顶由两座歇山顶以前后串连构成。殿前有大月台，配以月台边上的几座石牌坊和碑亭小品，烘托出大殿的重要。窑殿入口处的拱形龛门与几乎覆满全部墙面和天花的彩画，在只靠前檐进光的幽暗空间里，烘托出浓烈的伊斯兰教气息。彩画纹样仍以阿拉伯文和植物纹为主，闪着金光。第五进院不重要，是全寺结束。在狭长的基地上，要历经将近200米才能进到大殿。突出大殿，又不使空间感到单调，利用多重院落，化长为短层层递进，成功解决了问题。

第四节　基督教建筑

基督教于公元1世纪开始流传，罗马帝国于公元313年颁布《米兰敕令》使其取得合法地位后，教堂建筑逐渐发展起来。隋唐时期，基督教传入中国，基督教建筑也开始在中国大地上出现。

1. 基督教建筑的规划理念

“基督教”为奉耶稣基督为救世主之各教派的统称，包括天主教、东正教、新教和其他一些较小教派。在中国传播的教义通常以新教为主。

基督教建筑风格有罗马式、拜占庭式和哥特式三种，其教堂的主要标志是十字架和钟楼。

罗马式教堂是仿照古罗马长方形会堂式样及早期基督教巴西利卡教堂形式的建筑。巴西利卡是长方形的大厅，内有两排柱子分隔的长廊，中廊

较宽称中厅，两侧窄称侧廊。大厅东西向，西端有一半圆形拱顶，下有半圆形圣坛，前为祭坛，是传教士主持仪式的地方。后来，拱顶建在东端，教堂门开在西端。高耸的圣坛代表耶稣被钉十字架的骷髅地的山丘，放在东边以免每次祷念耶稣受难时要重新改换方向，加强了宗教的意义。

拜占庭式建筑的典范为圣索菲亚大教堂。这一类型的建筑主要成就与特征是穹顶在方形的平面上，建立覆盖穹顶，并把重量落在四个独立的支柱上，这对欧洲建筑发展是一大贡献。

哥特式风格的建筑中，尖券与小拱的大量使用，赋予了空间与结构以极大的灵活性，同时也为教堂的艺术风格带来了新奇的格局。其外形大多是尖顶，内部有以宗教故事为主题的壁画。理念上希望靠近上帝，崇高庄严肃穆。

基督教传入中国之后，其建筑形式较多地受到当地建筑风格影响，采用有特色的地方建筑形式。中国幅员广阔，从南到北，从沿海到内地，建筑形态相差相异大相径庭，因而中国式基督教建筑包含了模仿各地区及各类中国传统建筑的形式。

中国境内的基督教建筑一般受所在地区的建筑文化环境制约而采取有特色的地方建筑形式，以与当地建筑环境相融合。如江浙一带的基督教建筑较多模仿江南园林及居民形式，尺度小巧，小瓦屋顶，层角起翘，甚至采用白粉墙等；福建的一些基督教建筑采取了闽南风格的屋顶，正脊弯曲，屋角及正脊两端翘起；位于宁夏的某些天主教堂因为受到当地回教清真寺造型影响，而采用了清真寺的立面构图；中国台湾地区及贵阳的一些教堂建筑，则选择了以富有当地传统建筑特色的封火山墙作为正面入口，并且使用当地的砖瓦材料，“以俾使能在外貌上融入周遭的民房里”。

2. 基督教建筑的起源与发展

隋末唐初，作为基督教派之一的景教传入中国。唐太宗贞观九年，景教传教士由波斯（今伊朗）来长安传教。唐太宗派宰相房玄龄到西郊去欢迎他，并一直迎入宫内。后来，阿罗本在皇宫里“问道”，在“书殿”里翻译经本。

三年后，由唐太宗下诏，说这个宗教对于社会和世道人心都有裨益，应该让它在天下通行（济物利世，宜行天下），并在义坊街造一所教堂，即大秦寺（大秦是当时对罗马的称呼）。大秦寺里住有22位传教士。由于奉旨公开传教，结果很快就“法流十道，寺满百城”。

当时最出名的传教士有三位：阿罗本、景净和阿罗憾。而中国天主教历史上最早、最出名的两位基督徒是：唐太宗李世民的宰相（中书令）房玄龄和山西汾阳王郭子仪。郭子仪是平定“安史之乱”的有功之臣，唐代中兴名将，也是中国历史上第一位中国天主教慈善家。房玄龄是唐太宗李世民的宰相（中书令），大唐“贞观之治”的首位功臣。他坚守“天主十诫”中的第六条诫命，坚守一夫一妻制。唐太宗曾要赐他一名侍妾，以示眷顾，岂知房玄龄坚持不受，大出皇上所料。

后来，唐武宗时期出于政治上的考虑，颁布了灭绝一切外来宗教的政策，景教走向衰落。元朝时期，蒙古政权以征服全世界为目标，军队收编了欧亚大陆各地英雄豪杰。帝国军队所到之处都直接或间接地受到欧亚大陆各色文化的冲击，各种宗教得以相互吸收与交融。最后，景教与其他不同的基督教派的势力，也随着元世祖的军队进入中国本土遍布各地。

当时，中国内地人民对景教的一切早已淡忘，新来到的基督教被人称作“也里可温教”。这个教名所包括的不只是景教，还包括后来由孟高维诺总主教带来的天主教在内的所有基督教派，不过景教徒最多罢了。元朝中国本土境内的基督徒很多。中国北部及西部的沙州、肃州、甘州、凉州及河套地区有许多景教徒和景教教堂，教堂亦被称为“十字寺”。《元史》记载，忽必烈的母亲别吉太后死后，便停灵于甘州十字寺中。

中国南方及长江流域，景教徒人数及教堂较西部及北部地区少，主要分布于沿海省份蒙古人与色目人集中的地区，如泉州、福州、温州、杭州、扬州、镇江等处。泉州和扬州曾出土景教徒墓碑，扬州、镇江、泉州等地都有景教十字寺。镇江的景教教堂，为当地的副达鲁花赤马薛里吉斯所建。他还在丹徒等地修建景教寺，共有7座。福建泉州是景教徒集中所在。教徒大多是外国富有的侨民，尤其为公亲王侯及后妃之类，信徒政治势力很大，社会地位较佛、道教徒为高；汉人景教徒就不多了，且多属贫民、仆婢之流。

明末至清代，天主教发展很快，西方传教士汤若望甚至已经成为顺治帝的客卿。顺治帝拨地赐金，让汤若望在北京修建天主堂，并亲赐“钦崇天道”的匾额，西洋风格的宗教建筑十分引人注目。康熙帝时期，为了传教士生活，甚至将北京东北隅的“罗刹庙”赐为教堂，称为“索非亚教

堂”，因属于东正教派，故又称为“尼古拉教堂”。

3. 基督教建筑的类型与典范

中国古代的基督教建筑最具代表意义的当属广州圣心大教堂，它位于广州市一德路，因系用花岗石建成，故又称“石室”。此地原为清代两广总督行署地皮，同治年间租给法国普行善会建筑天主教堂，又名“圣心堂”。教堂于清同治二年奠基，光绪十四年落成，历时25年，从打磨到吊装都用手工操作完成，是国内最大的一座以高直尖顶为特色的哥特式建筑。

教堂建筑结构为高耸巍峨的双尖石塔，其上挂有一组大钟。堂南北纵深78.69米，东西宽35米，由地面至天面平台高度为26.7米，由天面平台至塔顶端高度为29.8米。正面的大门和四周扶壁分布合掌式花窗棂，所有门窗都以红、黄、蓝、绿等深色图案玻璃镶嵌，避免室外强光射入，使室内光线柔和而神秘，形成慈祥肃穆的宗教天国气氛。

下 篇

中国建筑的技法与工艺

第十七章

中国建筑的施工与设计

古代中国的匠师，在当时历史条件下对于建筑设计、施工技术也有卓越的创造，他们以惊人的智慧创造了让我们今天仍然叹为观止的文明成果。

第一节 施工技术和设计

施工技术和工艺设计在传统建筑历史信息的传递中起着重要的桥梁作用。施工技术和设计是动态的、无形的，属于时间的维度，是建筑领域非物质文化遗产的重要内容之一。建筑的施工技术和设计还具有时代性、地域性和民族性并显的特征。就施工技术和设计而言，中国的传统建筑存在着相当多的共性。它们是中华文明文化和生产力水平的集中反映，是科学技术发展的见证。

1. 施工技术

古代匠师在当时历史条件下对于建筑施工技术的卓越创造是非常令人惊叹的事情。两千多年前修建的都江堰，虽然经过了历年的反复修葺，但在今天仍然发挥着它的作用。两千多年前开始修建的连绵万里的长城（有些是后来建造的），常常居于悬崖陡坡之上，并且跨越河谷，工程极为艰

难。还有现今保存下来的不少一千多年以前修建的塔都高达数十米。我国古代很多石桥的结构工程是非常艰巨的，其中不少具有很高的科学价值，最突出的是隋代安济桥，不但跨度大，而且采用了敞肩券。又如漳州江东桥，每块石梁重达二百吨。根据记载，可能是先将石梁面和两端琢凿平整，然后用麻筋夹泥，混成圆柱，等到晒干坚固以后，再以大木为车，运置到大型船舶或木筏上，浮运到桥下，然后利用潮汐之涨落而架在子桥礅之上。又如铁索桥、竹索桥、廊桥等，工程亦均可观。

中国的古人在建筑上已应用运筹学的原理。宋朝丁谓处理建造宫室的材料和运输工作的方法显然是一种线性规划的雏形。据宋沈括《梦溪笔谈》记载，东京汴梁的宫室在遭到火灾以后，丁谓负责重建工程。修建工程的泥土，原来要从郊外由旱道运到工地，耗费劳力很大。当时丁谓采取先在工地前面的大街上挖取泥土使用；在大街挖成渠沟后，又与汴河接通，使河水流入沟中，于是从四面八方运送建筑材料的船只可直接由汴河驶到工地。在工程将要结束时，又把废弃的瓦砾、灰土等投入巨沟平土，重新成为街道，节省了大量的人力、物力、财力。这充分显示了古代劳动人民的伟大智慧和力量。

2. 建筑设计

和当代建筑一样，中国古代建筑也要先有一个好的设计才能施工。若要建筑质量好，必须有一个既可以欣赏又适用的设计，可见在中国古代是非常重视设计的。

我国古代建筑经过长期的发展，建设出大量的房屋，这些房屋都是年积月累，陆陆续续建成的。中国古建筑的设计图，自古以来将平面图与立体图甚至透视图结合在一起，从图上看既是平面图，又是单体建筑的透视图。外观图往往带有透视图的样子，看起来十分清楚。一般来说，匠师们先要绘出图样，注明尺寸，逐步在板上、纸上或胶布上绘出各种图样，然后再做烫样（类似今天的建筑模型），用它来表现出所建造房屋的式样，给当时的房主或皇帝看，最后才能运料动工。

至迟到隋唐时期，我国的传统建筑已经有了固定的绘图方法。据史料记载，隋文帝在全国各地大肆建造舍利塔时，就是先在首都大兴城绘制图样，然后派人送往各地，按统一的规格进行施工的。在我国的敦煌石窟，有的窟中壁画就是画的建筑透视图，无论是绘制壁画的方法，还是绘图的方法，可以说都是唐代建筑图的基本式样。唐代还将建筑图刻在石碑上，人们称谓“图碑”。

从宋画中也可以看出当时的建筑图样绘制水平已经达到了很高的程度。宋辽金以来，更广泛地运用图碑，如在桂林鹦鹉山大悬崖上刻出南宋静江府城的平面图，实际也是图碑的一种。平江府城图、汾阳后土祠图都刻在石碑上，以及大金承安重修中岳庙碑，这些都是图碑。

明代一些大工程的设计都由“工部营缮所”负责，所内的工作人员多为工匠出身。清代还分为“样房”和“算房”，“样房”负责设计，“算房”编造各工种做法和估价工料，著名的有“样式雷”、“算房刘”等。明清时的建筑设计除绘制各种比例尺的图样，包括足尺大样外，还使用不同比例尺的模型，当时称为“烫样”。“烫样”不但能表示出建筑的外部形式，并且能表现出内部的结构情况，对进一步审查和研究建筑设计的意图等有着很大的帮助，这无疑是当时的一种先进设计方法。

明清时期留下的建筑图，不仅仅在图碑上能看到，还刻成木板印刷于各种版本的志书中，其中有城池图、庙宇图以及学宫图，都分有平面图和透视图等。如山西阳城县润城一座庙宇里有一块石板上刻出“润城小城平面图”图碑一方，其中书刊刻为崇祯年。这块石刻图线条虽然简单，但是其中有庙宇透视图。

第二节　中国古代主要建筑著作和匠师

中国古代的建筑匠师们实际上既是建筑师，又是绘图师与设计师。他们不但参与前期的规划与设计，还要在营建过程中完成建筑的备料和施工。他们手中流传着建筑的小样本，其中有图样和尺寸。这些小样本只在师徒间相传，有的时候师傅过世，小样本无法找到便失传了。

除了这种小样本，中国古代建筑的技艺传承中还依靠民间著作和官方典籍两类。前一类的著作大多是民间的工匠根据前人的经验和样本编著而成，后一类的作品更多的是作为官方对建筑的规范问世。

1. 民间著作

中国古代建筑的民间著作较为知名的为《木经》三卷。该书由北宋初年的都料匠喻皓所著，是现知最长的一部记述较为详细的建筑学专著，但早已失传。

明中叶有《鲁班营造正式》，是南方民间匠师所著。明万历时又有《新镌京版工师雕斫正式鲁班经匠家镜》，并有崇祯本及多种清代翻刻本，崇祯本三卷，题午荣汇编、章严全集、周言校正。

据明清文士著述，当时还有文震亨的《长物志》，里面为对居室及庭园环境布置的记载；计成的《园冶》则更是造园学的专著；李斗的《扬州画舫录》中的附录《工段营造录》，相传来自内廷的工程人员。

2. 官方典籍

中国古代有关建筑的官方典籍大多是各王朝制定的建筑制度做法、工料定额一类的建筑法规，或关于这方面的记录。现知最早的官方典籍是《考工记》，一般认为是春秋时齐国人所作，是记录手工业技术的专书。书中“匠人”篇对城市道路和建筑尺度有较详细的论述。

从唐代开始，至宋、明、清各代，大都颁有《营缮令》，对官吏和庶民房屋的形制等级进行了制度上的规定。宋代元佑、崇宁时还两次颁布《营造法式》，为当时宫廷官府建筑的制度材料和劳动日定额等甚为完整的规范，是古代建筑学的专著。

元朝时期颁布有《经世大典》，其中“工典”门分 22 个工种，与建筑有关者占半数以上。而明代的建筑等第制度则多纳入了《明会典》，并且颁布有另外一些具体规章，如《工部厂库须知》等。清工部颁有《工部工程做法则例》，是一部有关建筑的大型文献，内务府系统还有若干匠作则例规定，比较详细。

3. 著名匠师

中国古代的建筑匠师和工官制度密切相关。主管营建工程的官吏，

《考工记》中称为匠人，汉唐称将作大匠，宋称将作监。汉代阳城延，北魏李冲、蒋少游，隋代宇文恺，唐代阎立德等都是著名的建筑匠师，其中因宋将作监李诫著《营造法式》而尤为著名。

这些工官多因工巧，或因久任而善于钻研，所以能精通专业，胜任职事。专业匠师，唐宋都称都料匠。唐代柳宗元著《梓人传》中叙述了都料匠杨某的事。宋代都料匠喻皓曾著《木经》行于世。明代专业匠师有不少人后来升任为主管工程的高级官吏，如郭文英以做头官至工部右侍郎，蒯祥以木工首官至工部左侍郎，徐杲以普通工匠而官至工部尚书。清代还出现了匠师世家，如“样式雷”一门七代掌管宫廷营建，“山子张”长期主持皇家园林造园叠山等。

(1) 宇文恺

宇文恺（公元555～612年），字安乐，鲜卑族人。他从小就很有才华，不喜武而好文。他读了许多书，尤其喜爱建筑方面的知识，因此在他很年轻的时候，就已经掌握了渊博的建筑知识，以博学多才而闻名。

隋朝建国后，宇文恺因为技艺超群而受到重用，多次被隋文帝杨坚委派监造大型土木、水利工程。如广通渠的开凿、鲁班故道的修复和长城等大型工程，就是在宇文恺的规划设计和领导下完成的，其中许多工程成为我国古代建筑的杰出代表。宇文恺一生历任营建宗庙副监、营建新都副监、检校将作大匠、仁寿宫监、将作少监、营造东都副监、将作大匠以及工部尚书等职，此外还一度担任过莱州刺史。

宇文恺一生中最大的功绩是主持兴建了长安城、洛阳城两大历史古城，在古代建筑技术史上占有重要地位。隋文帝开皇二年（公元582年），为了加强统治防御措施，也为了隋朝的政治、经济、文化得到更好的发展，隋文帝下令建造新的都城。新都城由高颖、宇文恺分别担任营建正、副监，当时的宇文恺虽然只任副监，可重大工程的规划、设计均出自他之手，并且在营造新都大兴城的过程中处处显示出卓越的才华。面对如此重要且规模浩大的工程，宇文恺进行了周密的规划安排。他首先对旧都城周围的地势进行了勘察，最后选定东南龙首川一带平原作为新城址，并绘制了平面设计图样，这里三面临水，一面傍山，是比较理想的建城之地。新都城在开皇二年六月开始破土动工，到第二年三月就投入了使用，前后仅用了九个月的时间，堪称世界都市建设史上的一大奇迹。新都城被定名为

“大兴城”，大兴城规划之严谨，规模之宏大，建设之快，不仅在我国建筑史上具有里程碑的意义，而且在当时世界上也是无与伦比的。

至隋朝大业元年（公元605年），已担任将作大匠的宇文恺又被委派主持兴建了另一座规模略小于大兴城的都市——东都洛阳城。东都洛阳城自大业元年（公元605年）三月开始营建，次年正月即告建成，前后仅用了10个月时间。东都的布局基本上和大兴城一致，只是由于地形的关系，即洛水由西向东穿城而过，把全城分为南、北不相平衡的两部分，使得形式上不能完全对称。全城采用由宫城、皇城和郭城所组成的形制，只是宫城和皇城位于全城的西北部，郭城则位于二者的东面和南面。洛阳城采用了里坊制的设计，使得整个城市气势宏伟，宫殿比大兴城更加富丽堂皇。由于东都洛阳的地理位置优越，水陆交通方便，自隋至北宋，一直作为陪都，成为又一个社会政治、经济、文化的中心。

此外，宇文恺还曾为隋炀帝营建过可容纳几千人的“大帐”，在里面宴请宾客时，可以同时容纳几千人，可见其规模之大。他还造过“观风行殿”，能任意集合和分散，上面可以容纳侍卫几百人，并且大殿下面装有轮轴，能够移动，是一座别具一格的活动大殿。隋炀帝曾带大帐和“观风行殿”巡视北部边境，观者无不惊奇、赞叹。宇文恺还有着独具特色的设计才能，那就是为建筑物设计一些神奇机关，如他曾在东都观文殿一个书屋中安置了一个巧妙的机关，在门上悬有锦幔，上面设有两只凌空欲飞的仙鹤。当有人来到门前，踏动地上的机关时，这两只飞鹤就会冉冉升起，收起锦幔，书屋的大门也随之缓缓打开，人们如同进入了虚幻的神话世界。

宇文恺在建筑设计和建造上的非凡才华不仅于此。他还曾对周王朝时期朝廷的前殿——明堂进行了研究，不仅绘制了设计图，还制作了木制立体模型，其中都使用了比例尺，这种利用比例关系进行建筑设计的方法，是中国建筑史上的一大创举。只可惜研究未果，宇文恺便病故了。他生前著有《东都图记》20卷、《释疑》1卷和《明堂图议》2卷。除《明堂图议》的部分内容保存在《隋史》中流传到现在外，其余都已失传。

(2) 李诫

李诫（公元1035～1110年），字明仲，郑州管城县（今河南新郑）人，是北宋时期著名的建筑师。从宋哲宗元祐七年（公元1092年）起，李诚开始在将作监（主管土木建筑工程的机构）供职，前后共达 13 年，历任将作监主簿、监丞、少监和将作监，主持营建的较大建筑有龙德宫、棣华宅、朱雀门、景龙门、九成殿、开封府廨及太庙。

李诚为人博学多闻，他所著的《营造法式》是我国古代最全面、最科学的建筑学著作，也是世界上最早、最完备的建筑学著作，相当于宋代建筑业的“国家标准”。

《营造法式》是北宋政府为了管理宫室、坛庙、官署、府第等建筑工程，而官方颁布的一部建筑设计、施工的规范书。编著者李诚经过六年的时间于崇宁二年（公元 1103 年）完成了这本书，它主要是作为宫廷及官署等建筑的施工用料、劳动定额及各工种的操作规程。李诚收集了熟练工匠们的经验，系统地总结了当时建筑技术的成就。这本书具有高度的科学价值，是现存我国古代最全面的建筑学文献。现存的宋代建筑，如山西太原晋调圣母殿、福建泉州清净寺、河北正定隆兴寺和浙江宁波保国寺等，均照此法修建。其建筑特征是，屋顶的坡度增大，出檐不如前代深远，重要建筑门窗多采用菱花隔扇，建筑风格渐趋柔和。

当公元 1068 年这本书开始编写时，正值宋神宗推行“熙宁变法”，企图在各方面整顿封建统治机构的时候。《营造法式》的出现，可能和这个政治需要有关。在这以前，还可以追溯到宋初匠师喻皓所著的《木经》。这本书已经失传，但在宋代著名学者沈括的《梦溪笔谈》中还保存着片段记载，使我们知道最迟在公元 10 世纪时，木结构已有了明确的构件之间尺度的比例关系，如屋架尺度以梁的跨度为准，阶基的高度以柱高为准等。李诚的《营造法式》比《木经》更为严格详细，这反映了技术的发展进步，也说明这部科学著作有前人著作的基础，并不是偶然出现的。

(3) 雷发达

我国著名建筑学家梁思成先生在《中国建筑和中国建筑师》一文中曾写道：“在清朝二百六十余年间，北京皇室的建筑师成了世袭的职位。在 17 世纪末年，一个南方匠人雷发达来北京参加营造宫殿的工作。因为技术高超，很快就被提升担任设计工作。从他起一共七代直到清朝末年，主持皇室建筑……这个世袭的建筑师家族被称为‘样式雷’。”

雷发达是明末清初建筑家，字明所，原籍江西建昌（今修水县）人。

雷发达是清初宫廷“样式房”的长班（总设计师），世称“样式雷”，被誉为近代世界著名的建筑艺术大师。

雷家世代以建筑和工匠为生。先祖在明洪武年间，即以工匠身份服务于宫廷。受家庭环境的熏陶，长辈的教诲，雷发达自幼就爱好木工技艺。由于勤奋学习，刻苦钻研，他的技艺超过了长辈。当时，江西南康府的一些重要祠堂庙宇多是由他设计和主持施工的。因此，他的建筑技艺和才能，在青年时代已名显府县。

清康熙初年，朝廷对明北京故宫进行大规模扩建和改建，并大修园林以及新建承德离宫避暑山庄和外八庙等大型建筑。因此，在全国范围内征调工役达二十万之众，仅木工就有数万人之多。雷发达参加了这一浩大的工程，担任工部样式负责人。他虚心求教，博采众长，勇于创新，技艺突飞猛进，才能得到了充分显露。

在清康熙三年太和殿翻修动工时，举行大典，皇帝亲临参加，文武官员到场，大家举行仪式。在这个关键时刻，大梁不合卯，怎么也不合榫，当时木匠师傅都急得满头流汗，可是怎么也解决不了。没有办法，把雷发达找来。只见雷发达穿上黄袍马褂，手拿斧头，上架子之后，用斧子一打，一切梁枋合于榫卯，把问题解决了，皇帝十分高兴，给雷发达连升为工部工程“长班”。以后，雷发达调任圆明园楠木样式房掌案，正式提升为工部“样式房”掌案，实际为工程总设计师。凡宫廷内外有关大型土木建筑工程，先由“样式房”提出图样，再呈皇帝审批，后送工部或内务府，编造具体计划和估计工料。从此，人们又以“样式雷”的美称赞誉雷发达。

自从康熙面授雷发达为工部营造所长班，朝野上下便开始流传“上有鲁班，下有长班，紫微照令，金殿封官”的歌谣。从那之后，雷氏全家代代继承祖业为皇宫建设设计绘图，雷家伴随清代皇室进行设计与施工直到清末宣统年间，共八代子孙，最后一辈为雷廷昌先生，他为清代重修圆明园时所曾做“烫样”达数十种。

雷发达及其后裔掌管“样式房”长达二百余年。雷发达及其子孙设计并主持修建的清代著名建筑占我国世界文化遗产的五分之一，共计有二宫（北京故宫、承德离宫及外八庙）、二陵（东陵、西陵）、三山（万寿山、玉泉山、香山）、三海（北海、中海、南海）、四园（圆明园、颐和园、静宜园、畅春园）等。

雷发达在修建清宫的设计中，既对中线上的建筑物保持严格对称，又对主轴两侧次要轴线上的建筑物采用大致对称而又灵活变动的格局。这样，既突出了中心，体现了“居中为尊”的思想，又形成了统一而有主次的整体。他设计修建的清宫，就体现了上述设计思想，被海内外推崇为我国古代建筑中线对称设计的典范。在工程施工前，他不仅能绘制出建筑图样，还能按图纸制出立体精巧的“烫样”，即建筑“模型”。他制作的模型是活动的，能够拆装，既能一览总体造型与外部结构，又能拆开细看内部结构和布局。故宫博物院、北京图书馆和“样式雷”家在京的后裔等，藏有许多园林、宫殿的建筑图样和“烫样”。这些图样和“烫样”与现代建筑设计图相差无几，它体现了以雷发达为代表的我国古代建筑师高超的建筑艺术水平。后来，雷家生活困难了，把过去为皇家所做的“烫样”全部支出，全家迁入山西，以后就不知他们的下落了。目前，北京故宫、北京图书馆、中国历史博物馆等单位现存的“烫样”，全部都是雷家迁移之前卖出，后来又从北京琉璃厂买回来的。

雷家的设计名作，自清代以来就称为“样式雷”、“样子雷”。他们所绘制的皇宫图的传统式样，继承了中华民族自古以来的绘图方法。大图一张有 20 平方米，小图一张有 20 平方厘米，大的、小的都有，在图中即将平面图与立面图相结合、平面图与透视图相结合，创造出中华民族传统的绘图方法。这些图样，目前收藏于北京图书馆。

第三节　中国古代建筑的环境学考量

中国古代建筑特别注意跟周围自然环境的协调，因为建筑本身就是一个供人们居住、工作、娱乐、社交等活动的环境，因此不仅内部各组成部分要考虑配合与协调，还要特别注意与周围大自然环境的协调。中国古代的设计师们在进行设计时对周围的山川形势、地理特点、气候条件、林木植被等，都要认真调查研究，务必使建筑布局、形式、色调等跟周围的环境相适应，从而构成一个大的环境空间。

在封建时代里，财产是私有的，宅院、门户、房屋都是私人财产，所以当房屋有所损坏时，房主马上按原样维修。在住宅四周的土地都为个人

财产，因此在周围及院中植树，有果树、丁香之类的观赏树；有的大型住宅则叠山叠石，围池修塘，进行园林意境设计。住宅中有“第宅园林”，佛寺中有“佛寺园林”，庙宇中有“庙宇园林”，大大小小，各式各样，都有很丰富的内容，如浑源永安寺、承德普陀宗乘庙便可以看出其环境的状况。

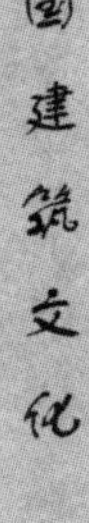

第十八章

传统建筑中的木构文化

建筑作为人类生活最基本的自然物和自然环境，它既是物质文化的重要组成部分，又有其精神方面的文化内涵。不同地域、不同时代的建筑，在文化内涵上各有其不同的特点。中国建筑所体现的文化内涵极为丰富。

中国的传统建筑以木材、砖瓦为主要建筑材料，以木构架结构为主要的结构方式。此种结构方式，由立柱、横梁、顺檩等主要构件建造而成，各个构件之间的结点以榫卯相吻合，构成富有弹性的框架，形成了有别于西方建筑体系的具有鲜明中国文化特征的建筑特色。

第一节　木构架系统

中国古代建筑结构多用木材，因此最普遍的是木构架结构。这种梁柱系统的木构架结构至迟在公元前 2 世纪至公元 2 世纪的汉代就已经成熟。

在我国有句通行的谚语叫“墙倒屋不塌”，生动地说明了它的结构原则。中国古代木构架结构的成功，经过了长期艰巨的技术创造。这种木构架结构的基本构造方式是：先以立柱和横梁组成构架，这数层重叠的梁架要每层缩短、逐级加高，最上层梁上立脊瓜柱形成举折，各层梁头上和脊瓜柱上承檩，并在檩间密排并列椽，构成屋顶的骨架。单座房屋有一间、二间，以至许多间，由两排以上梁架构成。由于建筑物的全部重量由构架负担，墙壁只起隔断的作用，而不是承重的结构部分，因此门窗的开辟、

室内空间的分隔、墙壁的材料和做法等都具有很大的灵活性，对于满足不同的用途和艺术要求可以采取最适宜的处理。

中国古代木构架结构构件的结合主要用榫卯。匠师们创造了解决各种不同的结构和构造作用的榫卯，并且制作加工得非常精密。另外，在木结构中使用斗棋是很特殊的。斗棋是木结构古建筑中结构和受力特性最为复杂的一组构件。使用斗棋作为结构构件的方法，早在战国时代已经开始，到唐代已经成熟。斗棋在中国古代建筑的结构和装饰方面都占有突出的地位。

在木构架结构的长期发展中，由于结构技术本身的成熟和经验的总结，以及为了便利估工算料和分工制作装配，就逐渐形成了既符合功能要求、结构合理，又注意艺术性的标准做法和定型构件。

在公元 10 世纪至 11 世纪的宋代，这一成就已经巩固并且加以总结。李诫主编的《营造法式》规定："凡构屋之制，皆以材为祖；材有八等，度屋之大小，因而用之。"又规定："各以广分为十五分，以十分为其厚。凡屋宇之高深，名物数。"1100 多年前建造的著名的唐代佛光寺大殿，1000 多年前辽代建造的独乐寺观音阁，900 多年前建造的辽代佛宫寺释迦塔，都是应用这种结构方法的范例，这些建筑物历经千年的风雨仍完整地保留至今。

在我国古代，木结构不仅用于房屋建筑，也用于桥梁工程。至清代，工匠们则将木材分成十一等，每等材的宽度定为斗棋上面斗口的宽度。其他部分结构的尺寸，即由斗口的宽度推衍而出，作为一种度量此例的标准单位真实地描绘出宋代名画——"清明上河图"中当时汴梁城外的一个木构拱桥——虹桥。这种结构做法，表现了古代匠师的大胆创造。

第二节　材料结构方式

中国在公元前 10 世纪至 8 世纪的西周初便发明了瓦，到公元前 2 世纪至公元 3 世纪的汉代已经制造出非常坚实的砖，砖石建筑的技术也随之提高。公元 6 世纪北魏的嵩岳寺塔和公元 7 世纪隋代所建的世界首创的敞肩券式拱桥——安济桥，有力地说明了中国古代砖石结构的高度成就。

在中国古代建筑中，耐火、耐侵蚀和坚固性要求较高的工程，如城垣、塔、桥、陵墓、“无梁殿”等多用砖石结构。在木建筑的台基、柱础、墙身等部分也掌握不同材料的性能，使用砖石材料等，并和木结构部分结合成为一个整体。

中国是产竹最多的国家，尤其在南方地区，竹子从来就是民间建筑不可缺少的材料。竹子在古代很早就被人们用作建筑材料，建造竹楼、竹索桥等。

我国有许多地方还使用土作建筑材料，建造土坯墙及夯土城墙、围墙和台等。维吾尔族使用土坯砌筑拱券及穹窿结构，成就很大。

第三节 传统建筑的结构组合

在西方，大的建筑组群多数以一栋建筑为一个单体，互相之间并没有什么有机联系。在中国就不同，多数以大建筑群组出现，各单体房屋之间都是有机联系的。在大的建筑群中，无论是庙宇、皇宫、佛寺，都是由许多房屋组合而成的。通常，一座住宅、一座庙宇、一座宫殿，都指的是整个建筑群。

古代最早的建筑仅是简单的单座房屋。以后随着功能要求和经济技术水平的提高，各种用途需要的空间已不能由单座房屋满足，需要扩大建筑物的平面和空间。木结构建筑扩大平面和空间的主要方法是加大构架尺度和增加梁架数目或增加层数，而这些都受到材料、结构技术和使用要求的限制，因此自然地发展了单个建筑物的群体组合的形式。虽然是一些不大的、简单的单座建筑物，也可以构成庞大的、复杂的整体，从而满足建筑的功能和思想性、艺术性等多方面的要求。

中国古代建筑群体的平面布局，除了受地形条件的限制以外，一般都具有一些共同的规则性：在基地的周围三面或四面各修建单个建筑物，中间形成院子；周围的建筑物主要是在面向院子的一面解决采光、通风、排水的要求；在庭院左右的建筑物，一般做对称的配置；在基地周围的各个建筑物，都面向院子；基地的四周由围墙或廊屋环绕起来，形成封闭的空间。当建筑的规模更大时，则常以重重院落相套向纵深的方向发展。

这种对称和封闭的空间布局形式是适合于封建制度下的生活方式和思想观念的，但它也具有安静、挡风、遮阳等作用，能满足不同的功能要

求，并且在使用低层平房的情况下是联系紧凑的。

此外，它的群体布局，常常在基地的主要轴机上布置主要建筑物，附属房屋则居于次要的地位；群体的周围还常配置门、廊、墙等建筑。古代匠师首先根据各个建筑物的功能联系又结合思想性和艺术性的要求，在处理各个建筑物的主次陪衬关系和掌握各部分的比例尺度上创造和积累了丰富的经验。建筑群体不是一些单个建筑物的杂乱或者偶然的凑合和堆砌，而是成为一个完整的建筑艺术群体的严密整体。

中国古代建筑的庭院内一般都喜好栽植一些树木、花草等，以丰富和美化环境，并且也根据住宅、宫殿、园林等不同性质建筑的要求，利用绿化的配合来创造气氛。譬如明清宫殿、坛庙和住宅、园林，在绿化上就有明显不同的处理方法。

我国古代规模巨大的建筑群，例如北京明清宫殿、明十三陵、曲阜孔庙等都体现了这种群体组合的卓越成就。明清宫殿的建筑群，从大清门到午门就达 1200 米，布置四重门座、一系列廊屋、拱桥、石狮等，很自然地把人们引导到宫城建筑群的中心去，并且用它的形象和规模体现宫殿建筑所要求的精神作用。

第四节　传统建筑的艺术功能与形象

中国古代建筑的艺术创造紧密结合了建筑的功能和要求。由于个体建筑物常用标准做法，建筑物的各部分及每一构件都有一定的比例规定，匠师们就按照某种使用的要求和思想性、艺术性的要求，把这些标准化的构件和平面组合成各种不同的平面和空间布局，使整个建筑成为功能、结构和艺术性高度结合的产物。

古代个体建筑物的平面以长方形、正方形、六角形、八角形和圆形为基本形式，经过不同组合产生矩尺形、十字形、正字形等各种各样的形式。每一种基本平面又可以加上周围廊、前后廊、前廊等，构成丰富多彩的形式。

为了避免水对木结构的侵蚀和破坏，中国古代建筑都有较高的基座和较大的挑檐。处理台基、屋身、屋顶三部分之间的比例时，因不同建筑的功能要求和思想性、艺术性要求而有所变化。像宫殿建筑的屋顶、台基就做得高大，往往采用重檐、两层或三层台基，而住宅的台基就低平，屋顶形式也比较简单。

根据木结构的材料和构造方法的特点，建筑物形象具有极其显著的横向层次。此外，木构架结构的荷重不需要墙壁来负担，这样就使屋身部分根据不同用途有隔断墙、窗（槛窗、支摘窗、阑槛钩窗等）、门（格门、板门、屏门等）等，它们的面积按需要而定，可以全部堵塞，也可以玲珑透巧。

鉴于屋顶的排水要求和艺术性要求，以及木结构也便于做成挑悬的形式，古代匠师利用和发挥了木结构的性能，采取屋面“举折”，屋角“起翘”、“出翘”等方法，构成生动的屋顶形象。至于建筑物内部的隔断，除了墙壁之外，还有安置半透空的、可开阖的格门、罩（落地罩、花罩等）、兼用于陈设器物的架（博古架、书架等）、屏风及完全通连的帷幔等，以适应不同的分间要求，采用多种灵活形式。

天花藻井在组织室内空间上也起着很大的作用。中国古代重要的建筑常用它来造成中心突出和崇高的室内空间效果，如北京智化寺、天坛皇穹宇的藻井等都是构图完美、雕刻精致的杰出作品。

中国古代建筑上的装饰构件几乎全部都是就梁、枋、斗栱、檩、椽及其承托的连接构件本身，略经巧妙艺术加工而发挥其装饰作用的。例如，斗栱的卷杀、门簪、墀头、霸王拳、菊花头；屋顶的瓦件如遮朽、钉帽等，都是具有机能功用的结构部分，而不是虚假生硬的附加物。

第十九章

中国建筑的装饰艺术

中国传统建筑以木构架为特色，中国古代工匠充分利用木构架建筑的特点，将书法、雕塑、绘画等艺术与建筑融为一体。传统建筑中的各种屋顶造型、飞檐翼角、斗拱彩画、朱柱金顶、内外装修门及园林景物等，充分体现出中国建筑艺术的人文思想。

第一节　建筑中的绘画及种类

建筑绘画，顾名思义，是以建筑物为装饰对象的绘画门类。建筑绘画其独特的艺术语言与表现形式记录了中华民族每一历史时期不同的建筑面貌和审美风格，也因此成为绘画年代鉴定的重要依据。

古籍《说苑·反质》中引墨子的话记载商纣王时，说："纣为鹿台糟丘，酒池肉林，宫墙文画，雕琢刻镂……"可见，中国古代建筑的绘画，至少在商代已经出现。东周时期，绘画就已经开始运用于建筑中。周代都城的政治性建筑明堂里，就绘有"尧舜之容，桀纣之像"，还有周公抱着幼年的成王接受诸侯朝拜的壁画。秦汉时期，建筑绘画得到了长足的发展，而唐、宋时期已形成一定的制度和规格。

明、清时期的建筑绘画艺术与前代历朝壁画表现形式不同，主要以"挂画"形式作为建筑内部装饰，而壁画则逐渐成为建筑外部装饰。在这一时期，建筑绘画更加程式化，并逐渐演变成为建筑等级划分的一种标志。

我国古代建筑的装饰绘画艺术历史悠久，在不断的发展和演进中，大致可以分为壁画、卷轴画、装饰工艺绘画和雕梁画栋几类。

1. 壁画

壁画即是指装饰壁面的画，包括用绘制、雕塑及其他造型或工艺手段，在天然或人工壁面（主要是建筑物内外表面）上制作的画。壁画作为建筑物的附饰部分，通过建筑与绘画的相互适应，达到建筑的实用性与绘画的感染力的和谐统一，既具有意识形态方面的功能，又具有建筑的装饰与美化功能，构成环境艺术的一个重要方面。

壁画在中国是最古老的艺术，也是最早的独立绘画形式。现存史前遗迹分为洞窟壁画与摩崖壁画两种，欧洲、非洲、大洋洲和亚洲都有发现，最早的距今约 2 万年。中国近年发现摩崖壁画已有数十处，有很多被断定为新石器时代的作品。中国古代文献也曾记录过壁画的内容与规模。屈原的《天问》就是对壁画有感而发的。陕西咸阳秦宫壁画残片，是距今 2300 年前的手绘真迹。

战国时期，建筑壁画已经广为流行，在建造宫殿、楼台、庙堂时，壁画是不可缺少的装饰构件。壁画内容包括：天地、山川、圣贤、神怪，技法倾向于写实，内容丰富。

秦汉时期，壁画内容主要反映世俗生活情景，人物形象古拙，甚至不成比例，但人物情态灵动活现。技法以写实为主。在今已出土的汉代墓室建筑壁画上，所反映的内容有：社会风情，如山西平陆枣园村汉墓的《牛耕图》；人文生活，如河南密县打虎亭汉墓的《乐舞百戏图》；神话传说，如洛阳卜千秋墓的人头蛇身之女娲；历史故事，如洛阳老城汉墓的《鸿门宴》。

三国、两晋、南北朝的壁画，内容有许多是表现生产活动的场面，开始出现用不同风格去刻画人物肖像。佛教壁画成为佛教建筑不可缺少的内容。北朝的佛教石窟壁画和墓室壁画，是中国绘画史上具有划时代的成就。

隋唐时期，壁画内容反映帝王贵族、宗教生活的主题比较多。壁画技法多样，线条流畅，人物逼真，用色丰富。隋唐时期的佛教壁画艺术尤为

兴盛，所用题材范围更加广泛，场面宏大，色彩瑰丽，在人物类型、风格技巧和色彩运用上都达到了空前水平。

宋代以后，壁画基本沿袭唐风，加之商品意识对宗教思想的影响，艺术性已远不如唐而渐渐走向衰落。总的来说，在绘画技巧方面比唐代呆板，线描用笔也较拘谨，很少有豪迈壮阔的场面。色彩方面多用灰暗的大绿、赭石、茶黑，渲染出冷清的情调。

元代以山西永乐宫中《朝元图》为代表，达到了宗教建筑壁画艺术的最高峰。明清时期，建筑壁画艺术风格和结构形式没有实质性的创新。

(1) 敦煌壁画

敦煌壁画包括敦煌莫高窟、西千佛洞、安西榆林窟等，安西榆林窟共有石窟 552 个，有历代壁画五万多平方米，是我国也是世界壁画最多的石窟群，内容非常丰富。敦煌壁画是敦煌艺术的主要组成部分，其规模巨大、内容丰富、技艺精湛。五万多平方米的壁画大体可分为下列几类：

佛像画

作为宗教艺术来说，佛像画是壁画的主要部分，其中主要包括两个方面：各种佛像，如不少建筑上装饰有三世佛、七世佛、释迦、多宝佛、贤劫千佛等画像；各种菩萨像，如文殊、普贤、观音、势至等菩萨像；天龙八部像，如各种天王、龙王、夜叉、飞天、阿修罗、迦楼罗（金翅鸟王）、紧那罗（乐天）和大蟒神等画像。这些佛像大都画在说法图中，例如仅莫高窟壁画中的说法图就有 933 幅，各种神态各异的佛像 12208 身，表现了我国古代高超的建筑艺术技法。

经变画

利用绘画、文学等艺术形式，通俗易懂地表现深奥的佛教经典称为“经变”。用绘画的手法表现经典内容者叫“变相”，即经变画；用文字、讲唱手法表现者叫“变文”。经变画可分为三种类型：

民族传统神话题材。在北魏晚期的洞窟里，出现了具有道家思想的神话题材。西魏 249 窟顶部，除中心画莲花藻井外，东西两面画阿修罗与摩尼珠，南北两面画东王公、西王母驾龙车、凤车出行。车上重盖高悬，车后旌旗飘扬，前有持节扬幡的方士开路，后有人首龙身的开明神兽随行。朱雀、玄武、青龙、白虎分布各壁。飞廉振翅而风动，雷公挥臂转连鼓，霹电以铁钻砸石闪光，雨师喷雾而致雨。

供养人画像。供养人就是信仰佛教出资建造石窟的人。他们为了表示虔诚信佛，留名后世，在开窟造像时，在窟内画上自己和家族、亲眷和奴婢等人的肖像，这些肖像称为供养人画像。

敦煌典型壁画。敦煌典型壁画主要包括九色鹿救人、释迦牟尼传记、萨锤那舍身饲虎等著名的壁画故事。在人物造型上，中原式的秀骨清相与西域式的壮体圆脸相结合产生了兼具两种造型优点的新形象，衣冠服饰也从原来的菩萨装和西域装变为世俗的装束。隋代壁画艺术，继承了以前的艺术风格，逐渐摆脱外来影响，走向创造本民族艺术形式的道路，起着承前启后、继往开来的作用。自此一直到盛唐时期，莫高窟壁画艺术的形式逐渐趋于完美。

(2) 永乐宫壁画

位于山西省芮城的永乐宫，是全真教的三大祖庭之一，前后营建了近百年才最后完工。宏伟的规模、周密的筹划，使它具有极其丰富的道教艺术遗物，其中宏伟精丽的壁画更使人惊叹。

壁画《朝元图》，共画天神 289 身，是大型仪仗朝拜阵容。帝后主像高达 2.85 米，玉女的身高也在 1.95 米以上，超过了一般真人的高度。整个画面气势雄伟，众神男女老幼形态各异，衣冠服饰各不相同。人物的神情面貌极富变化，有须发巍立、横眉怒目的神王，也有持花微笑、凝眸欲语的玉女，有神态恭谨的仙侯，也有儒雅的学士。种种情态杂居一画，使人感到变幻无穷，生动逼真，富有韵味。在艺术上巧妙地利用了寓动于静的构图方法，组成宏阔的构图，形象之间顾盼有神，表现出传统线描艺术的高度成就。线条圆浑有力，豪放洒脱，各种质地的服饰器物、各种自然景观，都得到了绝妙动人的表现。尤值一提的是壁画辉煌灿烂的色彩效果。在富丽堂皇的青绿色基调下，有层次地以少量红、紫、蓝等色，加强了画面的主次和素描的盥洗，构成了节奏的变化，使得画面更为活泼跳跃。其色方法以平填为主，色块并列，或深浅一动，除云彩晕染外，其他晕染很少。画中的石青、石绿，到近 700 年后的今天依然艳丽夺目。

永乐宫壁画用传统的程式画法，使得近三百个形象无雷同之感，真让人叹为观止。作为唐、宋绘画艺术特别是壁画艺术的直接继承者，永乐宫壁画在我国绘画史上当占一席之地。从目前发现的我国古代绘画遗迹来看，元代人物画大幅的极少，三清殿《朝元图》正可作为研究、借鉴元代绘画的范例，并可从中得到发展中国传统绘画艺术的重要启示。整个壁画极为丰富，是研究绘画艺术和当时社会生活的生动资料，将我们带回700年前的那个时代。永乐宫壁画是东方14世纪宗教绘画的典范。

2. 卷轴画

卷轴画的种类有两种：张挂于正厅中间的卷轴画叫做“中堂”；随意张挂的卷轴画则叫“条山”（直置）、“横幅”（横置）。被尊为画祖的顾恺之和他的卷轴画很具有代表性。

顾恺之（公元344～405年），原名长康，字虎头，出生于晋陵（江苏无锡）一个官僚家庭。年轻时作过官，有机会游览各地的名山大川。他性格诙谐，精通诗文，世人称他“才绝、画绝、痴绝”，画史上关于他的轶事有不少记载。

有一年，当时的都城建康（今南京）城里要修建一座寺庙——瓦官寺，主持和尚因募集不到资金而一筹莫展。这时候来了个贫苦的年轻人，说要捐一百万钱。主持以为他吹牛，起初不相信。青年人提出要在一面粉刷好的墙上画一幅维摩诘（传说中一个信佛教但不出家的居士）像，可以向前来观看他作画的人征集捐款。就这样，一连三天观众人山人海，把瓦官寺挤得水泄不通。等到最后，这个年轻人为维摩诘点上眼珠的时候，画上的人物就像活了一样，观众的赞叹声、掌声、欢呼声响成一片。这时募集的钱早超过了一百万。这个年轻的画家就是顾恺之。

根据记载，顾恺之的作品有70多件，他画过历史故事、神佛、人物、飞禽走兽和山水等。可惜，现在能看到的只有《女史箴图》、《洛神赋图》和《列女仁智图》三幅卷轴画摹本了。它们是迄今所知最早的卷轴画。

3. 雕梁画栋

中国古代建筑，特别是统治阶级的建筑，从来都是以雕梁画栋著称，一座建筑设计得好与坏，华丽与否，主要看它的雕刻与彩画的华丽与细致程度。雕梁是将梁头或重点部位予以雕刻，雕琢出各种花纹供人们欣赏。古代建筑中，在木构件上雕刻即为木雕，在砖件上雕刻为砖雕，在石构件上雕刻为石雕，也有在博风板、正房墀头、住宅门楣、石牌坊等处进行雕刻。

无论南方北方，各式的建筑都或多或少地施用雕刻与彩画。例如在大梁及梁头部位进行雕刻，门窗部位、外檐梁的中心及端部、端头、垂莲柱、屋脊、脊头垂鱼、惹草、腰花、门龛与床罩、地罩等部位施以雕刻。南方在建筑上雕刻更为盛行，福州、潮州等地连同整个木梁架全部成为雕刻品。有的人家大门口的结构，不论什么材质，统一予以雕刻，如把外檐的斗栱及梁柱端部雕成极其精美的雕琢纹样，例如潮州有一人家，在门的四扇隔扇中雕出“三国演义”。大体来看，南方建筑雕刻玲珑而精细，风格柔而软，细而腻。北方以山西为代表雕刻粗犷、豪放，大的效果好，以写意风格为主体。

彩画，即是画栋，一般在横梁与横枋之墙面绘制彩画。彩画的部位以大额枋、平板枋、垫板老三件为主体，连成一气，画也形成一个整体。画的内容主要是固定程式的花纹，如“和玺彩画”、“璇子彩画”等地方彩画，以及“苏式彩画”。另外在椽子头、椽子及望板底、柁头、梁头等部位都画彩画，尤其是檐下部位全面绘制。如果在一座建筑的檐下素而无花，则十分不雅，更无华丽可言，所以一个好的建筑都要做彩画。彩画鲜明华丽，但是每隔几年就要重新绘制，否则，经过风雨剥蚀，就会变旧脱落。自古以来，有“南雕北画”之说。这是因为南方湿度大，而彩画尤为怕湿，所以南方普遍施以雕刻。北方干燥，绘制彩画很少受气候的影响，所以彩画绘制得比较多。

第二节 建筑中的文字装饰

在我国古典建筑里，用文字作为装饰题材的做法是极其普遍的。建筑上出现的文字最主要的功能是赋予建筑一个名称，然后放在建筑物比较醒目的地方。这个名称通常是以匾挂在门楣上，在门的两边还佐以对联来说明此建筑的用途。为数不多的字常常是请当时的名流或当地的书法家撰写，请当地最好的工匠来篆刻，制作十分讲究也很精美，最后演变成为建筑物的一种富于文化味的装饰品。

我们常见的古代寺院与庙宇的殿名有两种：一种是华带牌（文字竖向），一种是大匾（文字横向）。有很多殿宇的华带牌匾额与对联是从宋、辽、金时代留下来的，这对研究历史也颇具价值。除匾额之外，在古建筑群中还有一项必要的文字装饰形式，那就是立碑。碑文是对某一寺、某一殿堂，或对某一庙堂殿座的说明，记录是何时建造、何时维修的，甚至于当时投资建设者的名单也都要一一记录。这些用石碑刻成文字式蓝本流传后世的做法是极其普遍的。如果要进行统计，其数量太多无法一一举列。过去一座庙、一组大寺院中的名匾是挂起来的，处处可以看到。有时一个大型的庙宇竟有上百块的匾额，特别是在封建社会时期，寺庙的名匾数量之多、内容之丰富，更是惊人。由此也可以看出，我国古代建筑中用书法、文字来作为建筑中的装饰，是我国建筑的一种传统装饰方法，而且达到了非常高的水平。

我国古建筑上的文字装饰还保留了众多书法家的真迹，仅西安碑林就保留了不少古代名人的书法，如唐宋八大家，欧、柳、顾、赵四大家，李、杜、程、白等大诗人的书法在寺庙里也可找到，其中名师、高僧、道士书法真迹也存在不少，而且大多数都保存下来。

在民间居住建筑方面也有“诗书传家久，礼义振家风”之说。许多的大户人家会在住宅中的某一大片墙面上刻出四书五经的名言、名句、名段，或是把它刻在院中的墙壁上供子孙观看，进行学习。在江南有些人家，把古书刻在墙壁上，使家中小孩时刻受教育。民居中比较大的宅院里，通常都是刻出四书五经、史书、古人名言警句。这种方式在书香门第更为常见。

另外，节庆日张贴春联、灯联、年联，也是建筑物常见的一种喜庆装饰方式。这些物品上书写的文字都是一些吉祥语言，并在建筑内外挂上灯笼，居室的墙上贴上年画、壁画、字画，以营造年节的喜庆气氛。这些物品以红色为主色，看上去非常火热兴旺，是年节时的一种必不可少的装饰。

第三节　建筑中的门窗及陈设

中国古代建筑上常常有精美的木雕，所谓“雕梁画栋”、“曲栏朱槛”指的也就是这个。山西、安徽、江南和闽粤地区的建筑上的木雕都是非常有名的。山西豪门富甲一方，其建筑装饰的奢华如非亲眼目睹都无法相信；浙江绍兴、东阳一带的木工当年名扬天下；徽州“三雕”（石雕、砖雕和木雕）之一的木雕既庄重又活泼；而闽粤地区的木雕施彩浓重，又别有一种风情。

中国古代建筑以梁柱木结构为主，墙一般不承重，所以廊柱内柱与柱之间一般安装格门或格扇代替墙面，多为六扇或八扇，既通风、采光、装饰，又与外界隔断。古代建筑物较高，所以格扇造型也窄而高，细长高挑，像苗条淑女，故人们形象地称格扇中间的条环板为腰板，束腰以下为裙板，颇为拟人化。上部的格心有直棂和菱花两种，纹饰有正方、斜方格眼、万字流水纹、品字回纹、蜂窝纹、球路纹等，有的开光雕人物、花卉，玲珑剔透，繁而有序。腰板和裙板多以浮雕装饰，或雕刻人物故事，如三国故事、大船称象等；或山水、花卉、动物，如八骏八鹿、博古图等；人物或须发毕现具体而微，或厮杀混战生动感人，或醉酒赋诗佯狂颠倒，均表现得淋漓尽致；花卉纹花瓣翻卷有致，花叶抑扬纷披，自然生动。

中国古典家具与建筑的关系十分密切。一方面，建筑的尺寸一般以家具的尺寸为依据，“室中度以几，堂上度以筵……涂（途）度以轨”。另一方面，家具的造型、结构受到建筑的影响，如果建筑是表，家具就是里，这种表里关系体现在造型和结构上一脉相承，如童柱、角替、须弥座即是家具中的矮老、站牙、束腰，在造型语言和装饰手法上都达到了表里和谐、里外呼应的效果。

中国古代不同地区的建筑有着不同的风格，门窗的式样也情趣大异。比如侨乡福建和广东一带，人们喜好在建筑上大施彩绘，所以闽粤地区出产的门窗常见到有大漆绘就并加以纯金涂饰的。相反地，色调以青灰为主的江南水乡，人们的审美观念中也以清新淡雅为美，因此门窗也少有彩绘，而往往以木本色示人。工艺方面中国南北地区也有差异。像浙江一带雕工发达，而浙江产的门窗上无论浮雕还是透雕，质量都是首屈一指的。清代历史上有浙江木工向山西迁徙的记载，所以在一些山西门窗上也能看到南方的秀丽风格。另外，江浙地区特别是苏州的工匠，其技巧的精致绮丽也是格外有名的。为克服木材的应力而创造发明的攒插工艺，不仅使几何纹样的门窗展现惊人的细腻风范，也使花节这一原本只是门窗构件的小小物什变得多姿多彩。在中国的北方，人们更多用了穿插的工艺，不仅省工省料，而且舒展大方。

第四节　建筑中的雕塑及其文化特征

建筑与雕塑历来关系密切，在环境中两者都是“硬件”。前者注重实用功能，后者讲求精神效应，就整体环境来讲，它们相互依存，缺了谁都不太自在。

1. 建筑中雕塑的起源与发展

中国迄今发现最古老的雕塑，属新石器时代氏族公社繁盛阶段的遗物。中国雕塑作为建筑文化最晚在商周时期已经出现。

（1）商周雕塑

商周时期的雕塑作品，侧重于动物外形的器皿、饰物和人物的捏塑，形体小巧，造型粗略，带有浓厚的人文色彩。青铜器艺术代表了商周雕塑的最高水平。此时的青铜作品虽然多具实用目的，但已初步具备了雕塑艺术的特性。一些夸张、变形、奇特的纹饰，渲染了威严神秘的气氛，形成了端庄、华丽、气质伟岸、形象乖张的艺术特性，突出反映了商周时期人们的审美观和对自然环境的理解。鼎是这一时期典型的雕塑作品。司母戊大方鼎就是此期间最著名的作品之一。

司母戊大方鼎身呈长方形，口沿很厚，轮廓方直，显现出不可动摇的气势。鼎的周围则布满商代典型的兽面花纹和夔龙花纹。它凭借庄严的造型、庞大的体积和神秘的花纹，成为商朝贵族王权与神权艺术的最典型代表，同时也是研究中国古代历史的重要史料。

（2）秦代雕塑

公元前221年，秦始皇统一中国之后，即利用雕塑艺术为宣扬统一功业、显示王权威严的政治目的服务，在建筑装饰雕塑、青铜纪念雕塑、墓葬明器雕塑等方面，都取得了划时代的辉煌成就。

秦代是中国封建社会上升期，在雕塑作品上秦追求写实逼真。雕塑在建筑装饰、陵墓装饰和“明器”中发展，形成雕塑史上的第一个高峰。秦建筑装饰表现在宫室、苑囿、亭阁楼榭和陵墓神道建筑上。

秦皇陵兵马俑的发掘，给世人展示了秦代雕塑艺术的辉煌成就。其兵俑形态各异、栩栩如生，其马俑身材矫健、活灵活现。人物雕塑更注重面部的形象刻画，神态万千、精细逼真，秦俑坑发掘的铜马车更是雕塑艺术史上的奇迹，充分体现了主导那个时代的高大、雄健的风尚。

从总体看，秦代雕塑的风格特点是浑厚雄健、朴实厚重、庞大强壮、气魄宏大，体现出封建社会上升期积极向上、朝气蓬勃的精神风貌，具有崇高的力和数的巨大、超常的审美特征。

（3）汉代雕塑

汉代雕塑在继承秦代恢弘庄重的基础上，更突出了雄浑刚健的艺术个性。这一时期的墓葬雕塑特别发达，已从秦陵地下墓葬的雕塑的形式发展到地上的陵墓表饰，在形式上突出了石雕作品的雄浑之势和整体之美。

汉代雕塑作品的品种和数量相当丰富，呈现出的主体面貌浑厚简练、生动完整。这个时期雕塑艺术成就，突出表现在大型纪念性石刻和园林的装饰性雕刻上，其中汉朝骠骑将军霍去病墓石刻就是留存至今的一组非常具有代表性的大型石雕作品。

霍去病墓石刻群雕在中国雕塑史上有着十分重要的地位。它打破了汉代以前旧的雕刻模式，建立了更加成熟的中国式纪念碑雕刻风格，具有划时代的意义。这些作品以其简洁的造型、粗犷的风格、宏大的气势而闻名，不仅寄托了对英雄的歌颂和哀思，也反映了正处于上升时期的汉朝统治阶级那生机勃勃的精神面貌。霍去病墓的石刻群雕，是中国古代雕塑艺术发展史上的一座里程碑，对后世陵墓雕刻的艺术风格产生了极其深远的影响，是汉代以后中国古代大型纪念碑雕刻的典范之作。整个作品风格庄重雄劲，深沉浑厚，寓意深刻，耐人寻味，既是古代战场的缩影，也是霍去病赫赫战功的象征。雕塑的外轮廓准确有力，形象生动传神，刀法朴实明快，具有丰富的表现力和高度的艺术概括力。马踏匈奴是整个群雕作品的主体，同时也是这些雕塑所讴歌的主题。马踏匈奴为花岗岩制品，高168 厘米，长 190 厘米，约创作于公元前 117 年（西汉时期），原立于陕西兴平县道常村西北的霍去病墓前。

(4) 魏晋、南北朝雕塑

魏晋南北朝是一个佛教思想与儒学思想碰撞、交融时期。因此，统治者利用宗教大建寺庙，凿窟造像，利用直观的造型艺术宣传统治者的思想和教义。代表性的石窟为敦煌石窟、云冈石窟、龙门石窟、麦积山石窟等。

石窟内雕塑大量的佛像，有石雕、木雕、泥塑、铸铜等，佛像雕塑遂成为当时中国雕塑的主体。这些石窟在发展中不断增加新的雕塑作品，历代都对石窟进行重修、扩建、新增和补充。

石窟艺术在中国雕塑中很有代表性，如东晋时期的戴逵，擅长雕刻和铸造佛像，他在建康瓦棺寺所作的玉躯佛像，与顾恺之的壁画《维摩诘图》和狮子园的玉像被称为“瓦棺寺三绝”。这个时期的雕塑特点为注重细部的刻画，技术更圆转纯熟，雕塑形象和题材大都为宗教题材，因而雕塑形象具有神化倾向和夸张的特征。宗教使雕塑艺术的题材单一化，但宗教精神的内在动力促进了大量精品的诞生。

(5) 隋、唐雕塑

中国的隋唐时代在经历了延续 300 多年的分裂和动荡以后，重新得到统一和安定，进入了一个政治经济空前繁荣的历史时期，从而促使雕塑艺术的发展出现新高峰。经过隋和初唐的过渡阶段，融会了南北朝时北方和南方雕塑艺术的成就，又通过丝绸之路汲取了域外艺术的养分，使雕塑艺术大放异彩，创造出具有时代风格的不朽杰作。

隋唐是中国封建社会的鼎盛期，也是文学艺术发展的鼎盛期。宗教造像艺术、陵墓的装饰雕刻艺术、陪葬的陶瓷雕塑艺术、肖像造型艺术等都进入一个空前繁荣时期。宗教造像艺术在唐代有长足发展，其中比较具有代表性的有敦煌石窟、龙门石窟等。龙门石窟在经历魏晋唐多个朝代的开凿后，虽历经千年岁月的风霜，仍不失其神秘华丽之彩。龙门奉先寺群雕更显示出大唐帝国的强盛。其中奉先寺大卢舍那佛龛是最为辉煌的杰作，是一个有主有宾、层次井然的有机整体。

此时的佛雕作品既有博大凝重之态，又不失典雅鲜活之美。其雕塑风格的多样化与技巧的纯熟已达到了史无前例的水平。

(6) 宋金雕塑

宋代以城市为中心的商品经济空前繁荣，市民阶层壮大起来，代表市民趣味的审美观念随之兴起。与此同时，理学的兴盛使人们更关心现世生活，关注来世的佛教因此而日趋衰落。简言之，宋代的佛教雕塑无论内容还是风格都明显世俗化，那些神圣不可及的面貌渐渐模糊了，代之而起的是更接近现实生活的形象。

此时的造像艺术集中转入南方，如广元、大足、安岳、杭州、赣州等都是摩岩造像较集中之地。大足石刻是我国石刻艺术的精品。尽管它的开凿有着宣扬佛法说教的主旨，但雕塑匠师的高超手段，至今仍使人们为造像之精妙而赞叹不绝，从而得到无上的精神享受，为中国雕塑史上的一大奇观。

在世俗题材方面，宋的陵墓石刻多沿袭唐之传统，但气势渐弱。继中晚唐之后的宋代雕塑进一步生活化、世俗化，创作手法上趋于写实风格，材料使用上则更加广泛。宋代的彩塑较为发达，在佛雕造像上较唐代有了较大变化，此时的佛雕造像以观音菩萨居多。

辽、西夏、金等少数民族的雕塑作品主流风格仍多受宋影响，但在不同程度上呈现出了其民族的特色。

(7) 元、明、清雕塑

元朝建立之前，已先后仿照汉族建筑样式，营建上都和大都两个都城。而分布各地的寺庙塑像、石窟造像等亦展示了元代雕塑艺术的概貌。进入元代，统治者重视手工业，雕塑作为其中重要的组成部分也得到了一定的发展。

明清两代，宗教观念进一步淡薄，此时的宗教雕塑显现出缺乏创造性和生命力的程式化倾向。而明清的世俗雕塑艺术多趋于装饰化和工艺化。这些雕塑大多更强调实用性与玩赏性功能，体现出工艺品的特色，而早期雕塑那种强烈的精神性功能则大大削弱了。这些装饰性、玩赏性的作品往往不受陈规限制，面貌各异，这也可以算是明清时期雕塑艺术的一个亮点。其作品造型一般小巧玲珑、精致剔透，缺乏大气之作和大型之作，艺术上逐渐转向个人化、内聚性的风格。

一些与广大人民群众尤其是市民群众及知识阶层有着较密切关系的，各种小型的案头陈设雕塑和工艺品装饰雕刻，则有显著的发展，出现了生机勃勃的景象，代表着这一历史时期雕塑艺术的新成就。

明清帝陵的表饰较前代规模更大，像设更多，布置讲究、技术娴熟，但其既缺乏唐代的超然也缺乏汉代的雄浑，此时的作品更能满足人们的赏心悦目之功能，失去了前代的创造活力。

明清雕塑有明显追随唐宋风格的痕迹，在名目繁多的寺庙里，供奉着各式各样的神像，其造像多为彩塑，即泥塑彩绘。从题材到表现手法日趋世俗化、民间化，形成了工巧繁缛、委靡纤细、色彩亮丽的艺术风格，如泥彩塑千手观音。

（8）现代雕塑

进入20世纪后，中国传统的宗教雕塑已处于衰落时期，民间小型雕塑虽很繁荣，但未能成为主流。辛亥革命及五四运动前后到30年代，许多青年赴英国、美国、日本等国学习雕塑。他们归国以后，大多从事艺术教育，成为中国近现代雕塑艺术的开拓者，促进了中国各种形式雕塑的发展。这个时期比较大的创作有为纪念孙中山和其他民主革命家塑制的纪念像和设计抗日战争英雄纪念碑等。

中华人民共和国建立后，中国的架上雕塑、大型纪念性雕塑、园林雕塑、城市环境雕塑、民间雕塑与大型泥塑群像等雕塑艺术都有了长足发展，标志着中国雕塑艺术又进入了一个全新的阶段。

2. 建筑中雕塑的文化特征

建筑艺术是造型艺术之一，它与雕刻有着密切的关系。早在春秋和战国时代，我国的传统建筑就已经在雕塑艺术上得到了很大的发展，如在河北易县发掘出的文物有双龙纹瓦当、兽面半瓦当、双鸟纹半瓦当、蝉纹瓦当、山形纹砖等，说明当时的建筑已经运用雕塑来装饰了。

我国的雕塑建筑在世界建筑中独树一帜，运用在庭园建筑和一般住宅上也是十分普遍，如北京的颐和园和苏州、无锡、扬州一带的庭院建筑，梁、柱、窗格、栏杆等上面都有极精巧的圆雕、浮雕和镂空雕，有的与建筑结合得非常巧妙，达到了很高的艺术水平。

在我国传统建筑雕塑文化几千年的发展与交融中，逐渐形成了以下几个特征：

(1) 实用性

中国古代建筑雕塑，更注重实用性，这从建筑雕塑上的图案主题上就可窥一斑。如中国建筑物上常有以人物为主题的雕塑作品，目的是突出颂扬人的功德。另外，大量的建筑雕塑不仅具有教化功能，也有美学功能。例如门窗等地方的透雕，主要是为了增加中国古代建筑室内的采光度。

(2) 象征性

中国建筑雕塑常以凝练的象征方式为表现形象，以“得意忘形”为建筑雕塑主要象征手段。如许多中国传统殿堂门前石狮子的造像，都讲求最大限度地夸张其头部，以似乎不成比例的身体结构，很好地表现了雕塑与建筑的融合；其以一刹那的姿态，表现出一种永恒的生命动势，产生动与静的和谐与主题。

(3) 草根性

中国古代建筑雕塑从产生起就以民间工匠创作为主，一般的文人雅士不屑为之。这与建筑这项劳动本身的性质有关，建造房屋、商铺是当时底层百姓养家糊口的普遍方式，因此注定中国建筑雕塑的风格和样式与普通百姓的审美情趣相关。虽然中国现存有许多驰名中外的传世建筑佳作，但目前连作者是谁都无法考证，留给了我们很多的遐想和谜团。

第五节　建筑中的碑刻

碑在东汉许慎的《说文解字》解释为“竖石”。大约在周代，碑便在宫廷和宗庙中出现，但它与现在的碑功能不同。宫廷中的碑是用来根据它在阳光中投下的影子位置变化，推算时间的；宗庙中的碑则是作为拴系祭祀用的牲畜的石柱子。史载：“宫必有碑，所以识日景，引阴阳也。凡碑引物者，窆（音贬，意为埋葬）用木。”后来发展成以记功过得失之用，

碑刻内容也随立碑缘由及其所需纪念的事件，在其上刻铭文，或记述历史事件，或记载死者生平，是之谓“树碑立传”。

秦始皇统一六国后，到处刻石，以彪炳自己的武功，从此刻石之风大兴。汉朝以后，随着刻石文化的盛行，碑刻文化也在蓬勃发展。古代刻石形体此时由圆变长，遂与“碑”合为一体，碑刻文化就在石刻艺术上发展成古代一门重要的建筑与文化形式。

南北朝佛教造像盛行，常在碑首用佛像、龙饰等。南朝石碑由碑首、碑身、碑座（龟趺座）三部分组成。碑首呈圆形，碑身呈长方形，碑座为角趺形，又称龟趺座。碑首顶部圆脊上，两侧各浮雕着相互交结成辫状的双龙；碑首正中有一长方形额，额内刻有与墓主有关的朝代、官衔、谥号之类的文字；额下有圆形穿孔，穿孔为古制的孑遗，已无实用价值，仅起装饰作用，南朝以后不复有此；额四周线刻龙、凤、火焰、云气、莲花等纹饰。碑身正反面均刻有文字，文字四周饰以卷草纹之类的纹饰；碑身侧面有的饰以浮雕图案及线刻画。碑座为一角趺，龟趺又名赑屃（音必戏），古人认为龟是灵物，耐饥渴，有很长的寿命，所以用它托碑。

五代以后，我国开始流传“一龙生九子，九子各不同”的说法，并且根据每个龙子不同性格、爱好等特点，把它们装饰在不同的器物上。它们是：赑屃，善于负重，形象是驮石碑状；鸱吻，喜欢眺望，装饰在屋檐上；饕餮，习性贪馋，装饰在食具上；睚眦，性凶恶，喜杀戮，装饰在兵器上；狴犴，憎恨犯罪，装饰在监狱门上；狻猊，喜好烟火，装饰在香炉盖上；叭夏，喜欢水，装饰在桥栏杆上；椒图，讨厌生人，装饰在大门口；蒲牢，爱好音乐，装饰在钟纽上。明代杨慎所著的《升庵集》中也有此说法。

龟的名声在宋之后逐渐传为不雅，但在南朝陵墓石碑的碑座刻物，可以理解为龙子之一。其形状似一只大乌龟，凸目昂首，一足前迈，作负重匍匐爬行的姿态。元代翰林传讲学士袁桷曾参与朝廷很多勋臣碑铭的撰作，他有诗咏道：“龟趺负穹石，浮语极褒多。”从实地调查情况来看，石碑的碑首、碑身为一块整石雕琢而成，碑座是用另一块巨石雕琢而成，两者之间以神卯结构相连，浑然一体。

中国石刻碑文运用在建筑上的观念基础，主要根源于对建筑主体承载的人事铭记，与建筑共同筑起形象语言。因此，中国古代建筑碑刻，既是书法雕刻中的艺术瑰宝，也是建筑形象的画外音。无论是自成一家，还是与古代建筑融于一体，都成为古代建筑形式的表现艺术。许多古代建筑因碑刻而彰显出人物性，使本来并不起眼的建筑物，有了活生生的灵性和思维。直到今天，我们也常常于古代建筑中特别注意对碑刻的安置，使之不仅与古建筑和谐，而且强化了古建筑的文化感染力。

我国现存最古老的石刻，要数雍邑刻石鼓，因其刻石形似鼓而名。它为先秦石刻，每块刻籀文（大篆）四言诗10首，描述当时君王游猎情况。现藏于北京故宫，由于风化剥蚀，字体多已模糊不清，犹如发落齿脱的龙钟老人，为历代书法家和金石家所推崇。

1. 墓碑

墓碑古时是用作葬礼的葬具。由于当时贵族官僚墓穴很深，棺停运到墓旁边时，往往要在墓的四角设碑，由此延续下来。应该说，先有带穿孔的木柱，后才有石制带穿孔的石碑。

墓碑起源于古代用作牵引棺停下葬用的“丰碑”。最初是木质，没有文字。唐朝孔颖达疏：“下棺以缕绕者，缕即绋也。以绋之一头系棺缄，以一头绕鹿卢。”用今天的话来说，“丰碑”是砍大木头做成的，形同石碑。棺停下葬时，在墓穴四角各设置一个，碑上有圆形穿孔，孔中系绳，绳子一头绕在轱辘上，一头系在棺停上，将棺停平稳地放入墓穴之中。殡仪结束后，这种木碑往往就埋在墓穴中。唐代封演《封氏闻见记·碑碣》记载：“天子诸侯葬时，下棺之柱，其上有孔，以贯绳索，悬棺而下，取其安市。事毕，因闭矿中。”这里的“下棺之柱”指的也就是木碑。据说在陕西凤翔发掘的秦公大墓，墓矿四周还有残存的这种木柱。

后来人们为缅怀逝者生前的业绩，利用现成的木碑，在上面书写逝者的生平事迹以及歌功颂德之词，碑首中间仍凿有圆孔，叫“穿”，这样，墓碑便正式形成了。刘熙《释名·释典艺》对于墓碑的起源和演变是这样描述的：“碑，被也。此本葬时所设也。施鹿卢，以绳被其上，引以下棺也。臣子追述君父之功美以书其上，后人因焉。无故（应为物故）建于道之头，显见之处，名其文，就谓之碑也。”东汉之前的墓碑大多为木质，腐烂无存，所以北宋欧阳修《集古录》感叹道：“至后汉以后始有碑文，欲求前汉碑碣，卒不可得。”随着时间的推移，木碑逐渐被石碑所替代，而碑文也越加形式丰富。

2. 墓碑典范

明太祖朱元璋称帝后，立其长子朱标为太子，封其他 20 余个儿子为王。但朱标早亡，朱元璋死后由其孙朱允炆继皇帝位，即为明惠帝。朱允炆为压制诸王的势力而决定削蕃，而势力强大的朱元璋的第四子，燕王朱棣，则以清君侧为名，出兵进攻南京政权。经过四年的残酷的战争，死伤无数，终于打败了惠帝而自立为明永乐皇帝。

公元 1450 年，朱棣为了向天下人表明自己对朱元璋的孝心，便开凿阳山的石碑，即“圣功圣德碑”，被誉为“天下第一碑”。该处在明代以前就是古采石场，阳山碑材是利用该处山体中完整性好又十分巨大的栖霞灰岩开凿出来的，由碑座、碑额、碑身三部分构成。其碑座高 17 米，宽 29.5 米，厚 12 米，重量 16250 吨；碑额高 10 米，宽 22 米，厚 10.3 米，重量 6118 吨；碑身高 51 米，宽 14.2 米，厚 4.5 米，重量 8799 吨。将上述三部分按碑式垒起，总高度 78 米，总重 31167 吨，确为举世罕见，硕大无朋，令人叹为观止。难怪清代著名诗人袁枚在《洪武大石碑歌》中惊叹：“碑如长剑惊天倚，十万骆驼拉不起。”

朱棣为开凿阳山碑材，曾向全国各地调集了大批工匠，规定每个石工每天要交三斗三升石屑子，由监工者验收，工匠们因此累死、摔死或被杀的不在少数，尸体就扔在阳山附近的“万人坑”里。日积月累，“万人坑”形成一个大坟包，于是人们把“万人坑”附近的地方称做“坟头”。这就是碑材附近“坟头村”名的来历。

由于种种原因，此碑没能完工，孤独地静卧荒山六百年。此石材又为何遗弃不用？说法有二：一说明朝国势渐衰，朱棣又迁都北京，故不用；一说因不适古代的滚木与冰运方法，无法运输而不用。的确因为碑材过大，当初的设计者肯定会想到运输和树立的问题，但设计和施工者无法违抗朱棣的旨意，只能到最后才不得不终止。正所谓：“石上有痕已为前朝记功过，碑中无字留与后人论是非。”

图书在版编目（CIP）数据

中国建筑文化/王蔚，恩隶编著．—北京：时事出版社，2009.11
ISBN 978-7-80232-206-6

Ⅰ．中… Ⅱ．①王…②恩… Ⅲ．建筑—文化—中国 Ⅳ．TU-8

中国版本图书馆 CIP 数据核字（2009）第 172271 号

出版发行：时事出版社
地　　址：北京市海淀区万寿寺甲 2 号
邮　　编：100081
发行热线：（010）88547590　88547591
读者服务部：（010）88547595
传　　真：（010）68418647
电子邮箱：shishichubanshe@sina.com
网　　址：www.shishishe.com
印　　刷：北京百善印刷厂

开本：787×1092　1/16　印张：20　字数：327 千字
2009 年 10 月第 1 版　2009 年 10 月第 1 次印刷
定价：32.00 元
（如有印装质量问题，请与本社发行部联系调换）